すうがくの風景
野海 正俊・日比 孝之……[編]

パンルヴェ方程式
-対称性からの入門-

野海 正俊……[著]

朝倉書店

編 集 者

野海 正俊 （のうみ まさとし）　神戸大学大学院自然科学研究科
日比 孝之 （ひび たかゆき）　大阪大学大学院理学研究科

は　じ　め　に

　表題の「パンルヴェ方程式」というのは，伝統的に $P_{\mathrm{I}}, P_{\mathrm{II}}, \cdots, P_{\mathrm{VI}}$ と表されている 6 個の非線形の常微分方程式の名称です．一番簡単そうに見えるのは，

$$P_{\mathrm{I}}: \qquad y'' = 6y^2 + t.$$

ここで t は独立変数，$y = y(t)$ は従属変数 (未知函数) で，$'$ は t についての微分を表します．右辺が y の 2 次式になっているので，これは「非線形」(1 次式でない) の微分方程式です．$P_{\mathrm{II}}, P_{\mathrm{III}}, \cdots$ と進むにつれて，式はだんだん複雑になっていき，P_{VI} などは初めて見るとびっくりするかも知れません (表 0.1 を見て下さい)．6 個のパンルヴェ方程式は，今からちょうど 100 年程前，フランスの数学者 ポール・パンルヴェ(Paul Painlevé, 1863–1933) によって発見されたもので，方程式の解の方は「パンルヴェ超越函数」と呼ばれています．パンルヴェは政治家としても活躍した人で，大西洋横断を果たしたリンドバーグと一緒に写った写真も残っています．100 年も前から研究されている微分方程式で，まだ分かっていないことなんてあるんだろうか——と思われるかも知れませんが，これがなかなかの方程式なのです．方程式の発見の経緯や，その後の研究の歴史には推理小説を読むような面白さがあります．それもさることながら，パンルヴェ方程式自身が，100 歳になる現在でも新鮮さを失わず，神秘の光を放ち続けているという不思議な方程式なのです．少し大袈裟に聞こえるかも知れませんが，そのような印象をなんとか伝えたいというのが，この本を書いた動機です．

　この本のテーマは，6 個のパンルヴェ方程式のうち，比較的扱いやすい P_{II} と P_{IV}，つまり

はじめに

表 0.1 6 個のパンルヴェ方程式

$P_{\mathrm{I}}:\quad y'' = 6y^2 + t$

$P_{\mathrm{II}}:\quad y'' = 2y^3 + ty + \alpha$

$P_{\mathrm{III}}:\quad y'' = \dfrac{1}{y}(y')^2 - \dfrac{1}{t}y' + \dfrac{1}{t}(\alpha y^2 + \beta) + \gamma y^3 + \dfrac{\delta}{y}$

$P_{\mathrm{IV}}:\quad y'' = \dfrac{1}{2y}(y')^2 + \dfrac{3}{2}y^3 + 4ty^2 + 2(t^2 - \alpha)y + \dfrac{\beta}{y}$

$P_{\mathrm{V}}:\quad y'' = \left(\dfrac{1}{2y} + \dfrac{1}{y-1}\right)(y')^2 - \dfrac{1}{t}y'$
$\qquad\qquad + \dfrac{(y-1)^2}{t^2}\left(\alpha y + \dfrac{\beta}{y}\right) + \dfrac{\gamma}{t}y + \delta\dfrac{y(y+1)}{y-1}$

$P_{\mathrm{VI}}:\quad y'' = \dfrac{1}{2}\left(\dfrac{1}{y} + \dfrac{1}{y-1} + \dfrac{1}{y-t}\right)(y')^2 - \left(\dfrac{1}{t} + \dfrac{1}{t-1} + \dfrac{1}{y-t}\right)y'$
$\qquad\qquad + \dfrac{y(y-1)(y-t)}{t^2(t-1)^2}\left(\alpha + \beta\dfrac{t}{y^2} + \gamma\dfrac{t-1}{(y-1)^2} + \delta\dfrac{t(t-1)}{(y-t)^2}\right)$

$y = y(t)$ は従属変数 (未知函数), $' = d/dt$ は独立変数 t についての微分を表す.また $\alpha, \beta, \cdots$ はパラメータである.

$P_{\mathrm{II}}:\qquad y'' = 2y^3 + ty + \alpha$

$P_{\mathrm{IV}}:\qquad y'' = \dfrac{1}{2y}(y')^2 + \dfrac{3}{2}y^3 + 4ty^2 + 2(t^2 - \alpha)y + \dfrac{\beta}{y}$

という 2 つの微分方程式に焦点を当てて, その「対称性」について考察することです. P_{II} と P_{IV} の式に出てくる α や β はパラメータですが, パンルヴェ方程式には, あるパラメータの値で解が与えられると, それから別のパラメータでの解を作るメカニズムがあって, ベックルント変換と呼ばれています.「対称性」といったのは, このような変換によって新しい解を構成する仕組みのことです. ベックルント変換とは何かを説明することから始めて, 具体的な例の計算を中心に話を進めていきますので, 簡単な解から次々と解が作り出されていく様子を味わって下さい. τ(タウ) 函数を導入して, 対称性をパラメータについての離散系として記述する方法を述べた後, ベックルント変換によって得られる解を行列式で明示的に表す「ヤコビ–トゥルーディ型の公式」を定式化するところ (第 5 章) までが本論です. その後の章は, P_{II} や P_{IV} の対称性の構造の部分を拡張した「A 型の離散系」の試論になっていて, その一般的な設定で「ヤコビ–トゥルーディ型の公式」の証明を与えました (試論というのは, 専

門的な見地からすれば少し不徹底なところもあるが——という程の意味です).

　大学初年級程度の微分積分，線形代数と，群についての若干の基礎知識 (群と基本関係の定義程度の) があれば，本論の部分は読めるよう配慮しました．パンルヴェ方程式全般から見ると少し特殊な内容かも知れませんが，一面的であっても，特別な予備知識なしに直かにパンルヴェ方程式の面白さに触れられるような本にしたいと考えて，このような内容にしました．具体的な式があって計算ができることがパンルヴェ方程式のいいところでもあるので，自分で計算をしながら (あるいは計算機を使って計算をしながら) 読んでほしいと思っています．

　パンルヴェ方程式についての本ならば，どのようにしてパンルヴェがこのような方程式を見つけたのか——とか，どのような意味があるのか，どういう研究がなされてきたのか——というようなことを概観すべきかも知れません．そのようなことを期待してこの本を手にされた方には申し訳ないのですが，この本ではそういうことには殆ど触れていません．例えば，

> 2 階の有理的な常微分方程式の中で，動く分岐点を持たないものを分類して，線形方程式や楕円関数の微分方程式に帰着するものを除くと，そのような方程式は P_{I} から P_{VI} のいずれかに帰着される

という類のことについての説明はしていません．いろいろ考えたのですが，結局，この本のスタイルでこの種のことを含めるのは無理があると判断したのです．ある程度専門的な知識があって，パンルヴェ方程式の歴史的な背景などを含めて本格的に知りたい人には，名著

　岡本和夫：パンルヴェ方程式序説，上智大学数学講究録 No.19, 1985

をご覧になることをお勧めします．パンルヴェ方程式の由来や背景については，本書の付録にも (用語の詳しい説明無しに) 少し書いておきましたので，興味のある人は参考にして下さい (⇒ 付録:0 パンルヴェ方程式のプロフィル).

　そのほか，全体の流れから少し離れるけれども知っていてほしいことや，本文で書き足りなかったこと，少し進んだ内容と思われるような事項は，付録に

はじめに

「小咄集」としてまとめてあります．必要に応じて利用して下さい．

　筆者はこの何年か，神戸大学の同僚である山田泰彦氏と共同で，パンルヴェ方程式の対称性とそれに関連する離散可積分系の研究を行ってきました．本書でも，その共同研究で明らかになってきたことなどを積極的に取り上げました．第5章で紹介した「ヤコビ–トゥルーディ型の公式」も元々山田氏によるものです．そういう事情で，新しい内容を含んでいますが，反面パンルヴェ方程式としては特論的なものになっていますので，その点を了解して読んで頂ければよいと思います．この本の執筆にあたっても，山田泰彦氏には，構想の段階から無数の貴重な意見を頂きました．山田氏の協力がなければこの本は存在し得なかったものです．また，草稿を読んで貴重な助言を寄せて下さった同僚の高野恭一氏，庵原謙治氏，大学院生の中川 順君に感謝し，お礼を申し上げたいと思います．

　2000年5月

野 海 正 俊

目　　次

1. ベックルント変換とは ……………………………………………… 1
   1.1 P_{II} のハミルトン系表示 ………………………………… 1
   1.2 方程式から読みとれる解 …………………………………… 4
   1.3 ベックルント変換 …………………………………………… 6
   1.4 ベックルント変換を合成する ……………………………… 8
   1.5 解 の 生 成 …………………………………………………… 12
   1.6 古典解の描像 ………………………………………………… 15

2. 対 称 形 式 …………………………………………………………… 17
   2.1 P_{IV} の対称形式 …………………………………………… 17
   2.2 基本的な特殊解 ……………………………………………… 19
   2.3 アフィン・ワイル群 ………………………………………… 22
   2.4 ベックルント変換 …………………………………………… 27
   2.5 P_{II} の対称形式 …………………………………………… 31

3. τ 函 数 …………………………………………………………… 33
   3.1 ポアソン構造とハミルトン系 ……………………………… 33
   3.2 τ 函数とその微分方程式 …………………………………… 38
   3.3 τ 函数のベックルント変換 ………………………………… 44
   3.4 τ 函数のいろいろな関係式 ………………………………… 47
      3.4.1 6個の τ 函数の代数関係式 ……………………… 48
      3.4.2 一直線に並んだ3個の τ 函数の関係式 ………… 49

    3.4.3 正六角形の周りでは ………………………………… 50
  3.5 P_{II} の τ 函数 …………………………………………… 51
    3.5.1 対 称 形 式 ………………………………………… 51
    3.5.2 ポアソン構造 ……………………………………… 51
    3.5.3 ハミルトニアン …………………………………… 52
    3.5.4 τ 函数の微分方程式 ……………………………… 53
    3.5.5 τ 函数のベックルント変換 ……………………… 54
    3.5.6 τ 函数の関係式 …………………………………… 54

4. 格子上の τ 函数 …………………………………………… 56
  4.1 P_{II} の格子 ……………………………………………… 56
  4.2 P_{IV} の格子 ……………………………………………… 61
  4.3 ϕ 因子と岡本多項式 ……………………………………… 68
  4.4 $A_{n-1}^{(1)}$ 型の離散系 ………………………………………… 73
  4.5 A_{n-1} 格子の上の τ 函数 ………………………………… 80

5. ヤコビ−トゥルーディ公式 ………………………………… 86
  5.1 ヤング図形とマヤ図形 …………………………………… 86
  5.2 ヤコビ−トゥルーディ型の公式 ………………………… 91
  5.3 P_{IV} と P_{II} の例 ……………………………………… 98
  5.4 シューア函数と ϕ 因子 ………………………………… 102

6. 行列式に強くなろう ……………………………………… 109
  6.1 小行列式の基本的な性質 ………………………………… 109
  6.2 ガウス分解とヤコビの恒等式 …………………………… 112
  6.3 三角行列の対角化 ………………………………………… 120
  6.4 プリュッカーの関係式 …………………………………… 122

7. ガウス分解と双有理変換 ………………………………… 126
  7.1 f 変数の双有理変換 ……………………………………… 126

7.2	ガウス分解に由来する双有理変換	131
7.3	τ 函数はどこにいるか	135
7.4	ヤコビ–トゥルーディ型の明示公式	140
7.5	A_∞ 型と $A_{n-1}^{(1)}$ 型の双有理変換	148
7.5.1	A_∞ 型の場合	148
7.5.2	$A_{n-1}^{(1)}$ 型への移行	150
7.6	アフィン・ワイル群のマヤ図形への作用	154

8. ラックス形式 ... 162

8.1	線形常微分方程式との関係	162
8.2	$P_{\mathrm{II}}, P_{\mathrm{IV}}$ の対称形式とラックス表示	167
8.2.1	P_{II} の場合	169
8.2.2	P_{IV} の場合	169
8.2.3	一般の場合	170

付録 A ... 173

A.0	パンルヴェ方程式のプロフィル	173
A.1	ハミルトン系 [1.1 節]	176
A.2	ポアソン構造と正準変換 [1.1 節]	178
A.3	リッカチ方程式 [1.2 節]	180
A.4	ベックルント変換の計算 [1.5 節, 2.3 節]	180
A.5	古典解と不変因子 [1.6 節, 2.2 節]	183
A.6	群の半直積 [2.3 節]	185
A.7	カルタン行列とディンキン図形 [2.3 節]	186
A.8	デマジュール作用素 [2.5 節]	189
A.9	広田の双線形作用素 [3.2 節]	191
A.10	外積代数の応用 [6.1 節, 6.4 節]	192

あとがき ... 197

索　引 ……………………………………………………… 199

編集者との対話 ………………………………………… 203

1

ベックルント変換とは

パンルヴェ方程式の対称性について議論するときのキーワードはベックルント変換 (Bäcklund transformation) である．ベックルント変換とは何か，パンルヴェ第 2 方程式 P_{II} を例にとって説明する．

1.1　P_{II} のハミルトン系表示

$y = y(t)$ を未知函数として，次の微分方程式を考えよう．

$$P_{\mathrm{II}}(b): \qquad y'' = 2y^3 + ty + b - \frac{1}{2} \tag{1.1}$$

ここで，$' = \frac{d}{dt}$ は独立変数 t についての微分，$b \in \mathbb{C}$ はパラメータである．この 2 階の非線形常微分方程式が**パンルヴェ第 2 方程式**で，P_{II} と書かれる．パラメータを特定したいときには $P_{\mathrm{II}}(b)$ と書く．

高階の非線形の微分方程式は，それと等価な 1 階の連立形の方程式に書き直しておく方が都合の良いことも多い．2 階の方程式を 1 階の連立形に書くやり方は無数にあるが，P_{II} の場合によく用いられるのは次のような方法である．

$$q = y, \quad p = y' + y^2 + \frac{t}{2} \tag{1.2}$$

とおいて，q, p の方程式に書き直すと，上記の $P_{\mathrm{II}}(b)$ は次の方程式と等価である．

$$H_{\mathrm{II}}(b): \qquad q' = p - q^2 - \frac{t}{2}, \quad p' = 2qp + b. \tag{1.3}$$

実際，第 1 の式を微分して得られる関係式

$$q'' = p' - 2qq' - \frac{1}{2} \tag{1.4}$$

も合わせて，3つの式から p, p' を消去すれば，q, q', q'' の関係式が得られ，それが $y = q$ についての方程式 $P_{\rm II}(b)$ となる．

今，3つの変数 q, p, t についての多項式 $H = H(q, p; t)$ を

$$H = \frac{1}{2}p^2 - \left(q^2 + \frac{t}{2}\right)p - bq = \frac{1}{2}p(p - 2q^2 - t) - bq \tag{1.5}$$

で定義しよう．このとき

$$\frac{\partial H}{\partial q} = -2qp - b, \quad \frac{\partial H}{\partial p} = p - q^2 - \frac{t}{2}, \quad \frac{\partial H}{\partial t} = -\frac{1}{2}p. \tag{1.6}$$

従って，$H_{\rm II}(b)$ は

$$q' = \frac{\partial H}{\partial p}, \quad p' = -\frac{\partial H}{\partial q} \tag{1.7}$$

と表せる．1個の函数 $H = H(q, p; t)$ を用いてこのような形に表される連立形の方程式を **ハミルトン系** といい，H をその **ハミルトニアン** という (⇒ 付録 1: ハミルトン系)．まとめると，

命題 1.1 パンルヴェ第2方程式 $P_{\rm II}$ は，

$$H = \frac{1}{2}p^2 - \left(q^2 + \frac{t}{2}\right)p - bq = \frac{1}{2}p(p - 2q^2 - t) - bq \tag{1.8}$$

をハミルトニアンとする次のハミルトン系と等価である．

$$H_{\rm II}: \quad q' = \frac{\partial H}{\partial p} = p - q^2 - \frac{t}{2}, \quad p' = -\frac{\partial H}{\partial q} = 2qp + b. \tag{1.9}$$

ハミルトン系で表せることの利点について注釈を少し．方程式 (1.9) の解 $q = q(t), p = p(t)$ が与えられたとき，これをハミルトニアンに代入して t の函数

$$h(t) = H(q(t), p(t); t) \tag{1.10}$$

を考える．ハミルトニアンが時間変数 t に陽に依存しない状況であれば，H は方程式の第一積分であり，このような $h(t)$ は定数となるはずである．しかし，パンルヴェ方程式の場合にはそうはなっていない．実際 $H_{\rm II}(b)$ の場合には，

$$h'(t) = \frac{\partial H}{\partial t} = -\frac{1}{2}p \tag{1.11}$$

である．ハミルトニアンが t に依存するような系では，逆に $h(t)$ を積分で解ける方程式からの遠さを測る尺度と思うことができる．この $h(t)$ から

$$h(t) = \frac{d}{dt}\log\tau(t), \quad \text{すなわち} \quad \tau(t) = \exp\left(\int^t h(t)dt\right) \tag{1.12}$$

で定義される函数を τ 函数と呼ぶ．もう少し簡略に言えば，

$$H = \frac{d}{dt}\log\tau = \frac{\tau'}{\tau} \tag{1.13}$$

で決まる従属変数が τ 函数である．τ 函数はパンルヴェ方程式にとって非常に重要な函数である．そのことは本書を読み進むうちに次第に明らかになっていくと思う．

ハミルトン系で書かれることのもう一つの利点は，ポアソン構造との関連である．φ, ψ が $(q, p; t)$ の函数のとき，**ポアソン括弧** $\{\varphi, \psi\}$ を

$$\{\varphi, \psi\} = \frac{\partial \varphi}{\partial p}\frac{\partial \psi}{\partial q} - \frac{\partial \varphi}{\partial q}\frac{\partial \psi}{\partial p} \tag{1.14}$$

で定義しよう．一般に

$$\{\varphi, q\} = \frac{\partial \varphi}{\partial p}, \quad \{\varphi, p\} = -\frac{\partial \varphi}{\partial q}, \tag{1.15}$$

が成立するので，ハミルトン系 (1.9) はポアソン括弧を使って

$$q' = \{H, q\}, \quad p' = \{H, p\} \tag{1.16}$$

と表される．一般の函数 $\varphi = \varphi(q, p; t)$ に対して，φ を従属変数と見た $\varphi = \varphi(q(t), p(t); t)$ の方程式を計算すると，合成函数の微分法により

$$\frac{d\varphi}{dt} = \{H, \varphi\} + \frac{\partial \varphi}{\partial t} \tag{1.17}$$

となることが分かる．但し，右辺の $\frac{\partial}{\partial t}$ は q, p, t を独立な変数と見たときの偏微分である．従属変数を変換すると，方程式の見かけはいくらでも変わりうる．これに対して，ポアソン括弧を使うと (q, p, t) のどのような函数に対しても同

じ形式で方程式を記述できる．このことはハミルトン系の一つの大きな利点である．

今 $(q,p;t)$ の函数 $\widetilde{q} = \widetilde{q}(q,p;t)$, $\widetilde{p} = \widetilde{p}(q,p;t)$ がポアソン括弧について $\{\widetilde{p},\widetilde{q}\} = 1$ を満たすとしよう．これは，写像 $(q,p) \to (\widetilde{q},\widetilde{p})$ のヤコビ行列式が定数函数 1 となることを意味するので，$(\widetilde{q},\widetilde{p})$ は (q,p) 空間の新しい座標系を定める．このような $(\widetilde{q},\widetilde{p})$ を**正準座標系**と呼び，変換 $(q,p) \to (\widetilde{q},\widetilde{p})$ を**正準変換**という．正準変換に対しては，$(\widetilde{q},\widetilde{p})$ の方程式が（局所的には）再びハミルトン系となることが示せる（⇒ 付録 2: ポアソン構造と正準変換）．

1.2 方程式から読みとれる解

パンルヴェ第 2 方程式には，方程式から直ちに読みとれる解がある．$P_{\mathrm{II}}(b)$ において，$b = \frac{1}{2}$ の場合を考えると

$$P_{\mathrm{II}}\left(\frac{1}{2}\right): \qquad y'' = 2y^3 + ty. \tag{1.18}$$

右辺が y で割り切れているので，$y = 0$（恒等的に）がこの方程式の解であることは一目瞭然である．線形方程式ではないので，$y = 0$ が解なら，それは立派な解である（念のため）．ハミルトン系で言えば，$b = \frac{1}{2}$ のとき $H_{\mathrm{II}}(\frac{1}{2})$ は**有理解**（q, p ともに有理函数であるような解）

$$q = 0, \quad p = \frac{t}{2} \qquad \left(b = \frac{1}{2}\right) \tag{1.19}$$

をもつことになる．

もう一つ注意したい解は，少し「高級」である．$H_{\mathrm{II}}(b)$ において $b = 0$ とすると

$$H_{\mathrm{II}}(0): \qquad q' = p - q^2 - \frac{t}{2}, \quad p' = 2qp. \tag{1.20}$$

今度は p の方程式の右辺が p で割り切れているので $p = 0$ とおけば第 2 式は満たされ，$p = 0$ となるような解を探すことに意味がある．このとき q の満たすべき方程式は

$$q' = -q^2 - \frac{t}{2} \tag{1.21}$$

である．この形の非線形方程式 (未知函数の微分が，その未知函数の 2 次式で表されることを要請する方程式) は**リッカチ方程式**と呼ばれ，線形方程式に帰着して「解く」ことができる (⇒ 付録 3: リッカチ方程式)．方程式 (1.21) において従属変数の変換 $q = \frac{u'}{u}$ を行うと，u の満たすべき方程式は線形方程式

$$u'' + \frac{t}{2}u = 0 \tag{1.22}$$

となる．つまり，リッカチ方程式 (1.21) は (1.22) に**線形化**される．(1.22) は，**エアリーの微分方程式**と呼ばれているもので，不確定特異点をもつ微分方程式の基本的な例の一つである (但し，独立変数のスケールを適当に変更する．$t = \infty$ が不確定特異点．今はこれ以上立ち入らないので，エアリー方程式の解の記述等については，適当な常微分方程式の教科書を参照してほしい)．ともあれ，$b = 0$ のときのパンルヴェ方程式 $H_{\mathrm{II}}(0)$ には，線形方程式 (1.22) の一般の解 $u = c_0 \varphi_0 + c_1 \varphi_1$ を用いて

$$q = \frac{u'}{u} = \frac{c_0 \varphi_0' + c_1 \varphi_1'}{c_0 \varphi_0 + c_1 \varphi_1}, \quad p = 0 \qquad (b = 0) \tag{1.23}$$

と表される解の 1 パラメータ族 ($\simeq \mathbb{P}^1$) が存在することが分かる．ここで，φ_0, φ_1 はエアリーの微分方程式 (1.22) の 1 次独立な解．任意定数 c_0, c_1 の比を指定するごとに q が一つ決まるので，q のレベルでは $\mathbb{P}^1$ の分だけ解が得られたことになる．

上で見た「すぐに読みとれる解」をまとめておくと:

命題 1.2 パンルヴェ第 2 方程式のハミルトン系表示 $H_{\mathrm{II}}(b)$ について，
(1) $b = 0$ のとき，$H_{\mathrm{II}}(0)$ は，エアリーの微分方程式の解で表される解の 1 パラメータ族 ($\simeq \mathbb{P}^1$) をもつ．
(2) $b = \frac{1}{2}$ のとき，$H_{\mathrm{II}}(\frac{1}{2})$ は，有理解 $(q, p) = (0, \frac{t}{2})$ をもつ．

上の (1), (2) の解が，パラメータ空間のどの点に対応しているか，確認してほしい．

$$b = -1 \quad b = -\tfrac{1}{2} \quad b = 0 \quad b = \tfrac{1}{2} \quad b = 1 \qquad b \tag{1.24}$$

パンルヴェ方程式は 2 階の方程式だから 2 次元分の解があって，解空間は 2 次元の多様体 (曲面) を作っているはずである．このパラメータ空間の各点 b の上に，$H_{\mathrm{II}}(b)$ の解全体の作る曲面が並んでいる状態を想像してほしい．$b = 0$ の上の曲面には (1) の解に対応する $\mathbb{P}^1$ が入っていて，$b = \tfrac{1}{2}$ の上の曲面には特別な点があってそれが有理解に対応している．

実は，有理解や線形方程式に帰着する解はこれだけではない．パンルヴェ方程式には，与えられた解から次々に解を生成していくメカニズムがあり，もっと一般に b の半整数点や整数点にもこのような解が存在する．そのメカニズムが，次の節で述べるベックルント変換である．

1.3 ベックルント変換

もう一度，パンルヴェ第 2 方程式のハミルトン系表示を書いておく．

$$H_{\mathrm{II}}(b): \qquad q' = p - q^2 - \frac{t}{2}, \quad p' = 2qp + b. \tag{1.25}$$

天下りだが，

$$\widetilde{q} = q + \frac{b}{p}, \quad \widetilde{p} = p \tag{1.26}$$

とおいて，方程式 $H_{\mathrm{II}}(b)$ を変換してみよう．予めポアソン括弧を計算すると $\{\widetilde{p}, \widetilde{q}\} = 1$ だから，この変換は正準変換である．従って，変換後の方程式もまたハミルトン系に書けるものと期待される．計算を実行すると

$$\widetilde{q}' = q' - \frac{b}{p^2} p' = p - q^2 - \frac{t}{2} - \frac{b}{p^2}(2q\,p + b) \tag{1.27}$$

$$= p - \left(q + \frac{b}{p}\right)^2 - \frac{t}{2} = \widetilde{p} - \widetilde{q}^2 - \frac{t}{2}$$

で，同じ形の方程式に戻る．もう一方は，

$$\widetilde{p}' = p' = 2qp + b = 2\left(q + \frac{b}{p}\right)p - b = 2\widetilde{q}\widetilde{p} - b \tag{1.28}$$

で，こちらは b の符号だけが変わる．まとめると，変換 (1.26) で方程式は，

$$\widetilde{q}' = \widetilde{p} - \widetilde{q}^2 - \frac{t}{2}, \quad \widetilde{p}' = 2\widetilde{q}\widetilde{p} - b. \tag{1.29}$$

となる (パラメータが変わっただけなのでもちろんハミルトン系である)．この計算で分かるのは，

$H_{\mathrm{II}}(b)$ の解 (q,p) が任意に一つ与えられたとき，(1.26) で $(\widetilde{q}, \widetilde{p})$ を定義すると，これはまた $H_{\mathrm{II}}(-b)$ の解となる

ということである．例えば，$H_{\mathrm{II}}(\frac{1}{2})$ の有理解 $(q,p) = (0, \frac{t}{2})$ を変換すると

$$(\widetilde{q}, \widetilde{p}) = \left(\frac{1}{t}, \frac{t}{2}\right) \tag{1.30}$$

であり，これは $H_{\mathrm{II}}(-\frac{1}{2})$ の有理解を与える．この変換 $(q,p) \to (\widetilde{q}, \widetilde{p})$ は，H_{II} の基本的なベックルント変換の一つである．今はハミルトン系 H_{II} の変換を考えたが，もとの P_{II} でみれば，この変換は

$$\widetilde{y} = y + \frac{b}{y' + y^2 + t/2} \tag{1.31}$$

で定義される変換 $y \to \widetilde{y}$ であり，変換に従属変数の微分を含んでいることも注意しておこう．

微分方程式に対して，従属変数の変換であって方程式の形を変えないもののことを，その方程式の**ベックルント変換**と呼ぶ．

> **注釈**　「ベックルント変換」という用語は，もっと広い意味で使われることも多いので文献を調べるときには注意してほしい．実際，微分方程式 A が変数（従属変数と独立変換）の変換によって方程式 B にうつるというような一般的な状況で，その変換を A から B へのベックルント変換と呼ぶこともある．

変数変換には従属変数の微分を含んでもよいし，パラメータを含む方程式では，パラメータを変更することも許容する．H_{II} の例で，変換 (1.26) はパラ

メータを b から $-b$ に変更するベックルント変換であった．パラメータの変更も変数変換に加えて $\widetilde{b} = -b$ とおけば，変換後の方程式は

$$\widetilde{q}' = \widetilde{p} - \widetilde{q}^2 - \frac{t}{2}, \quad \widetilde{p}' = 2\widetilde{q}\widetilde{p} + \widetilde{b} \tag{1.32}$$

である．こうすれば変換 $(q, p; b) \to (\widetilde{q}, \widetilde{p}; \widetilde{b})$ は，H_{II} を文字どおり不変に保つことになる．パラメータも「微分して 0 になる従属変数」と考えれば，与えられた非線形方程式に対して，それを不変に保つような従属変数の変換のことをベックルント変換と呼ぶ——と言い換えてもよい．

H_{II} には，もう一つ基本的なベックルント変換がある．

$$\widetilde{q} = -q, \quad \widetilde{p} = -p + 2q^2 + t \tag{1.33}$$

とおくと，これも正準変換を定義し，前と同様の計算で $\widetilde{q}, \widetilde{p}$ に対する方程式は

$$\widetilde{q}' = \widetilde{p} - \widetilde{q}^2 - \frac{t}{2}, \quad \widetilde{p}' = 2\widetilde{q}\widetilde{p} + 1 - b \tag{1.34}$$

となる．パラメータも $\widetilde{b} = 1 - b$ で変換すれば，変換 $(q, p; b) \to (\widetilde{q}, \widetilde{p}; \widetilde{b})$ でハミルトン系 H_{II} は不変である．

2 つのベックルント変換の合成はまたベックルント変換なので，合成を何回も繰り返すことでいろいろなベックルント変換が得られる．これは，一つの解からベックルント変換によって数多くの解が生成されることを意味する．上に記した H_{II} の 2 つの基本的なベックルント変換はいずれも，2 回同じ変換を繰り返すと元に戻るような変換（対合）である．従って同じ変換を繰り返すことには意味がないが，2 種類のものを組み合わせると無限個のベックルント変換が得られる．このようなベックルント変換の合成を合理的に記述するために少し記号を用意しよう．

1.4 ベックルント変換を合成する

前節で述べた第 1 のベックルント変換

$$(q, p, b) \to (\widetilde{q}, \widetilde{p}, \widetilde{b}): \quad \widetilde{q} = q + \frac{b}{p}, \quad \widetilde{p} = p, \quad \widetilde{b} = -b \tag{1.35}$$

を考える．一般の $(q, p, b; t)$ の函数 $\varphi = \varphi(q, p, b; t)$ が与えられたとき，そこに現れる q, p, b をことごとく $\widetilde{q}, \widetilde{p}, \widetilde{b}$ に置き換える操作を s と名付けて，

$$s(\varphi) = \varphi(\widetilde{q}, \widetilde{p}, \widetilde{b}; t) = \varphi\left(q + \frac{b}{p}, p, -b; t\right) \tag{1.36}$$

と定義しよう．特に

$$s(q) = q + \frac{b}{p}, \quad s(p) = p, \quad s(b) = -b, \quad s(t) = t \tag{1.37}$$

で，t のみの函数は変更しない．s は変数の置き換えなので

$$s(\varphi \pm \psi) = s(\varphi) \pm s(\psi), \quad s(\varphi \psi) = s(\varphi) s(\psi), \quad s\left(\frac{\varphi}{\psi}\right) = \frac{s(\varphi)}{s(\psi)} \tag{1.38}$$

のように，四則演算を保つ操作である．この記号を使うと，変換 s が微分方程式 H_{II} を不変に保つことは，

$$s(q)' = s(p) - s(q)^2 - \frac{t}{2} = s\left(p - q^2 - \frac{t}{2}\right) = s(q') \tag{1.39}$$

を意味する．p, b についても同様で，合わせて書けば，

$$s(q)' = s(q'), \quad s(p)' = s(p'), \quad s(b)' = s(b') \tag{1.40}$$

である．従って，合成函数の微分により一般の $\varphi = \varphi(q, p, b; t)$ でも

$$s(\varphi)' = s(\varphi') \tag{1.41}$$

が成立する．すなわち，変換 s は微分の操作と**可換**である．

> ベックルント変換とは，従属変数を置き換える操作であって，微分の操作と可換なもの

と言い換えてよい．

注釈 代数の用語を知っている読者のために．考える函数を $(q,p,b;t)$ の有理函数に限って，有理函数体 $K = \mathbb{C}(q,p,b;t)$ を考えると，s は K の体としての自己同型であって，生成元の行き先が (1.37) で指定されるもののことである．微分方程式 H_{II} を元にして，K 上の微分 (derivation) $'$ を $q' = p-q^2-\frac{t}{2}$, $p' = 2qp+b$, $b'=0$, $t'=1$ で定義すれば，これで $(K, ')$ は**微分体**となる．さらに，s はその微分体としての自己同型 (微分と可換な自己同型) である．微分体が微分方程式を表すと思えば，その微分体としての自己同型がベックルント変換である．

前節の第 2 のベックルント変換 (1.33) を同様に r で表すことにしよう．変換の規則は

$$r(q) = -q, \quad r(p) = -p + 2q^2 + t, \quad r(b) = 1-b, \quad r(t) = t. \quad (1.42)$$

で定義され，これも微分の操作と可換である．今度は，s と r の 2 つを使ってベックルント変換の合成 $w = sr$ を計算してみよう．合成もベックルント変換だから

$$\widetilde{q} = w(q), \quad \widetilde{p} = w(p), \quad \widetilde{b} = w(b) \quad (1.43)$$

とおけば，再び方程式

$$\widetilde{q}' = \widetilde{p} - \widetilde{q}^2 - \frac{t}{2}, \quad \widetilde{p}' = 2\widetilde{q}\widetilde{p} + \widetilde{b} \quad (1.44)$$

が成立する．b の変換は，

$$\widetilde{b} = sr(b) = s(1-b) = 1 - s(b) = 1 + b \quad (1.45)$$

だから，$(\widetilde{q}, \widetilde{p})$ は $H_{\mathrm{II}}(b+1)$ の解となるはずである．$\widetilde{q}, \widetilde{p}$ の具体形は

$$\widetilde{q} = sr(q) = -s(q) = -q - \frac{b}{p} \quad (1.46)$$

$$\widetilde{p} = sr(p) = -s(p) + 2s(q)^2 + t = -p + 2\left(q + \frac{b}{p}\right)^2 + t$$

と計算される．念のため，有理解

$$(q,p;b) = \left(0, \frac{t}{2}; \frac{1}{2}\right) \quad (1.47)$$

に特殊化してみよう．このときは，

1.4 ベックルント変換を合成する

$$(\widetilde{q}, \widetilde{p}; \widetilde{b}) = \left(-\frac{1}{t}, \frac{t}{2} + \frac{2}{t^2}; \frac{3}{2}\right). \tag{1.48}$$

直接計算してみると，確かにこれは $H_{\mathrm{II}}(\frac{3}{2})$ の解となっている．

では，2 つの基本的なベックルント変換 s, r を次々に合成すると，どれくらい多くのベックルント変換が得られるだろうか．パラメータ b への作用だけを見ると，

$$s(b) = -b, \quad r(b) = 1 - b \tag{1.49}$$

なので，これらはそれぞれ $b = 0, b = \frac{1}{2}$ に関する反転 (鏡影) を表している．実際 $s^2(b) = b, r^2(b) = b$ である．さらに

$$s^2(q) = s\left(q + \frac{b}{p}\right) = s(q) + \frac{s(b)}{s(p)} = q + \frac{b}{p} - \frac{b}{p} = q \tag{1.50}$$

であり，$s^2(p) = p$ は明白だから，s^2 は実は恒等変換である．r^2 についても同様で，変換として $s^2 = 1, r^2 = 1$ が成立する．従って，合成として考えられるのは，変換 s, r を交互に並べたもの

$$T_n = (rs)^n, \quad S_n = (rs)^n s \quad (n \in \mathbb{Z}) \tag{1.51}$$

n	$\cdots$	-2	-1	0	1	2	$\cdots$
T_n	$\cdots$	$srsr$	sr	1	rs	$rsrs$	$\cdots$
S_n	$\cdots$	$srsrs$	srs	s	r	rsr	$\cdots$

で全てである．パラメータ b への作用は直ちに計算できて

$$T_n(b) = b - n, \quad S_n(b) = n - b \quad (n \in \mathbb{Z}) \tag{1.52}$$

となる．つまり b 直線上では，T_n は n だけの平行移動，S_n は $b = \frac{n}{2}$ に関する鏡影を表している．s, r から生成されるベックルント変換の全体

$$\widetilde{W} = \langle s, r \rangle = \{\, T_n, S_n \,;\, n \in \mathbb{Z} \,\} \tag{1.53}$$

は基本関係 $s^2 = 1, r^2 = 1$ をもつ群で，$A_1^{(1)}$ 型の**アフィン・ワイル群**と呼ばれている (W でなく $\widetilde{W}$ と書いたのは，後の話との整合性のため)．別の言い方をすれば，パラメータ空間に作用するアフィン・ワイル群の作用が，パンル

ヴェの第 2 方程式のベックルント変換の群に持ち上がっているわけである.

定理 1.3 パンルヴェ方程式 H_{II} は, 次のような基本的なベックルント変換 s, r をもつ:

$$
\begin{aligned}
s: &\quad s(q) = q + \frac{b}{p}, \quad s(p) = p, \quad\quad\quad s(b) = -b, \\
r: &\quad r(q) = -q, \quad\quad r(p) = -p + 2q^2 + t, \quad r(b) = 1 - b.
\end{aligned} \tag{1.54}
$$

この 2 つの変換は, 基本関係 $s^2 = 1, r^2 = 1$ をもつ群 $\widetilde{W} = \langle s, r \rangle$ を生成する.

1.5 解 の 生 成

ベックルント変換 $w \in \widetilde{W}$ が与えられたとき, $\widetilde{q} = w(q), \widetilde{p} = w(p)$ は $(q, p, b; t)$ の有理関数, $\widetilde{b} = w(b)$ は b の 1 次関数として確定する. (q, p) が $H_{\mathrm{II}}(b)$ の解ならば $(\widetilde{q}, \widetilde{p})$ は $H_{\mathrm{II}}(\widetilde{b})$ の解である. このようにして与えられた解から無数の解を生成できることが, ベックルント変換の一つの意義である. 例えば, $b = \frac{1}{2}$ での有理解 $(q, p) = (0, \frac{t}{2})$ からベックルント変換によって, 各半整数点 $b = \frac{1}{2} - n \ (n \in \mathbb{Z})$ での有理解が得られる[*1]. また $b = 0$ にあるリッカチ型の解の 1 パラメータ族からのベックルント変換によって, 各整数点 $b = n$ $(n \in \mathbb{Z})$ にエアリー函数で表される解の 1 パラメータ族が得られる.

特殊解の観点からも, $w(q), w(p)$ が具体的にはどのような有理関数になるかは興味深い. 前節の T_n, S_n によって q, p がどのような有理関数に変換されるか, またそれを $b = \frac{1}{2}$ での有理解に特殊化するとどのような有理解が得られるのか, 具体例を示しておこう.

表 1.1 に, s, r の 3 個までの積で得られるベックルント変換を記した. 変換

[*1] P_{II} の有理解はこのようにして得られるもので尽くされることが知られている. (村田嘉弘: Y. Murata: Rational solutions of the second and the fourth equations of Painlevé, Funkcial. Ekvac. **28**(1985), 1–32.)

1.5 解の生成

表 1.1 P_{II} のベックルント変換

	q	p	b
T_{-1}	$-q - \frac{b}{p}$	$-p + 2(q + \frac{b}{p})^2 + t$	$1+b$
T_0	q	p	b
T_1	$-q + \frac{1-b}{-p+2q^2+t}$	$-p + 2q^2 + t$	$-1+b$
S_{-1}	$-q - \frac{b}{p} + \frac{1+b}{-p+2(q+\frac{b}{p})^2+t}$	$-p + 2(q + \frac{b}{p})^2 + t$	$-1-b$
S_0	$q + \frac{b}{p}$	p	$-b$
S_1	$-q$	$-p + 2q^2 + t$	$1-b$
S_2	$q - \frac{1-b}{-p+2q^2+t}$	$p - 2q^2 + 2(-q + \frac{1-b}{-p+2q^2+t})^2$	$2-b$

表 1.2 有理解の生成

b	q	p
$\vdots$	$\vdots$	$\vdots$
$-\frac{7}{2}$		$\dfrac{(t^3+4)(t^{10}+60t^7+11200t)}{2(t^6+20t^3-80)^2}$
$-\frac{5}{2}$	$\dfrac{3(t^8+8t^5+160t^2)}{(t^3+4)(t^6+20t^3-80)}$	$\dfrac{t(t^6+20t^3-80)}{2(t^3+4)^2}$
$-\frac{3}{2}$	$\dfrac{2(t^3-2)}{t(t^3+4)}$	$\dfrac{t^3+4}{2t^2}$
$-\frac{1}{2}$	$\dfrac{1}{t}$	$\dfrac{t}{2}$
$\frac{1}{2}$	0	$\dfrac{t}{2}$
$\frac{3}{2}$	$-\dfrac{1}{t}$	$\dfrac{t^3+4}{2t^2}$
$\frac{5}{2}$	$-\dfrac{2(t^3-2)}{t(t^3+4)}$	$\dfrac{t(t^6+20t^3-80)}{2(t^3+4)^2}$
$\frac{7}{2}$	$-\dfrac{3(t^8+8t^5+160t^2)}{(t^3+4)(t^6+20t^3-80)}$	$\dfrac{(t^3+4)(t^{10}+60t^7+11200t)}{2(t^6+20t^3-80)^2}$
$\vdots$	$\vdots$	$\vdots$

の式が複雑になっていく様子を観察してほしい．

有理解のベックルント変換を因数分解して表示すると，表 1.2 のようになる．式が長くなっていくので際限なく続けるわけにはいかないが，既に特徴的な因子が見える． t の多項式

$$P_1 = 1, \quad P_2 = t, \quad P_3 = t^3 + 4, \quad P_4 = t^6 + 20\,t^3 - 80, \quad (1.55)$$
$$P_5 = t^{10} + 60\,t^7 + 11200\,t, \cdots$$

が何回も現れて，順に入れ替わっていく様子がみてとれるだろうか． $n \leq 0$ のときも $P_n = P_{1-n}$ として補えば， $b = \frac{1}{2} - n$ のときの有理解の p が $P_{n-1}P_{n+1}/2P_n^2$ となっている．そのつもりで， $b = -\frac{9}{2}$ での有理解を計算すると， p はやはり $P_4 P_6 / 2P_5^2$ と書けていて，

$$P_6 = t^{15} + 140\,t^{12} + 2800\,t^9 + 78400\,t^6 - 3136000\,t^3 - 6272000 \quad (1.56)$$

である．数式処理のソフトウェアを利用できる人は自分でプログラムを組んで計算してみてほしい．

このような計算で観察される事実をまとめておこう．

観察 1.4 P_n および Q_n ($n \in \mathbb{Z}$) という t の多項式の系列が 2 つあって， $b = \frac{1}{2} - n$ ($n \in \mathbb{Z}$) での有理解は，

$$q = \frac{nQ_n}{P_n P_{n+1}}, \quad p = \frac{P_{n-1}P_{n+1}}{2P_n^2} \qquad (1.57)$$

と表される．ここで P_n, Q_n はモニックな（すなわち，最高次の係数が 1 の）整数係数多項式で，

$$\deg P_n = \frac{1}{2}n(n-1), \quad P_n = P_{1-n};$$
$$\deg Q_n = n^2 - 1, \quad Q_n = Q_{-n}. \qquad (1.58)$$

小さい n に対する P_n は既に示した． Q_n の方は

$$Q_1 = 1, \quad Q_2 = t^3 - 2, \quad Q_3 = t^8 + 8t^5 + 160t^2, \qquad (1.59)$$
$$Q_4 = t^{15} + 50t^{12} + 1000t^9 - 22400t^6 - 112000t^3 - 224000, \cdots.$$

である．

上に述べた P_n ($n \in \mathbb{Z}$) はしばしば**ヤブロンスキー–ヴォロビエフ多項式**と呼ばれる[*2]．有理解のこのような構造は，実は 1.1 節で触れた τ 函数の性質の反映であることが分かっている．他のパンルヴェ方程式の場合も含めてそのあたりの事情を解き明かすことは，本書のモチーフの一つである．

> **注釈** 特殊解を生成するためならば，まず $w(q), w(p)$ を決めてから特殊化するよりも，最初に種になる解を与えて 1 ステップずつ変換していく方が効率がいい．この点については ⇒ 付録 4: ベックルント変換の計算．

1.6 古典解の描像

パンルヴェ方程式 P_{II} (または H_{II}) の特殊解について，今までの議論をまとめておこう．

定理 1.5 パンルヴェ方程式 $H_{\mathrm{II}}(b)$ について，

(1) b が整数のとき：$H_{\mathrm{II}}(n)$ ($n \in \mathbb{Z}$) は，エアリー函数とその微分の有理函数として表されるような解の 1 パラメータ族をもつ．

(2) b が半整数のとき：$H_{\mathrm{II}}(\frac{1}{2}+n)$ ($n \in \mathbb{Z}$) は，一つの有理解をもつ．

しかもそれらは，$b=0$ または $b=\frac{1}{2}$ のときの解から，ベックルント変換によって得られる．

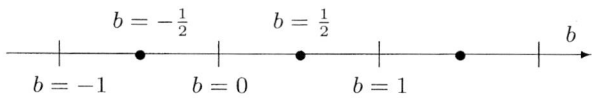

有理解や代数函数解，更に有理函数を係数とする線形微分方程式に帰着する解などは，しばしば**古典解**と呼ばれる．上記 (1), (2) の解はその意味で古典解で

[*2] 最近，P_n が 2 簡約 (2-reduced) なシューア函数の特殊化として得られることが示された．(梶原健司・太田泰広：K. Kajiwara and Y. Ohta: Determinant structure of the rational solutions for the Painlevé II equation, J.Math.Phys. **37**(1996), 4693–4704.)

ある.従来,パンルヴェ方程式の一般の解は,このような函数に比べると「遥かに超越的なもの」と期待されてきた.しかし,パンルヴェ方程式の解の超越性についての現代的な取扱いが可能になったのは,1980 年代後半以降のことである.ここでは詳述しないが,

(3) 上記 (1), (2) で述べたものを除くと,H_{II} の解はすべて**非古典的**であることが知られている.つまり,(1), (2) の解とそれ以外のすべての解の間には,超越性において大きな隔たりがある (⇒ 付録 5: 古典解と不変因子).

なお 1.4 節で導入したベックルント変換 S_n $(n \in \mathbb{Z})$ は,パラメータ空間では $b = \frac{n}{2}$ に関する鏡映として作用しており,$b = \frac{n}{2}$ がその固定点である.古典解が現れるようなパラメータの値は,丁度どれかの S_n の固定点となっていることに注意しておこう.古典解の性格が違うので,整数点 $b = n$ と 半整数点 $b = \frac{1}{2} + n$ は本来区別すべきであるが,それについては後述する.

2

対 称 形 式

この章の主役はパンルヴェの第 4 方程式である．今度は，α, β の 2 個のパラメータを含む．P_{IV} も P_{II} と同様に，ハミルトン系として表すことができるし，第 1 章と平行に話を展開することも可能であるが，今度は少し違った角度から攻めてみる．

2.1 P_{IV} の対称形式

3 個の従属変数 f_0, f_1, f_2 についての常微分方程式系

$$\begin{cases} f_0' = f_0(f_1 - f_2) + \alpha_0, \\ f_1' = f_1(f_2 - f_0) + \alpha_1, \\ f_2' = f_2(f_0 - f_1) + \alpha_2. \end{cases} \tag{2.1}$$

を考えよう．ここで $' = \frac{d}{dt}$ は独立変数 t に関する微分，$\alpha_0, \alpha_1, \alpha_2$ はパラメータである．方程式 (2.1) は同次性をもっていて，変数のスケール変換 $t \to t/c$, $f_j \to cf_j$, $\alpha_j \to c^2 \alpha_j$ $(j = 0, 1, 2)$ に関して不変である．

これは 3 階の常微分方程式系だが，簡単な積分がある．実際，(2.1) の辺々を加えると

$$(f_0 + f_1 + f_2)' = \alpha_0 + \alpha_1 + \alpha_2 = k \quad (\text{定数}). \tag{2.2}$$

従って

$$f_0 + f_1 + f_2 = kt + c \quad (c \text{ は定数}) \tag{2.3}$$

となる．本来 $k = 0$ のときと $k \neq 0$ のときを区別した方がよいが，以下では一般的な状況を考えることにして $k \neq 0$ と仮定する．このときは，上で述べた変数のスケール変換の自由度を考慮すれば，$k = 1$ の場合だけ考えれば十分である．また t に関する平行移動の自由度も消去して

$$\alpha_0 + \alpha_1 + \alpha_2 = 1, \qquad f_0 + f_1 + f_2 = t \tag{2.4}$$

と規格化することにしよう．こうすると (2.1) はパンルヴェ第 4 方程式

$$P_{\mathrm{IV}}: \quad y'' = \frac{1}{2y}(y')^2 + \frac{3}{2}y^3 + 4t\,y^2 + 2(t^2 - \alpha)y + \frac{\beta}{y} \tag{2.5}$$

と同値な方程式となる．

> **命題 2.1**　規格化の条件 (2.4) のもとで，方程式系 (2.1) は P_{IV} と等価である．

(2.4) から $f_0 = t - f_1 - f_2$ だから，ひとまず f_0 を消去すると

$$\begin{cases} f_1' = f_1(f_1 + 2f_2 - t) + \alpha_1, \\ f_2' = f_2(t - 2f_1 - f_2) + \alpha_2. \end{cases} \tag{2.6}$$

f_1 の方程式を微分して，合わせて 3 つの式を用意すると，f_2, f_2' を消去できる．その結果，$y = f_1$ についての次の方程式を得る．

$$y'' = \frac{1}{2y}(y')^2 + \frac{3}{2}y^3 - 2t\,y^2 + \left(\frac{t^2}{2} - \alpha_0 + \alpha_2\right)y - \frac{\alpha_1^2}{2y}. \tag{2.7}$$

上記の P_{IV} と若干係数が異なるが，(2.7) において $t \to \sqrt{2}t,\ y \to -y/\sqrt{2}$ と変数変換すると

$$y'' = \frac{1}{2y}(y')^2 + \frac{3}{2}y^3 + 4t\,y^2 + 2(t^2 - \alpha_0 + \alpha_2)y - \frac{2\alpha_1^2}{y} \tag{2.8}$$

となり，P_{IV} でパラメータを $\alpha = \alpha_0 - \alpha_2,\ \beta = -2\alpha_1^2$ と読み替えたものになる．この意味で (2.1) は P_{IV} と等価である．以下では，(2.1) を条件 (2.4) で規格化したものを P_{IV} の **対称形式** と呼ぶ[*1]．

この対称形式は添字 $0, 1, 2$ をこの順に循環させる操作について，明らかな対

[*1] 対称形式 (2.1) によるベックルント変換の記述は，野海正俊・山田泰彦（ M. Noumi and Y. Yamada: Symmetries in the fourth Painlevé equation and Okamoto polynomials, Nagoya Math. J. **153**(1999), 53–86. ）による．但し，P_{IV} が (2.1) の形に表されることは，それ以前に V.E. Adler によって注意されている (V.E. Adler: Nonlinear chains and Painlevé equations, Physica D **73**(1994), 335–351).

称性をもっていることに注意しておこう. つまり, 従属変数とパラメータの変換 π を

$$\pi(f_0) = f_1, \quad \pi(f_1) = f_2, \quad \pi(f_2) = f_0$$
$$\pi(\alpha_0) = \alpha_1, \quad \pi(\alpha_1) = \alpha_2, \quad \pi(\alpha_2) = \alpha_0 \qquad (2.9)$$

で定義すれば, π が P_{IV} の対称形式の一つのベックルント変換となっている.

なお, 最初の方程式 (2.1) で $\alpha_0 = \alpha_1 = \alpha_2 = 0$ としたもの

$$f_0' = f_0(f_1 - f_2), \quad f_1' = f_1(f_2 - f_0), \quad f_2' = f_2(f_0 - f_1) \qquad (2.10)$$

は, **ロトカ–ヴォルテラ方程式**と呼ばれる3種類の生物の生存競争モデルである. つまりパンルヴェ方程式 P_{IV} は, ロトカ–ヴォルテラ方程式にパラメータを導入して変形したものということになる.

2.2 基本的な特殊解

P_{IV} の対称形式には, すぐに見える特殊解が幾つかある. まず印象的な有理解が一つ. これは3つの添字について対称な場合で, 条件 $\alpha_0 = \alpha_1 = \alpha_2$, $f_0 = f_1 = f_2$ を課すと, このような解は

$$(\alpha_0, \alpha_1, \alpha_2; f_0, f_1, f_2) = \left(\frac{1}{3}, \frac{1}{3}, \frac{1}{3}; \frac{t}{3}, \frac{t}{3}, \frac{t}{3}\right) \qquad (2.11)$$

と決まる. P_{II} の場合との対比で言えば, これは $b = \frac{1}{2}$ での有理解 $(q, p) = (0, \frac{t}{2})$ に対応するものと思える.

もう一つ注目したいのはリッカチ型の解である. 今, 最初の方程式

$$f_0' = f_0(f_1 - f_2) + \alpha_0 \qquad (2.12)$$

に注目しよう. $\alpha_0 = 0$ のときには, 右辺が f_0 で割り切れるので $f_0 = 0$ と特殊化することに意味がある. このとき $f_1 + f_2 = t$ だから

$$f_1' = f_1 f_2 + \alpha_1 = f_1(t - f_1) + \alpha_1. \qquad (2.13)$$

これで f_1 に対するリッカチ方程式が得られた. $f_1 = u'/u$ とおいて変換する

と，対応する線形方程式はエルミートの微分方程式

$$u'' - tu' - \alpha_1 u = 0 \tag{2.14}$$

である (正確には，$t \to \sqrt{2}\,t$ と変換したものが通常エルミートの微分方程式と呼ばれているもの). このことから $\alpha_0 = 0$ のときには，エルミートの微分方程式 (2.14) の一般解 φ を用いて表される解の 1 パラメータ族

$$f_0 = 0, \quad f_1 = \frac{\varphi'}{\varphi}, \quad f_2 = t - \frac{\varphi'}{\varphi} \tag{2.15}$$

が存在することが分かる．このような解は一般には超越的だが，α_1 が整数のときには，この中に有理解も含まれていることに注意しておこう．実際 $\alpha_1 = -n$ ($n = 0, 1, 2, \cdots$) のときには，上記のエルミートの微分方程式 (2.14) は多項式解 (エルミート多項式) をもつ．φ が多項式ならば f_1, f_2 ともに有理関数である．同様に，P_{IV} の対称形式 (2.1) は $\alpha_1 = 0$ のときには $f_1 = 0$, $\alpha_2 = 0$ のときには $f_2 = 0$ と特殊化することができ，これによってリッカチ型の解の 1 パラメータ族が生じる．P_{II} の場合と対比すれば，これらの解が $b = 0$ でのエアリー関数解に対応する．なお，$\alpha_0 = \alpha_1 = 0$ のような場所では，リッカチ型の解の 2 つの 1 パラメータ族が 1 個の有理解

$$(\alpha_0, \alpha_1, \alpha_2; f_0, f_1, f_2) = (0, 0, 1; 0, 0, t) \tag{2.16}$$

を共有している．

P_{II} の場合にはパラメータ空間は 1 次元であったが，今度は 2 次元である．上で述べた特殊解がパラメータ空間のどこに位置しているのか視覚化しよう．我々のパラメータは，3 個の函数の組 $(\alpha_0, \alpha_1, \alpha_2)$ で $\alpha_0 + \alpha_1 + \alpha_2 = 1$ を満たすものによって指定される．α_j ($j = 0, 1, 2$) を実数値の函数と考えれば，$(\alpha_0, \alpha_1, \alpha_2)$ は平面の**三角座標系**と思える．実際，図 2.1 のように平面上に高さ 1 の正三角形 $\triangle P_0 P_1 P_2$ を固定し，一般の点 P に対して直線 $P_1 P_2$ からの距離を P_0 方向に測ってそれを α_0 とする．言い換えれば，α_0 は直線 $P_1 P_2$ 上で値 0 をとり，点 P_0 で値 1 をとる 1 次函数である．同様に α_1, α_2 を定義すれば，初等幾何でよく知られているように $\alpha_0 + \alpha_1 + \alpha_2 = 1$ が成立する．この

2.2 基本的な特殊解

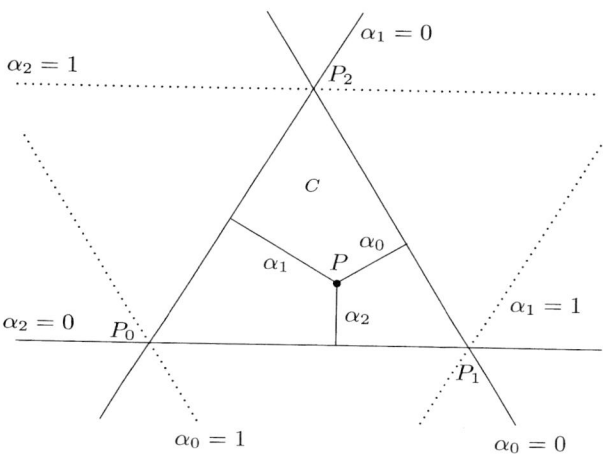

図 2.1 三角座標系

条件を満たす3つの実数の組 $(\alpha_0, \alpha_1, \alpha_2)$ を指定すれば，平面上の点 P がただ一つ定まる．例えば，点 P_0, P_1, P_2 の三角座標はそれぞれ $(1,0,0), (0,1,0), (0,0,1)$ であり，三角形 $\triangle P_0 P_1 P_2$ の重心の三角座標は $\left(\frac{1}{3}, \frac{1}{3}, \frac{1}{3}\right)$ である．

このように視覚化すれば，有理解

$$(\alpha_0, \alpha_1, \alpha_2; f_0, f_1, f_2) = \left(\frac{1}{3}, \frac{1}{3}, \frac{1}{3}; \frac{t}{3}, \frac{t}{3}, \frac{t}{3}\right) \tag{2.17}$$

は，最初に固定した正三角形 $\triangle P_0 P_1 P_2$ の重心に位置している．また $\triangle P_0 P_1 P_2$ を囲む 3 本の直線 $\alpha_0 = 0, \alpha_1 = 0, \alpha_2 = 0$ の各々の上には，リッカチ解の 1 パラメータ族がある．$j = 0, 1, 2$ の各々について，$\alpha_j = 0$ のとき $f_j = 0$ という特殊化によってリッカチ解が得られたことを思い出しておこう．その意味で，対称形式の 3 つの従属変数 f_0, f_1, f_2 は，それぞれ直線 $\alpha_0 = 0, \alpha_1 = 0, \alpha_2 = 0$ に対応している (梅村氏の用語を援用すれば，f_j は $\alpha_j = 0$ に沿う不変因子である．⇒ 付録 5: 古典解と不変因子)．さらに，頂点 P_0, P_1, P_2 ではリッカチ解の 1 パラメータ族が 2 つ交差していて，そこに有理解

$$(\alpha_0, \alpha_1, \alpha_2; f_0, f_1, f_2) = (1,0,0; t,0,0)$$
$$(\alpha_0, \alpha_1, \alpha_2; f_0, f_1, f_2) = (0,1,0; 0,t,0) \qquad (2.18)$$
$$(\alpha_0, \alpha_1, \alpha_2; f_0, f_1, f_2) = (0,0,1; 0,0,t)$$

が生じている.

前節で述べたベックルント変換 π は,重心の周りの $120°$ 回転に対応する.対称形式のベックルント変換の全体像が分かれば,この節で述べた基本的な特殊解から,一連の古典解が生成されるはずである.ベックルント変換について議論するために,予めこのパラメータ空間に作用するアフィン・ワイル群の構造を見ておこう.

2.3 アフィン・ワイル群

パンルヴェ第 4 方程式に関係するのは,$A_2^{(1)}$ 型のアフィン・ワイル群である.最初にこの群を生成元と基本関係で定義する.$A_2^{(1)}$ 型のアフィン・ワイル群 $W = W(A_2^{(1)})$ とは,3 個の生成元 s_0, s_1, s_2 と基本関係

$$s_j^2 = 1, \quad (s_j s_{j+1})^3 = 1 \quad (j = 0, 1, 2) \qquad (2.19)$$

で定義される群 $W = \langle s_0, s_1, s_2 \rangle$ のことである.但し,$s_{j+3} = s_j$ $(j \in \mathbb{Z})$ という約束で,s_j の添字 j は $\mathbb{Z}/3\mathbb{Z}$ の元と見なす.$(s_1 s_2)^3 = 1$ の形の関係式は 2 個の元の積の位数を指定するもので,**コクセター関係式**と呼ばれる.$s_1^2 = s_2^2 = 1$ のもとでは,この関係式は $s_1 s_2 s_1 = s_2 s_1 s_2$ と書いてもよい.後者は**組み紐関係式** (図 2.2) と呼ばれる.

パンルヴェ第 4 方程式のベックルント変換では,W よりも少し大きい**拡大されたアフィン・ワイル群** $\widetilde{W} = \langle s_0, s_1, s_2; \pi \rangle$ が現れる.この群は W に新たな元 π を付け加えて関係式

$$\pi^3 = 1, \quad \pi s_j = s_{j+1} \pi \quad (j = 0, 1, 2) \qquad (2.20)$$

を課したものである.以下この節では,アフィン・ワイル群 $W = \langle s_0, s_1, s_2 \rangle$ とその拡大 $\widetilde{W} = \langle s_0, s_1, s_2; \pi \rangle$ を幾何学的に実現する標準的なやり方を述べる.

2.3 アフィン・ワイル群

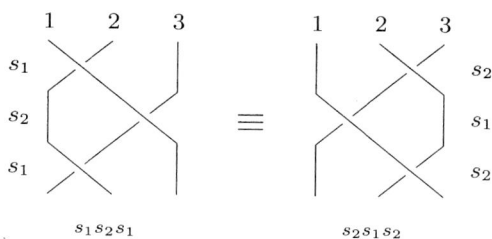

図 2.2 組み紐関係式

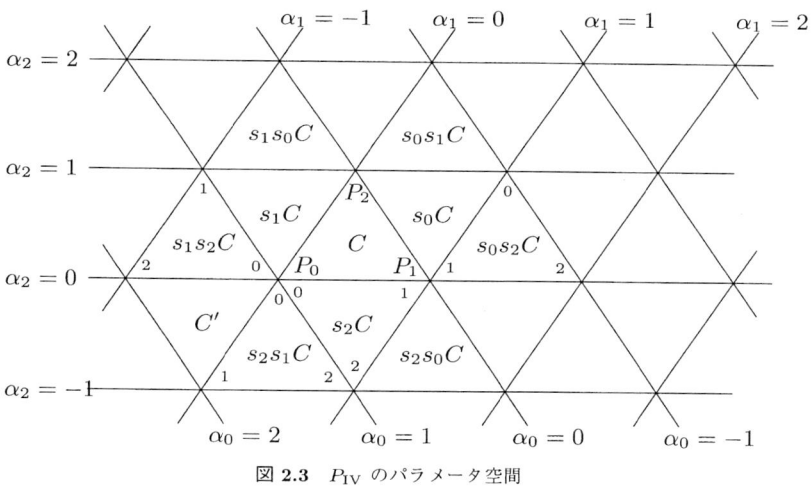

図 2.3 P_{IV} のパラメータ空間

注釈 この定義で $\widetilde{W} \simeq W \rtimes \Omega$, $\Omega = \{1, \pi, \pi^2\} \simeq \mathbb{Z}/3\mathbb{Z}$. つまり, π は生成元 s_j の添字を回転させる位数 3 の自己同型として W に作用し, この 3 次の巡回群 Ω との半直積をとって W を拡大したものが $\widetilde{W}$ である (⇒ 付録 6: 群の半直積).

前節で述べた三角座標系を使って, 平面上の平行な直線の 3 つの族 $\alpha_0 = n$, $\alpha_1 = n$, $\alpha_2 = n$ $(n \in \mathbb{Z})$ を考えると, 図 2.3 のような三角格子がえられる. そこで, 直線 $\alpha_0 = 0$ に関する鏡映 (対称移動) を s_0, $\alpha_1 = 0$ に関する鏡映を s_1, $\alpha_2 = 0$ に関する鏡映を s_2 と名付け, この 3 つで生成される平面の変換の群を

$$W = \langle s_0, s_1, s_2 \rangle \tag{2.21}$$

で表す．この W が，$A_2^{(1)}$ 型のアフィン・ワイル群の実現を与える．実際，s_0, s_1, s_2 は直線に関する対称移動なので 2 回施すと恒等変換であり，

$$s_0^2 = 1, \quad s_1^2 = 1, \quad s_2^2 = 1 \tag{2.22}$$

を満たす．また，s_2, s_1 をこの順に施して変換 $s_1 s_2$ を考えると，これが P_0 の周りの 120° 回転を表していることが図から見て取れる．従って $(s_1 s_2)^3 = 1$ である．同様にして

$$(s_1 s_2)^3 = 1, \quad (s_2 s_0)^3 = 1, \quad (s_0 s_1)^3 = 1 \tag{2.23}$$

が成立する．少し議論が必要だが，3 つの鏡映 s_0, s_1, s_2 から生成される変換群の基本関係は，この (2.22), (2.23) で尽くされることが知られている．図では，最初の正三角形 $\triangle P_0 P_1 P_2$ を C で表し，それが s_j, $s_i s_j$ でどのように移されるかを表した．$w \in W$ をいろいろに動かして C を移した正三角形 wC を作れば，これらで平面全体が覆われる．しかも，W の元 w と正三角形 wC の対応は 1 対 1 となる．例えば，図の正三角形 C' は $s_1 s_2 s_1 C = s_2 s_1 s_2 C$ と 2 通りに表されるが，基本関係から $s_1 s_2 s_1$, $s_2 s_1 s_2$ は W の元としては同一の元であり，直線 $\alpha_0 = 1$ に関する折り返しを表す．3 枚の鏡で作った万華鏡で，正三角形 $\triangle P_0 P_1 P_2$ を覗いていると思えばよい．

もう一つ，C の重心の周りの 120° 回転を π で表そう．W にこの π も付け加えて，

$$\widetilde{W} = \langle s_0, s_1, s_2, \pi \rangle \tag{2.24}$$

を考える．こうすると

$$\pi^3 = 1, \quad \pi s_j = s_{j+1} \pi \quad (j = 0, 1, 2) \tag{2.25}$$

が成立することが見て取れる．(2.22), (2.23), (2.25) が，拡大されたアフィン・ワイル群の基本関係であったが，s_0, s_1, s_2, π の生成する変換群の基本関係もこれで尽くされる．

この節で述べた $\widetilde{W}$ の実現をパンルヴェ方程式のパラメータ空間に合わせて定式化しておこう．平面の点 P を三角座標でベクトル $\boldsymbol{a} = (a_0, a_1, a_2)$ と同一

2.3 アフィン・ワイル群

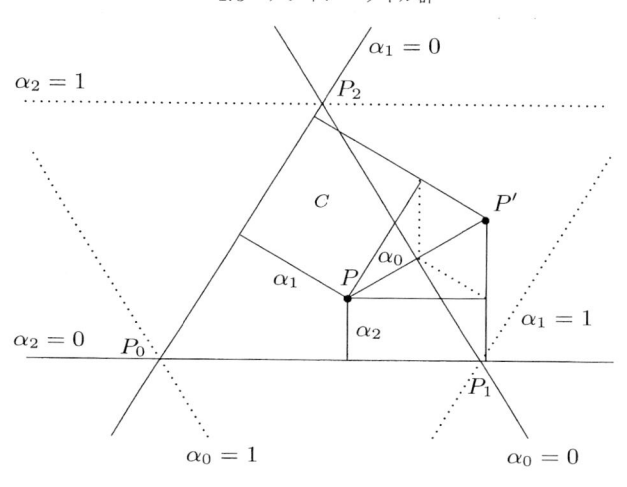

図 2.4 鏡映 s_0

視すれば，変換 s_0, s_1, s_2, π は，それぞれ次のような三角座標の変換を引き起こす (図 2.4 を参照).

$$
\begin{aligned}
s_0.\boldsymbol{a} &= (-a_0, a_1 + a_0, a_2 + a_0) \\
s_1.\boldsymbol{a} &= (a_0 + a_1, -a_1, a_2 + a_1) \\
s_2.\boldsymbol{a} &= (a_0 + a_2, a_1 + a_2, -a_2) \\
\pi.\boldsymbol{a} &= (a_2, a_0, a_1)
\end{aligned}
\tag{2.26}
$$

以下では複素化して，3 次元のアフィン空間 $\mathbb{C}^3$ 内の平面

$$
V = \{ \boldsymbol{a} = (a_0, a_1, a_2) \in \mathbb{C}^3 \,;\, a_0 + a_1 + a_2 = 1 \} \tag{2.27}
$$

を考える．この設定で，パンルヴェ方程式 P_{IV} の対称形式のパラメータ α_0, α_1, α_2 はそれぞれ点 $\boldsymbol{a} = (a_0, a_1, a_2)$ に対して

$$
\alpha_0(\boldsymbol{a}) = a_0, \quad \alpha_1(\boldsymbol{a}) = a_1, \quad \alpha_2(\boldsymbol{a}) = a_2 \tag{2.28}
$$

なる値をとる関数であり，V 上では $\alpha_0 + \alpha_1 + \alpha_2 = 1$ を満たす．V の変換 s_0, s_1, s_2, π をそれぞれ (2.26) で定義し，$\widetilde{W} = \langle s_0, s_1, s_2, \pi \rangle$ とおけば，$\widetilde{W}$ は V のアフィン変換の群である．そこで，$w \in \widetilde{W}$ と V 上の関数 β が与えられ

たとき，w の β への作用 $w(\beta)$ を

$$w(\beta)(\boldsymbol{a}) = \beta(w^{-1}.\boldsymbol{a}) \qquad (\boldsymbol{a} \in V) \tag{2.29}$$

という関数として定義する (右辺で w^{-1} を用いているのは，関数への作用も左からの作用で書いて $\widetilde{W}$ の積の順序を保つようにするためである．⇒ 付録 4: ベックルント変換の計算)．この定義に従えば，$\widetilde{W}$ の生成元の α_j への作用は次のようになる．

$$\begin{array}{c|ccc} & \alpha_0 & \alpha_1 & \alpha_2 \\ \hline s_0 & -\alpha_0 & \alpha_1+\alpha_0 & \alpha_2+\alpha_0 \\ s_1 & \alpha_0+\alpha_1 & -\alpha_1 & \alpha_2+\alpha_1 \\ s_2 & \alpha_0+\alpha_2 & \alpha_1+\alpha_2 & -\alpha_2 \\ \pi & \alpha_1 & \alpha_2 & \alpha_0 \end{array} \tag{2.30}$$

V 上の一般の函数 φ が三角座標で $\varphi = \varphi(\alpha_0, \alpha_1, \alpha_2)$ と書かれているとすると，$w \in \widetilde{W}$ の φ への作用は

$$w(\varphi) = \varphi(w(\alpha_0), w(\alpha_1), w(\alpha_2)) \tag{2.31}$$

で与えられるので，$w(\varphi)$ は上の表で完全に決定される．

注釈　$s_i(\alpha_j), \pi(\alpha_j)$ の計算の要領を念のため具体例で示す．$\boldsymbol{a} = (a_0, a_1, a_2)$ に対して，$s_0^{-1}.\boldsymbol{a} = s_0.\boldsymbol{a} = (-a_0, a_1+a_0, a_2+a_0)$ だから

$$s_0(\alpha_1)(\boldsymbol{a}) = \alpha_1(s_0^{-1}.\boldsymbol{a}) = a_1 + a_0 = \alpha_1(\boldsymbol{a}) + \alpha_0(\boldsymbol{a}) \tag{2.32}$$

従って $s_0(\alpha_1) = \alpha_1 + \alpha_0$．また，$\pi^{-1}.\boldsymbol{a} = (a_1, a_2, a_0)$ だから

$$\pi(\alpha_1)(\boldsymbol{a}) = \alpha_1(\pi^{-1}.\boldsymbol{a}) = a_2 = \alpha_2(\boldsymbol{a}) \tag{2.33}$$

従って $\pi(\alpha_1) = \alpha_2$ である．

定理 2.2　平面の三角座標 $\alpha_0, \alpha_1, \alpha_2$ ($\alpha_0 + \alpha_1 + \alpha_2 = 1$) について，表 (2.30) で定義される変換 s_0, s_1, s_2, π の基本関係は

$$s_j^2 = 1, \ (s_j s_{j+1})^3 = 1; \ \pi^3 = 1, \ \pi s_j = s_{j+1}\pi \quad (j = 0, 1, 2) \tag{2.34}$$

で与えられる．つまり，これらの生成する群 $\widetilde{W} = \langle s_0, s_1, s_2, \pi \rangle$ は $A_2^{(1)}$ 型の拡大されたアフィン・ワイル群の実現を与える．

この機会に，s_i の α_j への作用 (2.30) をコンパクトに表現するためによく用いられる**カルタン行列**と**ディンキン図形**について補足しておきたい．$s_i(\alpha_j)$ と α_j の差は，α_i の整数倍になっているので，これを

$$s_i(\alpha_j) = \alpha_j - \alpha_i a_{ij} \qquad (i,j = 0,1,2) \tag{2.35}$$

の形に表す．ここで $A = (a_{ij})_{i,j=0}^2$ とおいて 3×3 行列を作ると A は

$$A = \begin{bmatrix} 2 & -1 & -1 \\ -1 & 2 & -1 \\ -1 & -1 & 2 \end{bmatrix} \tag{2.36}$$

なる対称行列である．A を $A_2^{(1)}$ 型の**カルタン行列**と呼ぶ．この行列を覚えていれば，表 (2.30) を再現できる．行列 A を視覚化したものがディンキン図形である．添字 $0,1,2$ に対応して，3 つの ◦ 印を用意しておいて，$a_{ij} = a_{ji} = -1$ のときに i に対応する ◦ と j に対応する ◦ を ◦—◦ のように線で結ぶ．この場合 A から得られる図形は

$$\begin{array}{c} \overset{0}{\circ} \\ \underset{1}{\circ}\!\!-\!\!\underset{2}{\circ} \end{array} \tag{2.37}$$

である．これを $A_2^{(1)}$ 型の**ディンキン図形**という．もとの行列の対角成分は 2 なので この図形から行列 A を回復できる (一般の場合については ⇒ 付録 7: カルタン行列とディンキン図形).

2.4 ベックルント変換

パンルヴェ第 4 方程式の対称形式をもう一度思い出しておく．

$$f_j' = f_j(f_{j+1} - f_{j+2}) + \alpha_j \quad (j=0,1,2); \quad f_0 + f_1 + f_2 = t. \tag{2.38}$$

ここで，f_j の添字 j は $\mathbb{Z}/3\mathbb{Z}$ の元と見て $f_{j+3} = f_j$ と約束する．今，従属変数 f_0, f_1, f_2 に対して，新しい従属変数 g_0, g_1, g_2 を

$$g_0 = f_0, \quad g_1 = f_1 + \frac{\alpha_0}{f_0}, \quad g_2 = f_2 - \frac{\alpha_0}{f_0} \qquad (2.39)$$

と定義して，この g_0, g_1, g_2 の満たすべき方程式を求めよう．逆変換は

$$f_0 = g_0, \quad f_1 = g_1 - \frac{\alpha_0}{g_0}, \quad f_2 = g_2 + \frac{\alpha_0}{g_0}. \qquad (2.40)$$

そこで

$$\begin{aligned}
g_0' = f_0' &= f_0(f_1 - f_2) + \alpha_0 \\
&= g_0 \left(g_1 - \frac{\alpha_0}{g_0} - g_2 - \frac{\alpha_0}{g_0} \right) + \alpha_0 \\
&= g_0(g_1 - g_2) - \alpha_0.
\end{aligned} \qquad (2.41)$$

同じ要領で計算すると

$$\begin{aligned}
g_1' &= \left(f_1 + \frac{\alpha_0}{f_0} \right)' = f_1' - \frac{\alpha_0}{f_0^2} f_0' \\
&= f_1(f_2 - f_0) + \alpha_1 - \frac{\alpha_0}{f_0}(f_1 - f_2) - \frac{\alpha_0^2}{f_0^2} \\
&= \left(g_1 - \frac{\alpha_0}{g_0} \right)\left(g_2 - g_0 + \frac{\alpha_0}{g_0} \right) + \alpha_1 - \frac{\alpha_0}{g_0}\left(g_1 - g_2 - 2\frac{\alpha_0}{g_0} \right) - \frac{\alpha_0^2}{g_0^2} \\
&= g_1(g_2 - g_0) + \alpha_1 + \alpha_0.
\end{aligned} \qquad (2.42)$$

g_2' も計算して合わせると

$$\begin{cases}
g_0' = g_0(g_1 - g_2) - \alpha_0 \\
g_1' = g_1(g_2 - g_0) + \alpha_1 + \alpha_0 \\
g_2' = g_2(g_0 - g_1) + \alpha_2 + \alpha_0
\end{cases} \qquad (2.43)$$

を得る．つまり，方程式のパラメータを

$$\beta_0 = -\alpha_0, \quad \beta_1 = \alpha_1 + \alpha_0, \quad \beta_2 = \alpha_2 + \alpha_0 \qquad (2.44)$$

と変更すれば，同じ形の方程式

$$g_j' = g_j(g_{j+1} - g_{j+2}) + \beta_j \qquad (j = 0, 1, 2); \quad g_0 + g_1 + g_2 = t \qquad (2.45)$$

が成立する．この意味で変換 $f_j \to g_j$，$\alpha_j \to \beta_j$ $(j = 0, 1, 2)$ は対称形式のベックルント変換となっている．

パラメータの変換 (2.44) がちょうど，前節でみた s_0 の変換と同じで $\beta_j = s_0(\alpha_j)$ $(j = 0, 1, 2)$ となっていることに注意して，このベックルント変換を s_0 と名付ける．

$$s_0(\alpha_0) = -\alpha_0, \qquad s_0(\alpha_1) = \alpha_1 + \alpha_0, \quad s_0(\alpha_2) = \alpha_2 + \alpha_0$$
$$s_0(f_0) = f_0, \qquad s_0(f_1) = f_1 + \frac{\alpha_0}{f_0}, \quad s_0(f_2) = f_2 - \frac{\alpha_0}{f_0} \qquad (2.46)$$

(従属変数の変換ではなるべく，$s_0.\varphi$ よりも $s_0(\varphi)$ という記法を用いることにする．意味は同じ．) 対称形式は添字の回転についての対称性をもっているので，同様に s_1, s_2 も得られる．これらは，ベックルント変換

$$\pi(\alpha_j) = \alpha_{j+1}, \quad \pi(f_j) = f_{j+1} \qquad (j = 0, 1, 2) \qquad (2.47)$$

を使って，

$$s_1 = \pi s_0 \pi^{-1}, \quad s_2 = \pi s_1 \pi^{-1} \qquad (2.48)$$

と定義すればよい．こうして得られるベックルント変換を表にすると表 2.1 のようになる．なお，s_i の f_j への作用は，

$$s_i(f_j) = f_j + \frac{\alpha_i}{f_i} u_{ij} \qquad (i, j = 0, 1, 2) \qquad (2.49)$$

の形に表されていることに注意しておく．ここで $U = (u_{ij})_{i,j=0}^2$ とおくと，U は次のような交代行列である．

$$U = \begin{bmatrix} 0 & 1 & -1 \\ -1 & 0 & 1 \\ 1 & -1 & 0 \end{bmatrix}. \qquad (2.50)$$

定理 2.3 表 2.1 で定義される変換 s_0, s_1, s_2, π はパンルヴェ第 4 方程式 P_{IV} の対称形式のベックルント変換である．さらに，これらの変換は次の関係式を満たす．

$$s_j^2 = 1, \ (s_j s_{j+1})^3 = 1; \ \pi^3 = 1, \ \pi s_j = s_{j+1} \pi \quad (j = 0, 1, 2). \quad (2.51)$$

表 2.1 P_{IV} の対称形式のベックルント変換

	α_0	α_1	α_2	f_0	f_1	f_2
s_0	$-\alpha_0$	$\alpha_1+\alpha_0$	$\alpha_2+\alpha_0$	f_0	$f_1+\dfrac{\alpha_0}{f_0}$	$f_2-\dfrac{\alpha_0}{f_0}$
s_1	$\alpha_0+\alpha_1$	$-\alpha_1$	$\alpha_2+\alpha_1$	$f_0-\dfrac{\alpha_1}{f_1}$	f_1	$f_2+\dfrac{\alpha_1}{f_1}$
s_2	$\alpha_0+\alpha_2$	$\alpha_1+\alpha_2$	$-\alpha_2$	$f_0+\dfrac{\alpha_2}{f_2}$	$f_1-\dfrac{\alpha_2}{f_2}$	f_2
π	α_1	α_2	α_0	f_1	f_2	f_0

つまり，$A_2^{(1)}$ 型の拡大されたアフィン・ワイル群がベックルント変換群 $\widetilde{W} = \langle s_0, s_1, s_2, \pi \rangle$ として，P_{IV} の対称形式に作用する訳である．

アフィン・ワイル群の基本関係式が成立することを示すには，表 2.1 に従って素直に計算すればよい．α_j への作用については既に知っているので f_j への作用だけが問題である．また添字についての回転対称性があるから，$s_0^2 = 1$ と $(s_0 s_1)^3 = 1$ だけ示せば十分である．まず $s_0^2 = 1$ を示そう．実際 $j = 0, 1, 2$ に対して

$$s_0^2(f_j) = s_0\left(f_j + \frac{\alpha_0}{f_0} u_{0j}\right) = f_j + \frac{\alpha_0}{f_0} u_{0j} - \frac{\alpha_0}{f_0} u_{0j} = f_j. \tag{2.52}$$

次に $(s_0 s_1)^3 = 1$ を確認したい．$s_i^2 = 1$ $(i = 0, 1, 2)$ はもう示したので，組み紐関係式 $s_0 s_1 s_0 = s_1 s_0 s_1$ を示せばよい．

$$\begin{aligned}
s_0 s_1 s_0(f_j) &= s_0 s_1 \left(f_j + \frac{\alpha_0}{f_0} u_{0j}\right) \\
&= s_0 \left(f_j + \frac{\alpha_1}{f_1} u_{1j} + \frac{(\alpha_0+\alpha_1) f_1}{f_0 f_1 - \alpha_1} u_{0j}\right) \\
&= f_j + \frac{\alpha_0}{f_0} u_{0j} + \frac{(\alpha_0+\alpha_1) f_0}{f_0 f_1 + \alpha_0} u_{1j} + \frac{\alpha_1(f_0 f_1 + \alpha_0)}{f_0(f_0 f_1 - \alpha_1)} u_{0j} \\
&= f_j + \frac{(\alpha_0+\alpha_1) f_1}{f_0 f_1 - \alpha_1} u_{0j} + \frac{(\alpha_0+\alpha_1) f_0}{f_0 f_1 + \alpha_0} u_{1j}
\end{aligned} \tag{2.53}$$

同様に $s_1 s_0 s_1(f_j)$ を計算すれば，同じ結果になることが確認できる．s_0, s_1, s_2, π が対称形式のベックルント変換となることは既に確かめたので論理的には重複するが，これらが微分演算と可換であること，すなわち

$$s_i(f_j)' = s_i(f_j'), \quad \pi(f_j)' = \pi(f_j') \qquad (i, j = 0, 1, 2) \tag{2.54}$$

が成立することを計算で確認してほしい．対称形式がいかに「うまくできている」かを実感してもらえると思う (s_i の作用を少し「賢く」計算するには，デマジュール作用素を使う方法がある．⇒ 付録 8: デマジュール作用素)．

ベックルント変換が出揃ったので，2.2 節で与えた特殊解のベックルント変換を計算したいところだが，次章の τ 函数の議論の後，第 4 章で詳しく論じる．

2.5　P_{II} の対称形式

P_{IV} の場合と同じようにパンルヴェ第 2 方程式 P_{II} についても，ベックルント変換や特殊解の様子がよく見える表示を作ってみよう．P_{II} のハミルトン系としての表示

$$H_{\mathrm{II}}: \quad q' = p - q^2 - \frac{t}{2}, \quad p' = 2qp + b. \tag{2.55}$$

において，リッカチ型の解が出てくるのは b が整数となる点であった．$b = 0$ と $b = 1$ を基準にとって

$$\alpha_1 = b, \quad \alpha_0 = 1 - b \quad (\alpha_0 + \alpha_1 = 1) \tag{2.56}$$

とおく．$b = 0$ では $p = 0$ なる特殊化でリッカチ解が得られたことに注意して

$$f_1 = p, \quad f_0 = r(p) = -p + 2q^2 + t \tag{2.57}$$

とおく．f_0, f_1, q の方程式を並べて書くと

$$\begin{cases} f_0' = -2qf_0 + \alpha_0 \\ f_1' = 2qf_1 + \alpha_1 \\ q' = \dfrac{1}{2}(f_1 - f_0) \end{cases} \tag{2.58}$$

となる．これを P_{II} の対称形式と呼ぶ．この形だと 3 階の方程式だが，

$$(f_0 + f_1)' = 2q(f_1 - f_0) + 1 = 4qq' + 1 = (2q^2 + t)' \tag{2.59}$$

だから

表 2.2 P_{II} の対称形式のベックルント変換

	α_0	α_1	f_0	f_1	q
s_0	$-\alpha_0$	$\alpha_1 + 2\alpha_0$	f_0	$f_1 - \frac{4\alpha_0 q}{f_0} + \frac{2\alpha_0^2}{f_0^2}$	$q - \frac{\alpha_0}{f_0}$
s_1	$\alpha_0 + 2\alpha_1$	$-\alpha_1$	$f_0 + \frac{4\alpha_1 q}{f_1} + \frac{2\alpha_1^2}{f_1^2}$	f_1	$q + \frac{\alpha_1}{f_1}$
π	α_1	α_0	f_1	f_0	$-q$

$$f_0 + f_1 - 2q^2 = t + c \quad (c\text{ は定数}). \tag{2.60}$$

t 変数の平行移動で $c = 0$ と規格化しておけば,もとの H_{II} と等価である.

この形で見ると,$\alpha_0 = 0$ $(b = 1)$, $\alpha_1 = 0$ $(b = 0)$ でそれぞれ $f_0 = 0$, $f_1 = 0$ と特殊化して q についてのリッカチ方程式となることが見て取れる.また,ベックルント変換 r は P_{IV} の対称形式の場合の π にあたるものなので,記号を合わせて $\pi = r$ と書けば,

$$\pi(\alpha_0) = \alpha_1, \quad \pi(\alpha_1) = \alpha_0; \quad \pi(f_0) = f_1, \quad \pi(f_1) = f_0, \quad \pi(q) = -q \tag{2.61}$$

なる変数変換である.これは,q の符号を反転すれば方程式 (2.58) が α_0 と α_1, f_0 と f_1 を交換する操作で不変であることを表している.さらに,$\alpha_0 = \alpha_1 = \frac{1}{2}$, $f_0 = f_1$ という π についての不変性を課すことで有理解 $q = 0$ が生じる.

$s_1 = s$, $s_0 = rsr$ とおけば,これらは $\alpha_1 = 0$, $\alpha_0 = 0$ での鏡映に対応するベックルント変換である.まとめると表 2.2 のようになる.この文脈では $W = \langle s_0, s_1 \rangle$ が $A_1^{(1)}$ 型のアフィン・ワイル群であって,それを s_0, s_1 を入れ替える位数 2 の元 π で拡大した群 $\widetilde{W} = \langle s_0, s_1, \pi \rangle$ が,P_{II} のベックルント変換群として作用している.なお,$A_1^{(1)}$ 型のカルタン行列とディンキン図形は

$$A = \begin{bmatrix} 2 & -2 \\ -2 & 2 \end{bmatrix} \qquad 0 \circ \Longleftrightarrow \circ 1 \tag{2.62}$$

である.

3

τ 函 数

この章では，対称形式のポアソン構造を考察し，τ函数を導入する．更に，τ函数の基本的性質として，その微分方程式，ベックルント変換などを考察する．

3.1 ポアソン構造とハミルトン系

引き続き，P_{IV} の対称形式

$$\begin{cases} f_0' = f_0(f_1 - f_2) + \alpha_0 \\ f_1' = f_1(f_2 - f_0) + \alpha_1 \\ f_2' = f_2(f_0 - f_1) + \alpha_2 \end{cases} \quad \begin{array}{l} \alpha_0 + \alpha_1 + \alpha_2 = 1 \\ f_0 + f_1 + f_2 = t \end{array} \tag{3.1}$$

を考察する．この方程式も P_{II} の場合と同様にハミルトン系に表すことができる．P_{II} の議論のときには先にハミルトン系を書いて，(q,p) が正準座標系となるようなポアソン括弧を導入した．今度は先にポアソン括弧を定義して，そこからハミルトン系としての表示を導くことにする．以下ポアソン括弧とは，適当な函数の空間において，2個の函数 f, g に対して $\{f, g\}$ で表される函数を対応させる演算であって，次のような条件を満たすもののことと定義する．

(1)　$\{,\}$ は双線形で歪対称：　$\{f, f\} = 0$, 　$\{g, f\} = -\{f, g\}$.
(2)　$\{,\}$ は両方の成分についてライプニッツ則を満たす：

$$\{fg, h\} = \{f, h\}g + f\{g, h\}, \quad \{f, gh\} = \{f, g\}h + g\{f, h\}.$$

(3)　ヤコビ律：$\{f, \{g, h\}\} + \{g, \{h, f\}\} + \{h, \{f, g\}\} = 0$.

2.4 節で対称形式のベックルント変換を記述するのに用いた交代行列

$$U = (u_{ij})_{i,j=0}^2 = \begin{bmatrix} 0 & 1 & -1 \\ -1 & 0 & 1 \\ 1 & -1 & 0 \end{bmatrix} \qquad (3.2)$$

を思い出してほしい．この行列はディンキン図形に向き付け (○ を結ぶ線に方向をつけるやり方) を指定したものと思える．つまり $u_{ij} = 1$ のとき i に対応する ○ から j に対応する ○ に向かって矢印をつける．$u_{ij} = -u_{ji}$ だから，$u_{ij} = -1$ のときは j の方から i に向う矢印がつく．今の場合の U は次の向き付けに対応する．

$$\text{(図)} \qquad (3.3)$$

この U を使って，変数 f_0, f_1, f_2 の間にポアソン括弧 $\{\,,\,\}$ を

$$\{f_i, f_j\} = u_{ij} \qquad (i, j = 0, 1, 2) \qquad (3.4)$$

で定義しよう．$\{f_i, f_i\} = 0$, $\{f_j, f_i\} = -\{f_i, f_j\}$ だから，要は，

$$\{f_0, f_1\} = \{f_1, f_2\} = \{f_2, f_0\} = 1. \qquad (3.5)$$

つまり，ディンキン図形につけた矢印の順に f_j を組めば，ポアソン括弧の値は 1 ということである．これだけの情報があれば，上に掲げた規則を使って f_0, f_1, f_2 で表される任意の函数についてのポアソン括弧を確定できる．もっと直接的に定義したければ，一般に f_0, f_1, f_2 の函数 φ, ψ に対して

$$\{\varphi, \psi\} = \sum_{i,j=0}^2 \frac{\partial \varphi}{\partial f_i} u_{i,j} \frac{\partial \psi}{\partial f_j} \qquad (3.6)$$

とすればよい．

命題 3.1 f_0, f_1, f_2 の函数に対して $\{\,,\,\}$ を (3.6) で定義すると，これはポアソン括弧であって，$\widetilde{W} = \langle s_0, s_1, s_2, \pi \rangle$ の作用で不変である．すなわち

$$w(\{\varphi, \psi\}) = \{w(\varphi), w(\psi)\} \quad (w \in \widetilde{W}) \qquad (3.7)$$

(3.6) の定義で，$\{f_i, f_j\} = u_{ij}$ であり，$\{,\}$ が実際にポアソン括弧の 3 つの条件を満たすことが検証できる．また，$\widetilde{W}$ の作用に関する不変性は次のような計算で分かる．$\varphi = f_i, \psi = f_j$ の場合だけ検証すればよい．$s_k(\{f_i, f_j\}) = s_k(u_{ij}) = u_{ij}$ だから，$\{s_k(f_i), s_k(f_j)\} = u_{ij}$ を示す．実際

$$\{s_k(f_i), s_k(f_j)\} = \left\{f_i + \frac{\alpha_k}{f_k}u_{ki}, f_j + \frac{\alpha_k}{f_k}u_{kj}\right\} \tag{3.8}$$
$$= \{f_i, f_j\} - \frac{\alpha_k}{f_k^2}u_{ki}\{f_k, f_j\} - \frac{\alpha_k}{f_k^2}u_{kj}\{f_i, f_k\}$$
$$= u_{ij} - \frac{\alpha_k}{f_k^2}(u_{ki}u_{kj} + u_{kj}u_{ik}) = u_{ij}.$$

一般のポアソン括弧についても，ポアソン括弧を不変に保つ変換を**正準変換**と呼ぶ．この用語を用いると，上記の命題は，$\widetilde{W}$ の各元が，変数 f_0, f_1, f_2 についての双有理的な正準変換であることを意味している．なお，一般の函数 φ と f_j とのポアソン括弧は，

$$\{\varphi, f_j\} = \sum_{i=0}^{2} \frac{\partial \varphi}{\partial f_i} u_{i,j} = \frac{\partial \varphi}{\partial f_{j-1}} - \frac{\partial \varphi}{\partial f_{j+1}} \tag{3.9}$$

というベクトル場の作用で与えられる．従って特に

$$\{\varphi, t\} = \{\varphi, f_0 + f_1 + f_2\} = 0 \tag{3.10}$$

である．つまり，t だけの函数は，このポアソン括弧に対して「定数のように」振舞う．

唐突だが，今 f_0, f_1, f_2 の次のような 3 次式を考えてみる．

$$H = f_0 f_1 f_2 + b_0 f_0 + b_1 f_1 + b_2 f_2. \tag{3.11}$$

但し b_0, b_1, b_2 はパラメータとする．この H と f_j とのポアソン括弧は

$$\begin{aligned}\{H, f_0\} &= f_0(f_1 - f_2) + (b_2 - b_1), \\ \{H, f_1\} &= f_1(f_2 - f_0) + (b_0 - b_2), \\ \{H, f_2\} &= f_2(f_0 - f_1) + (b_1 - b_0).\end{aligned} \tag{3.12}$$

と計算される. これで殆ど, 対称形式の右辺に近い式が出てきた. もし

$$b_2 - b_1 = \alpha_0, \quad b_0 - b_2 = \alpha_1, \quad b_1 - b_0 = \alpha_2 \tag{3.13}$$

となるように b_0, b_1, b_2 がとれれば, 対称形式は

$$f'_j = \{H, f_j\} \quad (j = 0, 1, 2) \tag{3.14}$$

と書けることになる. しかし, $\alpha_0 + \alpha_1 + \alpha_2 = 1 \neq 0$ のもとではこれは不可能なので, $j = 0$ だけ特別視して

$$b_2 - b_1 = \alpha_0 - 1, \quad b_0 - b_2 = \alpha_1, \quad b_1 - b_0 = \alpha_2 \tag{3.15}$$

となるように b_0, b_1, b_2 を決めよう. 解は 1 次元分あるので, $b_0 + b_1 + b_2 = 0$ となるように規格化すれば, 結果は

$$b_0 = \frac{1}{3}(\alpha_1 - \alpha_2), \quad b_1 = \frac{1}{3}(\alpha_1 + 2\alpha_2), \quad b_2 = -\frac{1}{3}(2\alpha_1 + \alpha_2), \tag{3.16}$$

である. 以上により次の命題を得る.

命題 3.2 P_{IV} の対称形式は, ポアソン括弧を使って

$$\begin{cases} f'_0 = \{H, f_0\} + 1 \\ f'_1 = \{H, f_1\} \\ f'_2 = \{H, f_2\} \end{cases} \tag{3.17}$$

と表される. ここで,

$$H = f_0 f_1 f_2 + \frac{1}{3}(\alpha_1 - \alpha_2)f_0 + \frac{1}{3}(\alpha_1 + 2\alpha_2)f_1 - \frac{1}{3}(2\alpha_1 + \alpha_2)f_2. \tag{3.18}$$

なお, f_0, f_1, f_2 の函数 φ については, 一般に

$$\varphi' = \sum_{j=0}^{2} \frac{\partial \varphi}{\partial f_j} f'_j = \sum_{j=0}^{2} \frac{\partial \varphi}{\partial f_j}\{H, f_j\} + \frac{\partial \varphi}{\partial f_0} = \{H, \varphi\} + \frac{\partial \varphi}{\partial f_0} \tag{3.19}$$

である.

3.1 ポアソン構造とハミルトン系

我々は (f_0, f_1, f_2) を座標系とする 3 次元空間にポアソン構造を導入した. そこで, $\{f_1, f_2\} = 1$ に注意して

$$p = f_1, \quad q = f_2, \quad t = f_0 + f_1 + f_2 \tag{3.20}$$

とおこう. こうすれば新しい座標系 $(q, p; t)$ が

$$\{p, q\} = 1, \quad \{q, t\} = \{p, t\} = 0 \tag{3.21}$$

を満たすことは明らかである. この座標系で見るとポアソン括弧は

$$\{\varphi, \psi\} = \frac{\partial \varphi}{\partial p}\frac{\partial \psi}{\partial q} - \frac{\partial \varphi}{\partial q}\frac{\partial \psi}{\partial p} \tag{3.22}$$

と表される. 従って

$$q' = \{H, q\} = \frac{\partial H}{\partial p}, \quad p' = \{H, p\} = -\frac{\partial H}{\partial q} \tag{3.23}$$

であって, 対称形式がハミルトン系で表されることになる. 座標変換

$$f_0 = t - q - p, \quad f_1 = p, \quad f_2 = q \tag{3.24}$$

を使って, ハミルトニアンは

$$H = (t - q - p)pq + \alpha_2 p - \alpha_1 q + \frac{1}{3}(\alpha_1 - \alpha_2)t \tag{3.25}$$

と計算される.

命題 3.3 P_{IV} の対称形式は

$$H = (t - q - p)pq + \alpha_2 p - \alpha_1 q + \frac{1}{3}(\alpha_1 - \alpha_2)t \tag{3.26}$$

をハミルトニアンとするハミルトン系

$$\begin{cases} q' = q(t - q - 2p) + \alpha_2 \\ p' = p(2q + p - t) + \alpha_1 \end{cases} \tag{3.27}$$

と等価である.

この節では，行列 $U = (u_{i,j})_{i,j=0}^2$ を使ってポアソン構造を導入し，それからハミルトン系の表示を導いた．ポアソン構造が先に与えられていると思うと，このポアソン括弧を表にしたもの

$$\begin{array}{c|ccc} \{,\} & f_0 & f_1 & f_2 \\ \hline f_0 & 0 & 1 & -1 \\ f_1 & -1 & 0 & 1 \\ f_2 & 1 & -1 & 0 \end{array} \qquad (3.28)$$

が行列 U そのものである．しかも，ベックルント変換 s_0, s_1, s_2 は，ポアソン括弧を使って

$$s_i(f_j) = f_j + \frac{\alpha_i}{f_i}\{f_i, f_j\} \qquad (i,j = 0,1,2) \qquad (3.29)$$

と表されていることになる．

3.2 τ 函数とその微分方程式

1.1 節で述べたように，ハミルトニアン H に対して

$$H = \frac{d}{dt}\log\tau = \frac{\tau'}{\tau} \qquad (3.30)$$

なる従属変数 τ を τ **函数**という．前節の議論ではあまり問題にならなかったが，ハミルトニアン H の取り方には任意性があることを予め注意しておきたい．実際，$c(t)$ を $t = f_0 + f_1 + f_2$ のみの函数 (例えば，t の $\mathbb{C}$ 係数多項式) として H を $H + c(t)$ に置き換えても，同じ方程式のハミルトニアンである．ハミルトニアンを積分して τ 函数の考察を始めると，このような任意性をどう固定するかが問題になり，どのような問題を考えるかに合わせて $c(t)$ をうまく選ぶ必要が生じることがある．以下では，H を固定して議論するが，このような自由度があることは心に留めておいてほしい．

さて，前節で H を (3.18) で定義した際に，添字 0 を特別視したので H においては添字 0,1,2 が対等でなくなってしまった．この対称性を回復するために，以下では $h_0 = H$ とおき，添字をぐるぐるまわして $h_1 = \pi(h_0), h_2 = \pi(h_1)$ も一緒に考えることにしよう．つまり，

3.2 τ関数とその微分方程式

$$h_0 = f_0 f_1 f_2 + \frac{\alpha_1 - \alpha_2}{3} f_0 + \frac{\alpha_1 + 2\alpha_2}{3} f_1 - \frac{2\alpha_1 + \alpha_2}{3} f_2$$
$$h_1 = f_0 f_1 f_2 - \frac{2\alpha_2 + \alpha_0}{3} f_0 + \frac{\alpha_2 - \alpha_0}{3} f_1 + \frac{\alpha_2 + 2\alpha_0}{3} f_2 \quad (3.31)$$
$$h_2 = f_0 f_1 f_2 + \frac{\alpha_0 + 2\alpha_1}{3} f_0 - \frac{2\alpha_0 + \alpha_1}{3} f_1 + \frac{\alpha_0 - \alpha_1}{3} f_2$$

である．そこで，3つのハミルトニアンのそれぞれに対してτ関数を導入して，τ関数 τ_0, τ_1, τ_2 を同等に考えることにする．

$$h_0 = \frac{\tau_0'}{\tau_0}, \quad h_1 = \frac{\tau_1'}{\tau_1}, \quad h_2 = \frac{\tau_2'}{\tau_2}. \quad (3.32)$$

この定義も，各 τ_i を定数倍する不定性がある．

3つのハミルトニアン h_0, h_1, h_2 において3次の部分 $f_0 f_1 f_2$ は共通であって，違いは1次の部分にしかないことに注意しよう．差を計算してみると $\alpha_0 + \alpha_1 + \alpha_2 = 1$ から

$$h_2 - h_1 = \frac{2}{3} f_0 - \frac{1}{3} f_1 - \frac{1}{3} f_2 = f_0 - \frac{1}{3}(f_0 + f_1 + f_2) = f_0 - \frac{t}{3} \quad (3.33)$$

である．従って $f_0 = h_2 - h_1 + \frac{t}{3}$. すなわち f_0 をτ関数によって表す式

$$f_0 = \frac{\tau_2'}{\tau_2} - \frac{\tau_1'}{\tau_1} + \frac{t}{3} \quad (3.34)$$

が得られた．添字についての対称性から，f_1, f_2 についても同様の式が得られる．まとめると

命題 3.4 f 変数はτ関数から次の公式で復元される．

$$\begin{aligned}
f_0 &= h_2 - h_1 + \frac{t}{3} = \frac{\tau_2'}{\tau_2} - \frac{\tau_1'}{\tau_1} + \frac{t}{3}, \\
f_1 &= h_0 - h_2 + \frac{t}{3} = \frac{\tau_0'}{\tau_0} - \frac{\tau_2'}{\tau_2} + \frac{t}{3}, \\
f_2 &= h_1 - h_0 + \frac{t}{3} = \frac{\tau_1'}{\tau_1} - \frac{\tau_0'}{\tau_0} + \frac{t}{3}.
\end{aligned} \quad (3.35)$$

この命題から，

3. τ 函数

$$f_1 - f_2 = 2h_0 - h_1 - h_2$$
$$f_2 - f_0 = -h_0 + 2h_1 - h_2 \tag{3.36}$$
$$f_0 - f_1 = -h_0 - h_1 + 2h_2$$

従って, f_0, f_1, f_2 の微分方程式は,

$$f_0' = f_0(2h_0 - h_1 - h_2) + \alpha_0$$
$$f_1' = f_1(-h_0 + 2h_1 - h_2) + \alpha_1 \tag{3.37}$$
$$f_2' = f_2(-h_0 - h_1 + 2h_2) + \alpha_2$$

とも表される. (カルタン行列!)

新しい従属変数 τ_0, τ_1, τ_2 について, これらの満たすべき微分方程式を導こう. そのために $h_0 = \tau_0'/\tau_0$ の微分を計算して見る. h_0 は f_0, f_1, f_2 の多項式だから公式 (3.19) を使って

$$h_0' = \{h_0, h_0\} + \frac{\partial h_0}{\partial f_0} = \frac{\partial h_0}{\partial f_0} = f_1 f_2 + \frac{\alpha_1 - \alpha_2}{3} \tag{3.38}$$

を得る. h_1, h_2 については π で添字を回転させればよいので,

$$h_0' = f_1 f_2 + \frac{1}{3}(\alpha_1 - \alpha_2)$$
$$h_1' = f_2 f_0 + \frac{1}{3}(\alpha_2 - \alpha_0) \tag{3.39}$$
$$h_2' = f_0 f_1 + \frac{1}{3}(\alpha_0 - \alpha_1)$$

となる. そこで,

$$h_0' + h_1' = f_2(f_0 + f_1) - \frac{1}{3}(\alpha_0 - \alpha_1) \tag{3.40}$$
$$= f_2(t - f_2) - \frac{1}{3}(\alpha_0 - \alpha_1)$$
$$= \left(h_1 - h_0 + \frac{t}{3}\right)\left(h_0 - h_1 + \frac{2t}{3}\right) - \frac{1}{3}(\alpha_0 - \alpha_1)$$

従って,

$$(h_0 + h_1)' + (h_0 - h_1)^2 + \frac{t}{3}(h_0 - h_1) - \frac{2t^2}{9} + \frac{\alpha_0 - \alpha_1}{3} = 0 \tag{3.41}$$

を得る．$h_j = \tau_j'/\tau_j$ を使って，これを τ 函数の微分方程式に書き直すと

$$\tau_0''\tau_1 - 2\tau_0'\tau_1' + \tau_0\tau_1'' + \frac{t}{3}(\tau_0'\tau_1 - \tau_0\tau_1') - \left(\frac{2t^2}{9} - \frac{\alpha_0 - \alpha_1}{3}\right)\tau_0\tau_1 = 0 \quad (3.42)$$

という**双線形**の微分方程式が得られる．ここで「双線形」とは，全体としては 2 次式だが，τ_0, τ_1 それぞれについては線形という意味である．添字についての対称性があるから，τ_1 と τ_2 の組，τ_2 と τ_0 の組についても同様の式がある．

この双線形微分方程式は，**広田微分**を用いるとコンパクトに表すことができる．広田微分とは，2 個の函数 f, g が与えられたとき，

$$D_t f \cdot g = f'g - fg', \quad D_t^2 f \cdot g = f''g - 2f'g' + fg'', \cdots \quad (3.43)$$

で定義されるもので，要は符号を替えながらライプニッツの規則で f, g の微分を組み合わせて作ったものである．例えば，f_j を τ 函数から回復する式 (3.35) は

$$f_j = \frac{1}{\tau_{j-1}\tau_{j+1}}\left(D_t + \frac{t}{3}\right)\tau_{j-1}\cdot\tau_{j+1} \qquad (j = 0, 1, 2). \quad (3.44)$$

と表される．

> **注釈** f と g の間の・は掛算の記号ではなく，$D_t f \cdot g$ などと書いたら全体で一つの函数を表す．詳しくは ⇒ 付録 9: 広田の双線形作用素．

上記の (3.42) も，広田微分で書き直すことができる．

定理 3.5 P_{IV} の対称形式について，3 つの τ 函数 τ_0, τ_1, τ_2 の満たすべき微分方程式は次のような広田型の双線形微分方程式で与えられる．

$$\begin{aligned}
\left(D_t^2 + \frac{t}{3}D_t - \frac{2}{9}t^2 + \frac{\alpha_0 - \alpha_1}{3}\right)\tau_0\cdot\tau_1 &= 0, \\
\left(D_t^2 + \frac{t}{3}D_t - \frac{2}{9}t^2 + \frac{\alpha_1 - \alpha_2}{3}\right)\tau_1\cdot\tau_2 &= 0, \quad (3.45) \\
\left(D_t^2 + \frac{t}{3}D_t - \frac{2}{9}t^2 + \frac{\alpha_2 - \alpha_0}{3}\right)\tau_2\cdot\tau_0 &= 0.
\end{aligned}$$

3つの τ 函数 τ_0, τ_1, τ_2 が上記の広田型双線形微分方程式を満たすとき,

$$f_j = h_{j-1} - h_{j+1} + \frac{t}{3}, \quad h_j = \frac{\tau_j'}{\tau_j} \qquad (j=0,1,2) \tag{3.46}$$

で定義される f_0, f_1, f_2 が P_{IV} の対称形式を導くことを確認しておこう. まず, $f_0 + f_1 + f_2 = t$ という規格化条件は明白である. (3.45) の最初の 2 個は $h_j = \tau_j'/\tau_j$ $(j=0,1,2)$ についての関係式

$$\begin{aligned}(h_0+h_1)' + (h_0-h_1)^2 + \frac{t}{3}(h_0-h_1) - \frac{2t^2}{9} + \frac{\alpha_0-\alpha_1}{3} = 0 \\ (h_1+h_2)' + (h_1-h_2)^2 + \frac{t}{3}(h_1-h_2) - \frac{2t^2}{9} + \frac{\alpha_1-\alpha_2}{3} = 0\end{aligned} \tag{3.47}$$

を意味する. そこでこの 2 式の差をとると,

$$(h_0-h_2)' - \left(h_0 - h_2 + \frac{t}{3}\right)(-h_0+2h_1-h_2) + \frac{1}{3} - \alpha_1 = 0 \tag{3.48}$$

すなわち

$$\left(h_0 - h_2 + \frac{t}{3}\right)' = \left(h_0 - h_2 + \frac{t}{3}\right)(-h_0+2h_1-h_2) + \alpha_1. \tag{3.49}$$

$f_1 = h_0 - h_2 + \frac{t}{3}$, $f_2 - f_0 = -h_0 + 2h_1 - h_2$ だから, これは

$$f_1' = f_1(f_2-f_0) + \alpha_1 \tag{3.50}$$

を意味する. f_0, f_2 についても同様である.

この節では, P_{IV} の対称形式に対して 3 個の τ 函数 τ_0, τ_1, τ_2 を導入して, それらの満たす広田型の微分方程式を導いた. 例として, 2.2 節で考察した基本的な特殊解の τ 函数の具体形を掲げておく.

基本正三角形の重心に位置する有理解

$$(\alpha_0, \alpha_1, \alpha_2; f_0, f_1, f_2) = \left(\frac{1}{3}, \frac{1}{3}, \frac{1}{3}; \frac{t}{3}, \frac{t}{3}, \frac{t}{3}\right) \tag{3.51}$$

の場合にハミルトニアンを計算すると

$$h_0 = f_0 f_1 f_2 + \frac{\alpha_1-\alpha_2}{3}f_0 + \frac{\alpha_1+2\alpha_2}{3}f_1 - \frac{2\alpha_1+\alpha_2}{3}f_2 = \frac{t^3}{27} \tag{3.52}$$

である．これから，
$$(\tau_0, \tau_1, \tau_2) = \left(c_0 \exp\left(\frac{t^4}{108}\right), c_1 \exp\left(\frac{t^4}{108}\right), c_2 \exp\left(\frac{t^4}{108}\right)\right) \quad (3.53)$$
となる．ここで，$c_0, c_1, c_2 \in \mathbb{C}^* = \mathbb{C}\setminus\{0\}$ (もともと，各 τ_i を定数倍する不定性を残してしか決まらない)．

$\alpha_0 = 0$ に沿うリッカチ型の解は，エルミートの微分方程式
$$u'' - tu' - \alpha_1 u = 0 \quad (3.54)$$
の一般解 $u = \varphi(t)$ を用いて，
$$(\alpha_0, \alpha_1, \alpha_2; f_0, f_1, f_2) = \left(0, \alpha_1, \alpha_2; 0, \frac{\varphi'(t)}{\varphi(t)}, t - \frac{\varphi'(t)}{\varphi(t)}\right) \quad (3.55)$$
と表されるのであった．上と同様に h_0, h_1, h_2 を計算して τ 函数を決めると，答えは
$$(\tau_0, \tau_1, \tau_2) = \left(c_0 \exp\left(-\frac{\alpha_1 + 1}{6}t^2\right)\varphi(t), c_1 \exp\left(\frac{\alpha_2}{6}t^2\right), c_2 \exp\left(-\frac{\alpha_1}{6}t^2\right)\right) \quad (3.56)$$
となる．

注意 3.6 (1) ハミルトニアン h_j と τ 函数 τ_j を
$$\widehat{h}_j = h_j - \frac{t^3}{27}, \quad \widehat{\tau}_j = \exp\left(-\frac{t^4}{108}\right)\tau_j \quad (3.57)$$
と補正すると，τ 函数の微分方程式は (3.45) から
$$\left(D_t^2 + \frac{t}{3}D_t + \frac{\alpha_j - \alpha_{j+1}}{3}\right)\widehat{\tau}_j \cdot \widehat{\tau}_{j+1} = 0 \quad (j = 0, 1, 2) \quad (3.58)$$
という簡明な式に変わる．これは基本正三角形の重心にある有理解の τ 函数を定数にする操作に対応している．実際，$(\alpha_0, \alpha_1, \alpha_2) = (\frac{1}{3}, \frac{1}{3}, \frac{1}{3})$ のとき，$(\widehat{\tau}_0, \widehat{\tau}_1, \widehat{\tau}_2) = (c_0, c_1, c_2)$ が 1 組の解となることは明白であろう．

(2) τ 函数の双線形方程式 (3.45) は，3 つの τ 函数 τ_j を一斉に $\exp(ct)\tau_j$ (c は定数) に変える変換で不変である．双線形方程式の解から出発して (3.46)

で f_j, h_j を定義したとすると，この自由度は f_j には影響しないが，$h_j = \tau_j'/\tau_j$ には $h_j + c$ という定数項の分だけの変更を生じる．このような事情で，τ_j から決めた h_j と f_j から計算される (3.31) の右辺とでは一般に定数分の差が生じる．

3.3 τ 函数のベックルント変換

2.4 節で，対称形式の従属変数 f_0, f_1, f_2 へのアフィン・ワイル群の作用を調べた．このようなベックルント変換は τ 函数のレベルでも可能なのだろうか．$h_j = (\log \tau_j)'$ だから，まずハミルトニアンがベックルント変換でどう振舞うかを調べる必要がある．

補題 3.7 $i, j = 0, 1, 2$ に対して，
$$s_i(h_j) = h_j \quad (i \neq j), \quad s_j(h_j) = h_j + \frac{\alpha_j}{f_j} \tag{3.59}$$

これは直接計算で確かめられるので証明は略す．h_0 は s_1, s_2 については不変で，同じ添字の s_0 にしか反応しないという特徴的な性質がある．

上記の補題と，f_j の方程式を組み合わせると τ_j のベックルント変換をどう定義すべきかが分かる．今 (3.37) の最初の式を f_0 で割った式と，補題の式

$$\frac{f_0'}{f_0} = 2h_0 - h_1 - h_2 + \frac{\alpha_0}{f_0}, \quad s_0(h_0) = h_0 + \frac{\alpha_0}{f_0} \tag{3.60}$$

を使って，α_0/f_0 を消去すると，

$$\frac{f_0'}{f_0} = h_0 + s_0(h_0) - h_2 - h_1 \tag{3.61}$$

を得る．τ のレベルでも s_0 がベックルント変換として意味をもつなら，s_0 は微分と可換でなくてはいけない．従って

$$s_0(h_0) = s_0\left(\frac{\tau_0'}{\tau_0}\right) = \frac{s_0(\tau_0')}{s_0(\tau_0)} = \frac{s_0(\tau_0)'}{s_0(\tau_0)} \tag{3.62}$$

のはずである．これから

$$\frac{f_0'}{f_0} = \frac{\tau_0'}{\tau_0} + \frac{s_0(\tau_0)'}{s_0(\tau_0)} - \frac{\tau_2'}{\tau_2} - \frac{\tau_1'}{\tau_1} \tag{3.63}$$

すなわち

$$(\log f_0)' = \left(\log \frac{\tau_0 s_0(\tau_0)}{\tau_2 \tau_1}\right)'. \tag{3.64}$$

これは

$$f_0 = c_0 \frac{\tau_0 s_0(\tau_0)}{\tau_2 \tau_1} \quad (c_0 \text{ は定数}) \tag{3.65}$$

を意味する．従って，ベックルント変換は

$$f_j = c_j \frac{\tau_j s_j(\tau_j)}{\tau_{j-1}\tau_{j+1}} \quad \text{すなわち} \quad s_j(\tau_j) = \frac{f_j}{c_j}\frac{\tau_{j-1}\tau_{j+1}}{\tau_j} \quad (j=0,1,2) \tag{3.66}$$

で定義すべきである．c_j にはパラメータ $\alpha_0, \alpha_1, \alpha_2$ を含んでも良いので，この定数をどう規格化するかは微妙なところだが，今は単純に $c_0 = c_1 = c_2 = 1$ としておくことにしよう．

定理 3.8 τ 函数の変換 s_0, s_1, s_2, π を，$i, j = 0, 1, 2$ に対して

$$s_i(\tau_j) = \tau_j \quad (i \neq j), \quad s_j(\tau_j) = f_j \frac{\tau_{j-1}\tau_{j+1}}{\tau_j}, \quad \pi(\tau_j) = \tau_{j+1} \tag{3.67}$$

と定義すると，これらは τ 函数のレベルでもベックルント変換となる．さらに，τ 函数を含めて関係式

$$s_j^2 = 1, \quad (s_j s_{j+1})^3 = 1; \quad \pi^3 = 1, \quad \pi s_j = s_{j+1}\pi \quad (j = 0, 1, 2). \tag{3.68}$$

が成立する．

つまり，$A_2^{(1)}$ 型の拡大されたアフィン・ワイル群の作用がベックルント変換群として，τ 函数のレベルまで拡大される．例えば，3 つの τ 函数 τ_0, τ_1, τ_2 がパラメータ $\alpha_0, \alpha_1, \alpha_2$ ($\alpha_0 + \alpha_1 + \alpha_2 = 1$) に関して定理 3.5 の 3 つの双線形方程式 (3.45) を満たしているとき，s_0 変換によって

$$\widetilde{\tau}_0 = f_0 \frac{\tau_2 \tau_1}{\tau_0}, \quad \widetilde{\tau}_1 = \tau_1, \quad \widetilde{\tau}_2 = \tau_2 \tag{3.69}$$

とおけば，これらはパラメータの s_0 変換

$$\widetilde{\alpha_0} = -\alpha_0, \quad \widetilde{\alpha_1} = \alpha_1 + \alpha_0, \quad \widetilde{\alpha_2} = \alpha_2 + \alpha_0 \tag{3.70}$$

に関して同じ形の双線形方程式を満たす．なお，$s_j(\tau_j)$ の上の定義は，f_j を τ 函数で表す乗法公式

$$f_j = \frac{\tau_j \, s_j(\tau_j)}{\tau_{j-1}\tau_{j+1}} = \frac{\tau_j \, s_j(\tau_j)}{\prod_{i \neq j} \tau_i^{-a_{ij}}} \qquad (j = 0, 1, 2) \tag{3.71}$$

と読めることを注意しておく．また，前の (3.35) または (3.44) を用いると，τ_j の s_j 変換は

$$\begin{aligned} s_j(\tau_j) &= \frac{1}{\tau_j} \left(\tau'_{j-1}\tau_{j+1} - \tau_{j-1}\tau'_{j+1} + \frac{t}{3}\tau_{j-1}\tau_{j+1} \right) \\ &= \frac{1}{\tau_j} \left(D_t + \frac{t}{3} \right) \tau_{j-1} \cdot \tau_{j+1} \end{aligned} \tag{3.72}$$

と広田微分で表すこともできる．

s_0, s_1, s_2 が τ のレベルでもベックルント変換となることは，上の構成法をもう一度たどればよい．π がベックルント変換となることを確認するのは容易である．ここでは，s_0, s_1, s_2 がまた $A_2^{(1)}$ 型アフィン・ワイル群の関係式を満たすことを確認しておこう．まず，$i \neq j$ のとき $s_i^2(\tau_j) = \tau_j$ となることは明らか．

$$s_i^2(\tau_i) = s_i \left(f_i \frac{\tau_{i-1}\tau_{i+1}}{\tau_i} \right) = f_i \frac{\tau_{i-1}\tau_{i+1}}{s_i(\tau_i)} = \tau_i \tag{3.73}$$

だから，τ 函数も含めて $s_i^2 = 1$ が成立する．次に組み紐関係式 $s_1 s_2 s_1 = s_2 s_1 s_2$ を検証する．τ_0 に作用させると両辺とも τ_0 を動かさない．そこで $s_2 s_1(\tau_1)$ を計算する．

$$\begin{aligned} s_2 s_1(\tau_1) &= s_2 \left(f_1 \frac{\tau_0 \tau_2}{\tau_1} \right) = s_2(f_1) \frac{\tau_0 \, s_2(\tau_2)}{\tau_1} \\ &= \left(f_1 - \frac{\alpha_2}{f_2} \right) \frac{\tau_0}{\tau_1} f_2 \frac{\tau_1 \tau_0}{\tau_2} = (f_1 f_2 - \alpha_2) \frac{\tau_0^2}{\tau_2} \end{aligned} \tag{3.74}$$

よって

$$s_2 s_1(\tau_1) = (f_1 f_2 - \alpha_2)\frac{\tau_0^2}{\tau_2}. \tag{3.75}$$

係数の $f_1 f_2 - \alpha_2$ に注目すると

$$\begin{align}s_1(f_1 f_2 - \alpha_2) &= f_1 s_1(f_2) - s_1(\alpha_2) \tag{3.76}\\ &= f_1\left(f_2 + \frac{\alpha_1}{f_1}\right) - (\alpha_2 + \alpha_1) = f_1 f_2 - \alpha_2\end{align}$$

故, $f_1 f_2 - \alpha_2$ は s_1 不変である. 従って $s_2 s_1(\tau_1)$ も s_1 不変で

$$s_1 s_2 s_1(\tau_1) = s_2 s_1(\tau_1) = s_2 s_1 s_2(\tau_1) \tag{3.77}$$

となる. 同様に

$$s_1 s_2(\tau_2) = (f_1 f_2 + \alpha_1)\frac{\tau_0^2}{\tau_1} \tag{3.78}$$

で, $f_1 f_2 + \alpha_1$ が s_2 不変であることから, $s_1 s_2 s_1(\tau_2) = s_2 s_1 s_2(\tau_2)$ が従う. 他の組み紐関係式は, 添字を回転させれば良い.

3.4 τ 函数のいろいろな関係式

前節では, ベックルント変換 s_0, s_1, s_2, π が, 拡大されたアフィン・ワイル群の関係式を保ったまま, τ 函数のレベルまで持ち上がることを見た. τ 函数のベックルント変換の本質的なところは

$$\begin{align}s_0(\tau_0) &= f_0\,\frac{\tau_2 \tau_1}{\tau_0} = \frac{1}{\tau_0}\left(D_t + \frac{t}{3}\right)\tau_2 \cdot \tau_1 \\ s_1(\tau_1) &= f_1\,\frac{\tau_0 \tau_1}{\tau_0} = \frac{1}{\tau_1}\left(D_t + \frac{t}{3}\right)\tau_0 \cdot \tau_2 \\ s_2(\tau_2) &= f_2\,\frac{\tau_1 \tau_2}{\tau_0} = \frac{1}{\tau_2}\left(D_t + \frac{t}{3}\right)\tau_1 \cdot \tau_0\end{align} \tag{3.79}$$

である. これはまた, もとの f_0, f_1, f_2 が τ 函数から公式

$$\begin{align}f_0 &= \frac{\tau_0}{\tau_2}\frac{s_0(\tau_0)}{\tau_1} = \frac{\tau_2'}{\tau_2} - \frac{\tau_1'}{\tau_1} + \frac{t}{3} \\ f_1 &= \frac{\tau_1}{\tau_0}\frac{s_1(\tau_1)}{\tau_2} = \frac{\tau_0'}{\tau_0} - \frac{\tau_2'}{\tau_2} + \frac{t}{3} \\ f_2 &= \frac{\tau_2}{\tau_1}\frac{s_2(\tau_2)}{\tau_0} = \frac{\tau_1'}{\tau_1} - \frac{\tau_0'}{\tau_0} + \frac{t}{3}\end{align} \tag{3.80}$$

$$f_0 = \frac{\tau_0\, s_0(\tau_0)}{\tau_2\, \tau_1}$$

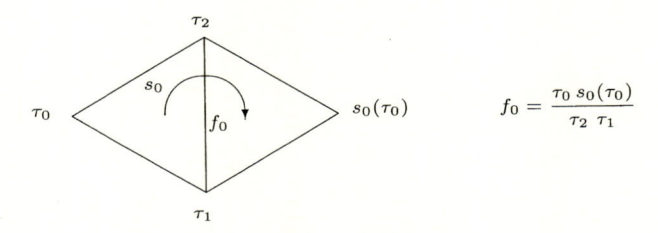

図 3.1　s_0 による変換

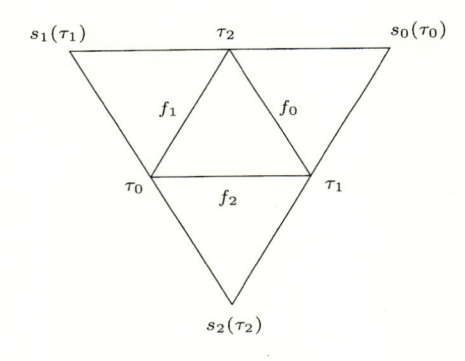

図 3.2　6 個の τ 函数

で復元されることと対応している．s_i による変換の様子は，図 3.1 のようなものを描くと理解しやすい．同様に，図 3.2 は，6 個の τ 函数から f 変数が復元される様子を表したものである．各 s_i は f_i を付した直線に関する鏡映と考えて，s_i を τ 函数に作用させる毎に，f_i のいる直線で折り返した位置に新しい τ 函数を配置していく方式で作図する．

このような構造と，f 変数についての我々の知識から，τ 函数についてのいろいろな公式が導かれる．その幾つかを紹介する．

3.4.1　6 個の τ 函数の代数関係式

$f_0 + f_1 + f_2 = t$ であったことを思い出して，これを τ 函数の言葉に翻訳すると，

$$\frac{\tau_0 s_0(\tau_0)}{\tau_2 \, \tau_1} + \frac{\tau_1 s_1(\tau_1)}{\tau_0 \, \tau_2} + \frac{\tau_2 s_2(\tau_2)}{\tau_1 \, \tau_0} = t. \tag{3.81}$$

分母を払うと

$$\tau_0^2 s_0(\tau_0) + \tau_1^2 s_1(\tau_1) + \tau_2^2 s_2(\tau_2) = t\,\tau_0 \tau_1 \tau_2. \tag{3.82}$$

今，比

$$[\tau_0 : \tau_1 : \tau_2 : s_0(\tau_0) : s_1(\tau_1) : s_2(\tau_2)] \in \mathbb{P}^5 \tag{3.83}$$

を 5 次元射影空間の点と思うと，(3.82) は t で動く $\mathbb{P}^5$ 内の 3 次超曲面を定義する．

3.4.2 一直線に並んだ 3 個の τ 函数の関係式

次の図を考えよう．

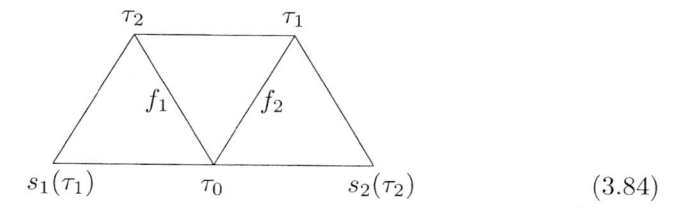

$$\begin{array}{c}\text{(図: } \tau_2, \tau_1 \text{ を頂点とし } f_1, f_2 \text{ を含む三角形, 底辺に } s_1(\tau_1), \tau_0, s_2(\tau_2)\text{)}\end{array} \tag{3.84}$$

f 変数を τ 函数で表す公式から

$$\tau_1 s_1(\tau_1) = f_1\,\tau_0\,\tau_2, \quad \tau_2 s_2(\tau_2) = f_2\,\tau_1\,\tau_0. \tag{3.85}$$

従って

$$s_1(\tau_1) s_2(\tau_2) = f_1 f_2\,\tau_0^2 \tag{3.86}$$

を得る．ここで，(3.39) から，

$$f_1 f_2 = h_0' - \frac{\alpha_1 - \alpha_2}{3} = \frac{\tau_0''}{\tau_0} - \left(\frac{\tau_0'}{\tau_0}\right)^2 - \frac{\alpha_1 - \alpha_2}{3} \tag{3.87}$$

従って,

$$s_1(\tau_1)\,s_2(\tau_2) = \tau_0''\tau_0 - (\tau_0')^2 - \left(\frac{\alpha_1 - \alpha_2}{3}\right)\tau_0^2 \tag{3.88}$$

$$= \left(\frac{1}{2}D_t^2 - \frac{\alpha_1 - \alpha_2}{3}\right)\tau_0 \cdot \tau_0.$$

この関係式は本質的に，後で議論する**戸田方程式**である．τ_0 の周りで，同様の方程式が 3 方向に作れる．

3.4.3 正六角形の周りでは (図 3.3)

f 変数のベックルント変換の典型的なものは

$$s_1(f_2) = f_2 + \frac{\alpha_1}{f_1} \tag{3.89}$$

であった．これを τ 函数の関係式に直してみよう．

$$s_1(f_2) = s_1\left(\frac{\tau_2\, s_2(\tau_2)}{\tau_1 \tau_0}\right) = \frac{\tau_2\, s_1 s_2(\tau_2)}{s_1(\tau_1)\, \tau_0} \tag{3.90}$$

だから，上の式は

$$\frac{\tau_2\, s_1 s_2(\tau_2)}{s_1(\tau_1)\, \tau_0} = \frac{\tau_2\, s_2(\tau_2)}{\tau_1 \tau_0} + \frac{\alpha_1\, \tau_0\, \tau_2}{\tau_1\, s_1(\tau_1)} \tag{3.91}$$

従って

$$\tau_1\, s_1 s_2(\tau_2) = s_1(\tau_1) s_2(\tau_2) + \alpha_1\, \tau_0^2 \tag{3.92}$$

を意味する．$s_2(f_1)$ の変換から得られるものと合わせて，

$$\tau_1\, s_1 s_2(\tau_2) - s_1(\tau_1)\, s_2(\tau_2) = \alpha_1\, \tau_0^2 \tag{3.93}$$

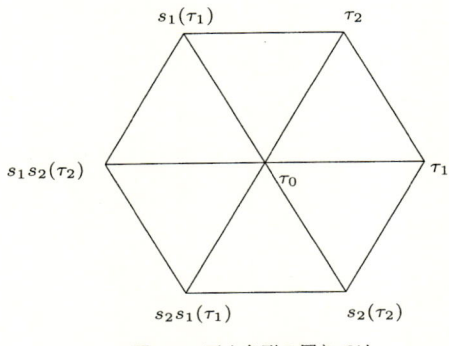

図 3.3 正六角形の周りでは

$$s_1(\tau_1)\,s_2(\tau_2) - s_2 s_1(\tau_1)\,\tau_2 = \alpha_2\,\tau_0^2$$

なる2個の関係式が得られる．更に，これらから τ_0 を消去すると

$$(\alpha_0 - 1)s_1(\tau_1)s_2(\tau_2) + \alpha_1\,s_2 s_1(\tau_1)\tau_2 + \alpha_2\,\tau_1 s_1 s_2(\tau_2) = 0 \tag{3.94}$$

という正六角形の頂点にある6個の τ 函数の間の2次関係式が得られる．これらの関係式は，離散系の文脈では**広田・三輪方程式**と呼ばれるものになっている．

3.5 P_{II} の τ 函数

P_{II} の対称形式 (2.5節) の τ 函数についても，P_{IV} の対称形式の場合と概ね同様の議論が可能である．状況が変わるところが少しあるので，そのような点に注意しながら，P_{II} の場合の結果をまとめておく．計算を省略したところは自分で補ってほしい．

3.5.1 対称形式

P_{II} の対称形式は，

$$f_0 = -p + 2q^2 + t, \quad f_1 = p, \quad \alpha_0 = 1 - b, \quad \alpha_1 = b \tag{3.95}$$

とおいて，P_{II} のハミルトン系表示を3個の従属変数 f_0, f_1, q で書き直したものであった．具体的には

$$\begin{cases} f_0' = -2qf_0 + \alpha_0, \\ f_1' = 2qf_1 + \alpha_1, \qquad f_0 + f_1 - 2q^2 = t. \\ q' = \dfrac{1}{2}(f_1 - f_0), \end{cases} \tag{3.96}$$

右の式が，3つの変数を規格化する条件である．

3.5.2 ポアソン構造

対称形式の従属変数 (f_0, f_1, q) は，元の従属変数 (q, p, t) を座標系とする3次元空間の新しい座標系と思える．この空間には $\{p, q\} = 1$, $\{q, t\} = \{p, t\} = 0$

という通常のポアソン構造が既に定義されている．その意味で，(f_0, f_1, q) の間のポアソン括弧を計算して表にすると次のようになる．

$$
\begin{array}{c|ccc}
\{,\} & f_0 & f_1 & q \\ \hline
f_0 & 0 & -4q & -1 \\
f_1 & 4q & 0 & 1 \\
q & 1 & -1 & 0
\end{array}
\tag{3.97}
$$

この表は P_{IV} の場合の (3.28) に対応するもので，この場合も行列 U と同様の役割をしている．実際，2.5 節に掲げた P_{II} のベックルント変換の表を見ると次のような構造になっていることが分かる．$i, j = 0, 1$ に対して

$$
s_i(f_j) = f_j + \frac{\alpha_i}{f_i}\{f_i, f_j\} + \frac{1}{2}\left(\frac{\alpha_i}{f_i}\right)^2\{f_i, \{f_i, f_j\}\}, \tag{3.98}
$$
$$
s_i(q) = q + \frac{\alpha_i}{f_i}\{f_i, q\}.
$$

今，$\mathrm{ad}_{\{\}}(\varphi) = \{\varphi, \cdot\}$ という記号を使うと $\mathrm{ad}_{\{\}}(f_0)$ は

$$
f_1 \to -4q \to 4 \to 0, \qquad q \to -1 \to 0 \tag{3.99}
$$

と作用するので，$\mathrm{ad}_{\{\}}(f_0)^3(f_1) = 0, \mathrm{ad}_{\{\}}(f_0)^2(q) = 0$（0 と 1 の役割を替えても同じ）．従って，(3.98) の 2 つの式は，$\varphi = f_0, f_1, q$ に対して同じ形式の式

$$
\begin{aligned}
s_i(\varphi) &= \varphi + \frac{\alpha_i}{f_i}\mathrm{ad}_{\{\}}(f_i)(\varphi) + \frac{1}{2!}\left(\frac{\alpha_i}{f_i}\right)^2 \mathrm{ad}_{\{\}}(f_i)^2(\varphi) + \cdots \\
&= \exp\left(\frac{\alpha_i}{f_i}\mathrm{ad}_{\{\}}(f_i)\right)(\varphi)
\end{aligned}
\tag{3.100}
$$

である．

3.5.3 ハミルトニアン

P_{II} のハミルトニアン

$$
H = \frac{1}{2}p^2 - \left(q^2 + \frac{t}{2}\right)p - bq = \frac{1}{2}p(p - 2q^2 - t) - bq \tag{3.101}
$$

を用いて，$h_0 = H, h_1 = \pi(H)$ と定める（前の記号では $\pi = r$）．P_{II} の場合はこの 2 個のハミルトニアン

$$h_0 = -\frac{1}{2}f_0 f_1 - \alpha_1 q, \quad h_1 = -\frac{1}{2}f_0 f_1 + \alpha_0 q \tag{3.102}$$

を使う.この場合も対称形式は

$$f_0' = \{h_0, f_0\} + 1, \quad f_1' = \{h_0, f_1\}, \quad q' = \{h_0, q\} \tag{3.103}$$

と表されている.h_0, h_1 から,

$$f_0 = -2h_1', \quad f_1 = -2h_0', \quad q = h_1 - h_0 \tag{3.104}$$

で,元の従属変数が回復される.

対称形式の f_0, f_1 の微分方程式は

$$f_0' = f_0(2h_0 - 2h_1) + \alpha_0, \quad f_1' = f_1(-2h_0 + 2h_1) + \alpha_1 \tag{3.105}$$

とも表される (ここもカルタン行列).また,h_0, h_1 は s_0, s_1 の作用に対して

$$s_i(h_j) = h_j \quad (i \neq j), \quad s_j(h_j) = h_j + \frac{\alpha_j}{f_j} \tag{3.106}$$

という不変性をもつ.

3.5.4 τ 函数の微分方程式

2 個の τ 函数を

$$h_0 = \frac{\tau_0'}{\tau_0}, \quad h_1 = \frac{\tau_1'}{\tau_1} \tag{3.107}$$

として導入すると,もとの従属変数は

$$\begin{aligned}
f_0 &= -2(\log \tau_1)'' = -\frac{1}{\tau_1^2} D_t^2 \tau_1 \cdot \tau_1 \\
f_1 &= -2(\log \tau_0)'' = -\frac{1}{\tau_0^2} D_t^2 \tau_0 \cdot \tau_0 \\
q &= \left(\log \frac{\tau_1}{\tau_0}\right)' = \frac{1}{\tau_0 \tau_1} D_t \tau_1 \cdot \tau_0
\end{aligned} \tag{3.108}$$

で復元される.この対応で,もとの P_{II} は次の広田型双線形方程式の連立系と等価である.

$$\left(D_t^2 + \frac{t}{2}\right)\tau_0\cdot\tau_1 = 0, \tag{3.109}$$

$$\left(D_t^3 + \frac{t}{2}D_t - \frac{\alpha_0 - \alpha_1}{2}\right)\tau_0\cdot\tau_1 = 0.$$

基本的な有理解

$$(\alpha_0, \alpha_1; f_0, f_1, q) = \left(\frac{1}{2}, \frac{1}{2}; \frac{t}{2}, \frac{t}{2}, 0\right) \tag{3.110}$$

の τ 函数は

$$(\tau_0, \tau_1) = \left(c_0 \exp\left(-\frac{t^3}{24}\right), c_1 \exp\left(-\frac{t^3}{24}\right)\right). \tag{3.111}$$

$\alpha_1 = 0$ でのリッカチ型の解

$$(\alpha_0, \alpha_1; f_0, f_1, q) = \left(1, 0; 2\left(\frac{\varphi'}{\varphi}\right)^2 + t, 0, \frac{\varphi'}{\varphi}\right); \quad \varphi'' + \frac{t}{2}\varphi = 0 \tag{3.112}$$

では,

$$(\tau_0, \tau_1) = (c_0, c_1\varphi). \tag{3.113}$$

3.5.5 τ 函数のベックルント変換

τ 函数のベックルント変換は $s_i(\tau_j) = \tau_j \ (i \neq j)$ と

$$\begin{aligned} s_0(\tau_0) &= f_0 \frac{\tau_1^2}{\tau_0} = -\frac{1}{\tau_0} D_t^2 \tau_1 \cdot \tau_1 \\ s_1(\tau_1) &= f_1 \frac{\tau_0^2}{\tau_1} = -\frac{1}{\tau_1} D_t^2 \tau_0 \cdot \tau_0 \end{aligned} \tag{3.114}$$

で与えられる ($\pi = r$ は τ_0 と τ_1 の入替え). これは f_j の乗法公式

$$f_0 = \frac{\tau_0\, s_0(\tau_0)}{\tau_1^2}, \quad f_1 = \frac{\tau_1\, s_1(\tau_1)}{\tau_0^2} \tag{3.115}$$

を意味する.

3.5.6 τ 函数の関係式

τ_0, τ_1 のベックルント変換を

3.5 P_{II} の τ 函数

$$
\begin{array}{cccccc}
\tau_{-2} & \tau_{-1} & \tau_0 & \tau_1 & \tau_2 & \tau_3 \\
\parallel & \parallel & & & \parallel & \parallel \\
s_1 s_0(\tau_0) & s_1(\tau_1) & & & s_0(\tau_0) & s_0 s_1(\tau_1)
\end{array}
\tag{3.116}
$$

と書くことにする.このとき,規格化条件 $f_0 + f_1 - 2q^2 = t$ から,

$$
\frac{\tau_0 \tau_2}{\tau_1^2} + \frac{\tau_{-1} \tau_1}{\tau_0^2} - 2q^2 = t, \quad q = \frac{\tau_0 \tau_1' - \tau_0' \tau_1}{\tau_0 \tau_1}. \tag{3.117}
$$

$s_0(f_1)$, $s_1(f_0)$ のベックルント変換の式からは,

$$
\begin{aligned}
&\frac{\tau_{-2}\tau_1}{\tau_{-1}\tau_0} - \frac{\tau_0\tau_3}{\tau_1\tau_2} + \frac{2\alpha_0^2\,\tau_1^2}{\tau_0\tau_2} - \frac{2\alpha_1^2\,\tau_0^2}{\tau_{-1}\tau_1} = 4q \\
&\frac{\tau_{-1}\tau_2}{\tau_0\tau_1} - \frac{\alpha_0\,\tau_{-2}\tau_1}{\tau_{-1}\tau_0} - \frac{\alpha_1\,\tau_0\tau_3}{\tau_1\tau_2} + \frac{2\alpha_0^2\alpha_1\,\tau_1^2}{\tau_0\tau_2} + \frac{2\alpha_0\alpha_1^2\,\tau_0^2}{\tau_{-1}\tau_1} = 0
\end{aligned}
\tag{3.118}
$$

という関係式を得る (詳細は省略する). (3.117) と (3.118) から q を消去すれば, 6 個の τ 函数 $\tau_{-2}, \cdots, \tau_3$ についての 2 個の代数関係式を得る.

4

格子上の τ 函数

この章では，ベックルント変換で得られる解の全体を捉えるための一つの方法として，格子上の τ 函数を定式化する．それを応用して，ヤブロンスキー–ヴォロビエフ多項式，岡本多項式といった，パンルヴェ方程式の有理解に付随する特殊多項式の構造を調べる．後半では，離散系の観点から，格子上の τ 函数の枠組みを $A_l^{(1)}$ 型に拡張する．

4.1 P_{II} の格子

2.5 節と 3.5 節で議論した P_{II} の対称形式は，命題 1.1 のハミルトン系表示 H_{II} を，従属変数 $f_0 = -p + 2q^2 + t$, $f_1 = p$, q とパラメータ $\alpha_0 = 1 - b$, $\alpha_1 = b$ を使って書き直したものであった．この変数で，拡大されたアフィン・ワイル群 $\widetilde{W} = \langle s_0, s_1, \pi \rangle$ の作用を記述し，τ 函数 τ_0, τ_1 を導入した——というのが，2.5 節と 3.5 節でやったことである．

今，変換 T を $T = \pi s_1 = rs$ で定義すると，

$$T(\alpha_0) = \alpha_0 + 1, \quad T(\alpha_1) = \alpha_1 - 1$$
$$T(f_0) = f_1 - \frac{4\alpha_0 q}{f_0} + \frac{2\alpha_0^2}{f_0^2}, \quad T(f_1) = f_0, \quad T(q) = -q + \frac{\alpha_0}{f_0} \quad (4.1)$$
$$T(\tau_0) = \tau_1, \quad T(\tau_1) = f_0 \frac{\tau_1^2}{\tau_0}$$

となる．パラメータが (α_0, α_1) での一般の解に対して，上の有理函数は，パラメータ $(\alpha_0 + 1, \alpha_1 - 1)$ での解を表す．変換後の解を最初の従属変数で表す公式を与えているわけである．一般の $n \in \mathbb{Z}$ に対して T を繰り返して得られる変換 T^n を考えると，

$$T^n(\alpha_0) = \alpha_0 + n, \quad T^n(\alpha_1) = \alpha_1 - n \qquad (n \in \mathbb{Z}) \qquad (4.2)$$

である．これは T^n が，パラメータ $\alpha_1 = b$ での解から $\alpha_1 - n = b - n$ での解をつくるベックルント変換であることを意味している．そこで，n 回シフトした $T^n(f_j), T^n(q), T^n(\tau_j)$ がもとの f_j, q, τ_j で具体的にどのような関数として表されるか——ということを問題にしたい．まず，τ 函数の変換の構造を調べることから始めよう．

$T(\tau_0) = \tau_1$ に注意して，τ 函数については，簡単に

$$\tau_n = T^n(\tau_0) \qquad (n \in \mathbb{Z}) \qquad (4.3)$$

と表す．こうすると，整数で添字付けられた τ 函数の系列

$$\cdots \xrightarrow{T} \tau_{n-1} \xrightarrow{T} \tau_n \xrightarrow{T} \tau_{n+1} \xrightarrow{T} \cdots \qquad (4.4)$$

が得られる．この系列の隣り合う 2 個の τ 函数 $(\tau_n, \tau_{n+1}) = (T^n(\tau_0), T^n(\tau_1))$ は，$\alpha_1 - n$ における解の τ 函数の組となっている．

命題 4.1 $\tau_n \ (n \in \mathbb{Z})$ への $\widetilde{W} = \langle s_0, s_1, \pi \rangle$ の作用は次で与えられる．

$$s_0(\tau_n) = \tau_{2-n}, \quad s_1(\tau_n) = \tau_{-n}, \quad \pi(\tau_n) = \tau_{1-n} \qquad (n \in \mathbb{Z}). \quad (4.5)$$

証明は練習問題としよう．τ_n の添字 n についても，s_0, s_1, π がそれぞれ $n = 1$, $n = 0, n = \frac{1}{2}$ に関する反転（鏡映）になっていることに注意してほしい．

3.5 節で示した τ 函数の関係式 (3.109), (3.114) に T^n を施すと，系列 τ_n に関して次の方程式が得られる．

定理 4.2 τ 函数の系列 $\tau_n \ (n \in \mathbb{Z})$ について，次の関係式が成立する．
(1) 広田型双線形微分方程式：

$$\left(D_t^2 + \frac{t}{2}\right) \tau_n \cdot \tau_{n+1} = 0, \qquad (4.6)$$

$$\left(D_t^3 + \frac{t}{2}D_t - \frac{\alpha_0 - \alpha_1}{2} - n\right)\tau_n \cdot \tau_{n+1} = 0.$$

(2) 戸田方程式：

$$\tau_{n-1}\tau_{n+1} = -D_t^2\,\tau_n \cdot \tau_n = -2\left(\tau_n''\tau_n - (\tau_n')^2\right). \tag{4.7}$$

一般の τ_n がもとの τ_0, τ_1 でどう表されるか，少し実験してみると

$$\tau_2 = f_0\frac{\tau_1^2}{\tau_0}, \quad \tau_3 = \pi s_1(f_0)\,f_0^2\frac{\tau_1^2}{\tau_0} = (f_0^2 f_1 - 4\alpha_0 f_0 q + 2\alpha_0^2)\frac{\tau_1^3}{\tau_0^2} \tag{4.8}$$

のようになる．一般の n では，$f_0, f_1, q, \alpha_0, \alpha_1$ の有理函数 ϕ_n が決まり，τ_n が

$$\tau_n = T^n(\tau_0) = \phi_n \frac{\tau_1^n}{\tau_0^{n-1}} \qquad (n \in \mathbb{Z}) \tag{4.9}$$

の形に表されることが帰納的に分かる．ここで ϕ_n は $\phi_0 = 1$ と次の漸化式で決まる：

$$\phi_{n+1} = T(\phi_n)\,f_0^n, \quad \phi_{n-1} = T^{-1}(\phi_n)\,f_1^{1-n} \qquad (n \in \mathbb{Z}). \tag{4.10}$$

例えば，

$$\begin{aligned}&\phi_{-2} = f_0 f_1^2 + 4\alpha_1 f_1 q + 2\alpha_1^2, \quad \phi_{-1} = f_1, \quad \phi_0 = 1,\\ &\phi_1 = 1, \quad \phi_2 = f_0, \quad \phi_3 = f_0^2 f_1 - 4\alpha_0 f_0 q + 2\alpha_0^2\end{aligned} \tag{4.11}$$

である．この ϕ_n を簡単に ϕ 因子と呼ぶ (この本だけの用語)．ϕ_n は，定義上有理函数のはずだが，実際には多項式になっていることが見て取れる．因みに，有理解

$$(\alpha_0, \alpha_1; f_0, f_1, q) = \left(\frac{1}{2}, \frac{1}{2}; \frac{t}{2}, \frac{t}{2}, 0\right) \tag{4.12}$$

の場合に，$\tau_0 = \tau_1 = \exp(-\frac{t^3}{24})$ から出発すると，

$$T^n(\tau_0) = \phi_n \exp\left(-\frac{t^3}{24}\right), \quad T^n(\tau_1) = \phi_{n+1} \exp\left(-\frac{t^3}{24}\right). \tag{4.13}$$

これが，もとのパラメータで $b = \frac{1}{2} - n$ での解の 2 つの τ 函数である．ϕ_n も特殊化して計算すると

$$\phi_{-2} = \frac{1}{8}(t^3+4), \quad \phi_{-1} = \frac{t}{2}, \quad \phi_0 = 1,$$
$$\phi_1 = 1, \quad \phi_2 = \frac{t}{2}, \quad \phi_3 = \frac{1}{8}(t^3+4). \tag{4.14}$$

1.5 節の計算で，ヤブロンスキー–ヴォロビエフ多項式 P_n が

$$P_0 = P_1 = 1, \quad P_2 = P_{-1} = t, \quad P_3 = P_{-2} = t^3 + 4 \tag{4.15}$$

となっていたことと比較してほしい．

実際，τ_n をもとの τ_0, τ_1 で表すときの ϕ 因子が，一般解でのヤブロンスキー–ヴォロビエフ多項式の対応物になっている．ここでは，ϕ_n を使って $T^n(f_j)$ を表す 2 通りのやり方を示す．従属変数 f_0, f_1 を τ 函数で表す公式を思い出そう．

$$f_1 = \frac{\tau_1 s_1(\tau_1)}{\tau_0^2} = \frac{\tau_{-1}\tau_1}{\tau_0^2} \tag{4.16}$$

を使って $T^n(f_1)$ を計算すると，

$$T^n(f_1) = \frac{\tau_{n-1}\tau_{n+1}}{\tau_n^2} = \frac{\phi_{n-1}\phi_{n+1}}{\phi_n^2}\frac{\tau_0^{2-n}\tau_1^{n-1}\tau_0^{-n}\tau_1^{n+1}}{(\tau_0^{1-n}\tau_1^n)^2} = \frac{\phi_{n-1}\phi_{n+1}}{\phi_n^2} \tag{4.17}$$

となり，τ_0, τ_1 の因子は分子分母で打ち消し合う仕掛けになっている (もともと $T^n(f_1)$ は f_j, q, α_j の有理函数だから，τ_0, τ_1 の因子は打ち消し合うはずのものなのである)．また，微分を使って表す式

$$f_0 = -2(\log \tau_1)'', \quad f_1 = -2(\log \tau_0)'' \tag{4.18}$$

からは，

$$T^n(f_1) = -2(\log \tau_n)'' = -2(\log \phi_n \tau_1^n \tau_0^{1-n})'' \tag{4.19}$$
$$= nf_0 - (n-1)f_1 - 2(\log \phi_n)''$$

を得る．(4.17) と (4.19) は同じものだから

$$\frac{\phi_{n-1}\phi_{n+1}}{\phi_n^2} = nf_0 - (n-1)f_1 - 2(\log \phi_n)'' \tag{4.20}$$

が成立しているはずである．これは，(4.7) から従う ϕ 因子の戸田方程式に

他ならず，2 通りの表示は整合的である．このことに注意すると，結局 ϕ_n は $\phi_0 = \phi_1 = 1$ と漸化式

$$\phi_{n-1}\phi_{n+1} = -2\left(\phi_n''\phi_n - (\phi_n')^2\right) + (nf_0 - (n-1)f_1)\phi_n^2 \qquad (4.21)$$

でも決定できることが分かる．

f_0, q についても計算してまとめると，

定理 4.3 各 $n \in \mathbb{Z}$ に対して，$\tau_n = T^n(\tau_0)$ は $\tau_n = \phi_n \tau_1^n / \tau_0^{n-1}$ と表される．ここで，ϕ_n は f_j, q, α_j の有理函数であり，漸化式 (4.10) (または戸田方程式 (4.21)) で一意に決まる．この ϕ 因子を用いると，各 $n \in \mathbb{Z}$ に対して

$$\begin{aligned} T^n(f_0) &= \frac{\phi_n \phi_{n+2}}{\phi_{n+1}^2} = (n+1)f_0 - nf_1 - 2(\log \phi_{n+1})'' \\ T^n(f_1) &= \frac{\phi_{n-1} \phi_{n+1}}{\phi_n^2} = nf_0 - (n-1)f_1 - 2(\log \phi_n)'' \\ T^n(q) &= q + \frac{\phi_{n+1}'\phi_n - \phi_{n+1}\phi_n'}{\phi_n \phi_{n+1}} = q + \left(\log \frac{\phi_{n+1}}{\phi_n}\right)'. \end{aligned} \qquad (4.22)$$

τ 函数の ϕ 因子について，実は，

各 ϕ_n $(n \in \mathbb{Z})$ は α_j, f_j $(j = 0, 1)$ および q の多項式である

ことが分かっている．この辺りの事情は後で詳しく論じるので，今はこのことを認めて話を進める．多項式であることが保証されていれば，次の補題は帰納法で証明できる．

補題 4.4 各 ϕ_n $(n \in \mathbb{Z})$ は，f_0, f_1 についての $n(n-1)/2$ 次多項式であって，最高次の成分は

$$\begin{array}{ll} n \text{ が偶数で } n = 2m \text{ のとき：} & f_0^{m^2} f_1^{m(m-1)}, \\ n \text{ が奇数で } n = 2m+1 \text{ のとき：} & f_0^{m(m+1)} f_1^{m^2}. \end{array} \qquad (4.23)$$

そこで有理解 (4.12) を代入すると，ϕ_n が，$n(n-1)/2$ 次のモニックな多項式 $P_n = P_n(t)$ によって

$$\phi_n = \frac{1}{2^{n(n-1)/2}} P_n(t), \quad P_n(t) = t^{n(n-1)/2} + \text{低次の項} \tag{4.24}$$

と表されることが分かる．これから，$T^n(f_j), T^n(q)$ の次の表示が得られる:

$$\begin{aligned} T^n(f_0) &= \frac{P_n P_{n+2}}{2 P_{n+1}^2}, \quad T^n(f_1) = T^n(p) = \frac{P_{n-1} P_{n+1}}{2 P_n^2}, \\ T^n(q) &= \frac{P'_{n+1} P_n - P_{n+1} P'_n}{P_n P_{n+1}}. \end{aligned} \tag{4.25}$$

ここに現れた P_n がヤブロンスキー–ヴォロビエフ多項式である．

P_{II} の例で，T の作用 (4.1) を差分系として見るやり方についても説明しておきたい．$f_0 + f_1 - 2q^2 = t$ を使って，f_0 を消去しておくと

$$T(f_1) = t - f_1 + 2q^2, \quad T(q) = -q + \frac{\alpha_0}{t - f_1 + 2q^2} \tag{4.26}$$

である．これに T^n を作用させた式を，変数 $x_n = T^n(f_1), y_n = T^n(q)$ で書くと，

$$x_n + x_{n+1} = 2y_n^2 + t, \quad y_{n-1} + y_n = \frac{\alpha_0 + n - 1}{x_n} \tag{4.27}$$

となる．ここでは n が独立変数で，t, α_0 はパラメータである．定理 4.3 は，パラメータ t に関する微分を使って差分方程式 (4.27) の一般の解

$$x_n = \frac{\phi_{n-1} \phi_{n+1}}{\phi_n^2}, \quad y_n = y_0 + \frac{\phi'_{n+1} \phi_n - \phi_{n+1} \phi'_n}{\phi_n \phi_{n+1}} \tag{4.28}$$

を構成する方法を与えたものと思うこともできる．

4.2 P_{IV} の格子

同様のことを P_{IV} の対称形式で考えてみよう．この場合のパラメータ空間においては，三角格子を保つような平行移動の方向が幾つか考えられる．まず，拡大されたアフィン・ワイル群を使って平行移動を表す方法についての一般的

な考え方を, $A_2^{(1)}$ 型の $\widetilde{W} = \langle s_0, s_1, s_2, \pi \rangle$ の例で説明する. その後で P_{IV} の場合の格子上の τ 函数を定式化する.

下図のような三角格子を考え, 基準の正三角形 $\triangle P_0 P_1 P_2$ を C とおく. 今, ベクトル $\overrightarrow{P_0 P_1}$ の分だけの平行移動を T_1 で表す. やりたいことは T_1 を s_0, s_1, s_2, π の組合せとして表すことである. まず, 基準の正三角形 C を T_1 で移動させ, $T_1(C) = C'$ を作る. そこで, s_0, s_1, s_2 だけを使って C' をもとの C の位置に移動させることを考える.

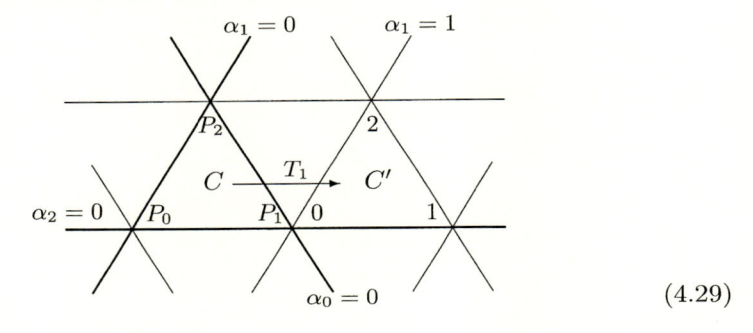

$$ \quad (4.29) $$

C を囲む 3 つの直線 (鏡映面) $\alpha_0 = 0, \alpha_1 = 0, \alpha_2 = 0$ のうち C と C' を隔てている (両側に見る) ものを一つ選ぶ. 今は $\alpha_0 = 0$ しかないから, C' を s_0 でパタとひっくり返す. 次に, C と $s_0(C')$ を隔てているものは $\alpha_2 = 0$ だけだから, s_2 でひっくり返して $s_2 s_0(C')$ を作ると, C に重なり $s_2 s_0(C') = C$ となる. これでもとの位置に来たので, $s_2 s_0 T_1(C) = C$ だが, この $s_2 s_0 T_1$ はまだ恒等変換になっていない. P_0, P_1, P_2 がもとの位置に戻っていないからである. 更に $-120°$ 回転させて $\pi^{-1} s_2 s_0 T_1$ までやると, これは恒等変換である (3 点を動かさない平面のアフィン変換は恒等変換しかない). よって $\pi^{-1} s_2 s_0 T_1 = 1$, すなわち $T_1 = s_0 s_2 \pi = \pi s_2 s_1$ を得る.

4.2 P_{IV} の格子

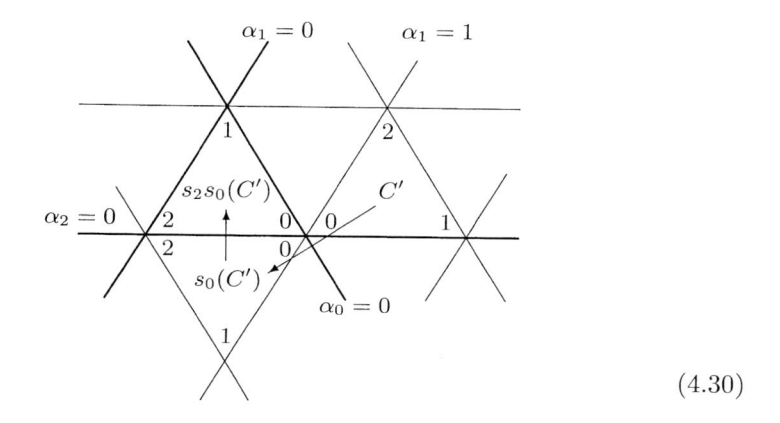

(4.30)

注釈 今の操作を行えば，C を任意の正三角形 C' に移すような $w \in W = \langle s_0, s_1, s_2 \rangle$ が存在することが分かる．実際，直線 $\alpha_j = n$ $(j = 0, 1, 2; n \in \mathbb{Z})$ のうち C と C' を隔てるものは有限個しかないし，上のような操作を繰り返していけば，各ステップで，C との間に入る直線の数が 1 ずつ減っていき，その数が 0 になったら C に重なる．この操作を逆にたどれば $w(C) = C'$ となるような $w \in W$ が得られる．というわけで，C は $W = \langle s_0, s_1, s_2 \rangle$ の平面への作用についての**基本領域**である．しかし，上の例でも分かるように，C を C に移す変換 (ディンキン図形の自己同型に対応する) まで加えておかないと，一般の平行移動までは実現できない．それが，拡大されたアフィン・ワイル群 $\widetilde{W} = \langle s_0, s_1, s_2, \pi \rangle$ を考える理由である．

上のような考察から，3 つのベクトル $\overrightarrow{P_0P_1}, \overrightarrow{P_1P_2}, \overrightarrow{P_2P_0}$ による平行移動が $\widetilde{W} = \langle s_0, s_1, s_2, \pi \rangle$ の元として実現され，それぞれ

$$T_1 = \pi s_2 s_1, \quad T_2 = \pi T_1 \pi^{-1} = s_1 \pi s_2, \quad T_3 = \pi T_2 \pi^{-1} = s_2 s_1 \pi \quad (4.31)$$

と表されることが分かる．3 方向の平行移動は可換であり，

$$T_i T_j = T_j T_i \quad (i, j = 1, 2, 3); \quad T_1 T_2 T_3 = 1 \quad (4.32)$$

が成立する．このことは，$\widetilde{W}$ の生成元の基本関係だけを使って示すことも可能である．

問題 (4.31) を T_i $(i = 1, 2, 3)$ の定義と思って，関係式 (4.32) を，$\widetilde{W}$ の生成元の基本関係だけを使って示せ．

この T_1, T_2, T_3 を今度は，P_{IV} の対称形式のベックルント変換として考えよう．

$$T_1 = \pi s_2 s_1 : \quad \alpha_0 \xrightarrow{s_1} \alpha_0 + \alpha_1 = -\alpha_2 + 1 \xrightarrow{s_2} \alpha_2 + 1 \xrightarrow{\pi} \alpha_0 + 1. \quad (4.33)$$

従って $T_1(\alpha_0) = \alpha_0 + 1$ である．同様に T_i の α_j $(j = 0, 1, 2)$ への作用を計算すると，結果は

$$\begin{aligned}
&T_1(\alpha_0) = \alpha_0 + 1, && T_1(\alpha_1) = \alpha_1 - 1, && T_1(\alpha_2) = \alpha_2 \\
&T_2(\alpha_0) = \alpha_0, && T_2(\alpha_1) = \alpha_1 + 1, && T_2(\alpha_2) = \alpha_2 - 1 \\
&T_3(\alpha_0) = \alpha_0 - 1, && T_3(\alpha_1) = \alpha_1, && T_3(\alpha_2) = \alpha_2 + 1
\end{aligned} \quad (4.34)$$

である．これは，最初のパラメータ $(\alpha_0, \alpha_1, \alpha_2)$ に対して，T_1 は，パラメータの値が $(\alpha_0 + 1, \alpha_1 - 1, \alpha_2)$ の解を与えるベックルント変換になっていることを意味する (パラメータ空間の点が動く方向は $\overrightarrow{P_0 P_1}$ とは逆の向きになっているので注意．点が移動する方向と「観測者」が移動する方向は逆向きである．T_1 の α_j への作用は，三角座標系の軸を $\overrightarrow{P_0 P_1}$ 方向に移動することに対応していると思っても良い)．T_2, T_3 についても同様である．$T_1 = \pi s_2 s_1$ の f_j, τ_j への作用も見ておこう．

$$f_0 \xrightarrow{s_1} f_0 - \frac{\alpha_1}{f_1} \xrightarrow{s_2} f_0 + \frac{\alpha_2}{f_2} - \frac{\alpha_1 + \alpha_2}{f_1 - \frac{\alpha_2}{f_2}} \quad (4.35)$$

従って

$$\begin{aligned}
T_1(f_0) &= f_1 + \frac{\alpha_0}{f_0} - \frac{\alpha_2 + \alpha_0}{f_1 - \frac{\alpha_0}{f_0}} \\
&= \frac{f_0^2 f_1 f_2 - \alpha_0 f_0 f_1 + \alpha_0 f_2 f_0 - (\alpha_0 + \alpha_2) f_0^2 - \alpha_0^2}{f_0(f_0 f_2 - \alpha_0)}.
\end{aligned} \quad (4.36)$$

s_i たちの組合せで連分数が生成されていく様子と，それを因数分解したときの状態を示す例である．同様に

$$\begin{aligned}
T_1(f_1) &= f_2 - \frac{\alpha_0}{f_0} = \frac{f_0 f_2 - \alpha_0}{f_0}, \\
T_1(f_2) &= f_0 + \frac{\alpha_0 + \alpha_2}{f_2 - \frac{\alpha_0}{f_0}} = \frac{f_0(f_0 f_2 + \alpha_2)}{f_0 f_2 - \alpha_0}.
\end{aligned} \quad (4.37)$$

4.2 P_{IV} の格子

τ 函数の変化も見ておこう．

$$T_1(\tau_0) = \tau_1, \quad T_1(\tau_1) = (f_0 f_2 - \alpha_0)\frac{\tau_1^2}{\tau_0}, \quad T_1(\tau_2) = f_0 \frac{\tau_1 \tau_2}{\tau_0}. \tag{4.38}$$

一般に T_1, T_2, T_3 を組み合わせて次々とベックルント変換を行ったときにどのような現象が起きるか，実験してみてほしい．

T_1, T_2, T_3 によるベックルント変換を合理的に記述するためには，τ_0 を基準にして，τ 函数の族

$$\tau_{l,m,n} = T_1^l T_2^m T_3^n (\tau_0) \qquad (l, m, n \in \mathbb{Z}) \tag{4.39}$$

を考えるのが良い．$T_1 T_2 T_3 = 1$ なので，

$$\tau_{l+k, m+k, n+k} = \tau_{l,m,n} \qquad (k \in \mathbb{Z}) \tag{4.40}$$

となっている．無駄なく表示したいときには，独立な方向 T_1, T_2 を選んで，

$$\tau_{m,n} = \tau_{m,n,0} = T_1^m T_2^n (\tau_0) \tag{4.41}$$

という記法を用いる．図 4.1 は，$\tau_{m,n} = \tau_{m,n,0}$ を代表にとって，τ 函数を平面上の三角格子に配置したものである．

補題 4.5 (1) 上の記号で

$$\tau_0 = \tau_{0,0}, \quad \tau_1 = \tau_{1,0}, \quad \tau_2 = \tau_{1,1}. \tag{4.42}$$

(2) $\tau_{l,m,n}$ への s_0, s_1, s_2, π の作用は，次の公式で与えられる．

$$s_0(\tau_{l,m,n}) = \tau_{n+1,m,l-1} \quad s_1(\tau_{l,m,n}) = \tau_{m,l,n} \quad s_2(\tau_{l,m,n}) = \tau_{l,n,m}$$
$$\pi(\tau_{l,m,n}) = \tau_{n+1,l,m} \tag{4.43}$$

(3) $\tau_{m,n}$ への s_0, s_1, s_2, π の作用は，次の公式で与えられる．

$$s_0(\tau_{m,n}) = \tau_{2-m, 1-m+n} \quad s_1(\tau_{m,n}) = \tau_{n,m} \quad s_2(\tau_{m,n}) = \tau_{m-n,-n}$$
$$\pi(\tau_{m,n}) = \tau_{1-n, m-n} \tag{4.44}$$

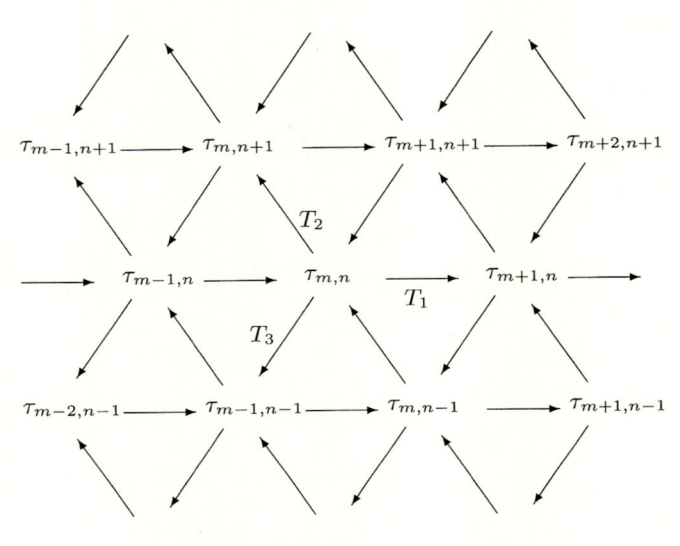

図 4.1 格子上の τ 函数: $\tau_{m,n} = \tau_{m,n,0}$

定義に戻って検証すればよいので，証明は略す．この補題は，τ 函数のベックルント変換と添字の離散変数の変換の整合性を保証している．

第 3 章で考察した τ 函数の種々の関係式は，単に $T_1^l T_2^m T_3^n$ を施すことで，格子上の τ 函数の関係式に移行する．定理 3.5 から，隣り合う τ 函数についての広田型双線形方程式

$$\left(D_t^2 + \frac{t}{3}D_t - \frac{2t^2}{9} + \frac{\alpha_0 - \alpha_1 + 2l - m - n}{3}\right)\tau_{l,m,n} \cdot \tau_{l+1,m,n} = 0,$$
$$\left(D_t^2 + \frac{t}{3}D_t - \frac{2t^2}{9} + \frac{\alpha_1 - \alpha_2 - l + 2m - n + 1}{3}\right)\tau_{l,m,n} \cdot \tau_{l,m+1,n} = 0,$$
$$\left(D_t^2 + \frac{t}{3}D_t - \frac{2t^2}{9} + \frac{\alpha_2 - \alpha_0 - l - m + 2n + 2}{3}\right)\tau_{l,m,n} \cdot \tau_{l,m,n+1} = 0.$$
(4.45)

を得る (τ_0 を基準にとっているので，l, m, n について完全に対称というわけではない)．また，一直線に並んだ 3 個の τ 函数の関係式 (3.88) から，3 方向の**戸田方程式**が得られる．T_1 方向だけ記す．

$$\tau_{l-1,m,n}\tau_{l+1,m,n} = \left(\frac{1}{2}D_t^2 - \frac{\alpha_0 - \alpha_1 + 2l - m - n - 1}{3}\right)\tau_{l,m,n} \cdot \tau_{l,m,n} \tag{4.46}$$

(3.93) に $T_1^l T_2^m T_3^n$ を施せば

$$\tau_{l-1,m,n}\tau_{l+1,m,n} - \tau_{l,m-1,n}\tau_{l,m+1,n} = (\alpha_1 - l + m)\tau_{l,m,n}^2. \tag{4.47}$$

を得る(これは,T_1 方向と T_2 方向の戸田方程式の差としても導かれる).同様にして,(3.94) に対応する関係式は

$$\begin{aligned}
&(\alpha_0 - n + l - 1)\,\tau_{l,m-1,n}\,\tau_{l,m+1,n}\\
&+(\alpha_1 - l + m)\,\tau_{l,m,n-1}\,\tau_{l,m,n+1}\\
&+(\alpha_2 - m + n)\,\tau_{l-1,m,n}\,\tau_{l+1,m,n} = 0.
\end{aligned} \tag{4.48}$$

となる.この形の差分方程式は,**広田・三輪方程式**とも呼ばれる.

変数 f_j への T_i の作用もまた,三角格子上の差分方程式(離散的な力学系)と見なすことができる.今 T_1 方向だけに注目して,

$$x_n = T_1^n(f_1), \quad y_n = T_1^n(f_0) \quad (n \in \mathbb{Z}) \tag{4.49}$$

とおくと

$$\begin{aligned}
T_1(f_1) &= f_2 - \frac{\alpha_0}{f_0} = t - f_0 - f_1 - \frac{\alpha_0}{f_0}\\
T_1^{-1}(f_0) &= f_2 + \frac{\alpha_1}{f_1} = t - f_0 - f_1 + \frac{\alpha_1}{f_1}
\end{aligned} \tag{4.50}$$

から,差分系

$$\begin{aligned}
x_n + x_{n+1} &= t - y_n - \frac{\alpha_0 + n}{y_n}\\
y_{n-1} + y_n &= t - x_n + \frac{\alpha_1 - n}{x_n}
\end{aligned} \tag{4.51}$$

を得る.ここでは,n が独立変数で,t, α_0, α_1 がパラメータである.この方程式 (4.51) は**離散パンルヴェ方程式** dP_{II} の一種であり,適当な連続極限でパンルヴェ方程式 P_{II} へ移行することが知られている($r_0 = s_0 s_1 s_0, r_1 = s_1$ と置くと $A_1^{(1)}$ 型のアフィン・ワイル群 $\langle r_0, r_1 \rangle$ がこの差分系にベックルント変換として作用しており,それが連続極限へ移行して P_{II} のベックルント変換を生

じる). f 変数についての三角格子上の差分系は, T_1, T_2, T_3 の 3 方向の dP_{II} が組み合わさった, アフィン・ワイル群 $W = \langle s_0, s_1, s_2 \rangle$ で「共変」な離散力学系となっているのである.

4.3 ϕ 因子と岡本多項式

前節で導入した格子上の τ 函数 $\tau_{l,m,n}$ $(l, m, n \in \mathbb{Z})$ を最初の τ 函数の 3 つ組 τ_0, τ_1, τ_2 と比較することを考えよう.

補題 4.6 各 $l, m, n \in \mathbb{Z}$ に対して, $\tau_{l,m,n}$ は

$$\tau_{l,m,n} = \phi_{l,m,n} \tau_0 \left(\frac{\tau_1}{\tau_0}\right)^l \left(\frac{\tau_2}{\tau_1}\right)^m \left(\frac{\tau_0}{\tau_2}\right)^n = \phi_{l,m,n} \tau_0^{1+n-l} \tau_1^{l-m} \tau_2^{m-n} \tag{4.52}$$

の形に表される. ここで $\phi_{l,m,n}$ は α_j, f_j の有理函数であり, 次の漸化式で決まる.

$$\begin{aligned}
\phi_{0,0,0} &= 1 \\
\phi_{l+1,m,n} &= T_1(\phi_{l,m,n}) f_0^{m-n} (f_0 f_2 - \alpha_0)^{l-m} \\
\phi_{l,m+1,n} &= T_2(\phi_{l,m,n}) f_1^{1+n-l} (f_1 f_0 - \alpha_1)^{m-n} \\
\phi_{l,m,n+1} &= T_3(\phi_{l,m,n}) f_2^{l-m} (f_2 f_1 - \alpha_2)^{1+n-l}
\end{aligned} \tag{4.53}$$

証明は, 帰納的にできる. $\phi_{l,m,n}$ の漸化式は, (4.38) のように T_i の τ_j への作用の式に注意すれば良い. $\phi_{l,m,n}$ についても

$$\phi_{l+k,m+k,n+k} = \phi_{l,m,n} \qquad (k \in \mathbb{Z}) \tag{4.54}$$

なので, $\phi_{m,n} = \phi_{m,n,0}$ という略記法を用いる.

ここで, f 変数を τ 函数で表す公式を思い出そう. (3.80) の乗法公式を $\tau_{m,n} = \tau_{m,n,0}$ で表すと,

$$f_0 = \frac{\tau_{0,0} \tau_{2,1}}{\tau_{1,0} \tau_{1,1}}, \quad f_1 = \frac{\tau_{1,0} \tau_{0,1}}{\tau_{0,0} \tau_{1,1}}, \quad f_2 = \frac{\tau_{1,1} \tau_{0,-1}}{\tau_{0,0} \tau_{1,0}} \tag{4.55}$$

4.3 φ 因子と岡本多項式

である．これに $T_1^m T_2^n$ を施すことにより，

$$\begin{aligned}
T_1^m T_2^n(f_0) &= \frac{\tau_{m,n}\tau_{m+2,n+1}}{\tau_{m+1,n}\tau_{m+1,n+1}} = \frac{\phi_{m,n}\phi_{m+2,n+1}}{\phi_{m+1,n}\phi_{m+1,n+1}} \\
T_1^m T_2^n(f_1) &= \frac{\tau_{m+1,n}\tau_{m,n+1}}{\tau_{m,n}\tau_{m+1,n+1}} = \frac{\phi_{m+1,n}\phi_{m,n+1}}{\phi_{m,n}\phi_{m+1,n+1}} \\
T_1^m T_2^n(f_2) &= \frac{\tau_{m+1,n+1}\tau_{m,n-1}}{\tau_{m,n}\tau_{m+1,n}} = \frac{\phi_{m+1,n+1}\phi_{m,n-1}}{\phi_{m,n}\phi_{m+1,n}}
\end{aligned} \quad (4.56)$$

なる表示を得る．前と同様に，$\tau_{m,n}$ を $\phi_{m,n}$ と τ_0, τ_1, τ_2 の単項式の積に直すと，τ の因子は分子分母で打ち消し合う．また，(3.80) の微分を使った表示の方からは

$$f_0 = \left(\log\frac{\tau_{1,1}}{\tau_{1,0}}\right)' + \frac{t}{3}, \quad f_1 = \left(\log\frac{\tau_{0,0}}{\tau_{1,1}}\right)' + \frac{t}{3}, \quad f_2 = \left(\log\frac{\tau_{1,0}}{\tau_{0,0}}\right)' + \frac{t}{3}. \quad (4.57)$$

これに $T_1^m T_2^n$ を作用させて

$$\begin{aligned}
T_1^m T_2^n(f_0) &= f_0 + \left(\log\frac{\phi_{m+1,n+1}}{\phi_{m+1,n}}\right)' \\
T_1^m T_2^n(f_1) &= f_1 + \left(\log\frac{\phi_{m,n}}{\phi_{m+1,n+1}}\right)' \\
T_1^m T_2^n(f_2) &= f_2 + \left(\log\frac{\phi_{m+1,n}}{\phi_{m,n}}\right)'
\end{aligned} \quad (4.58)$$

を得る．両者は同じものを与えるから，関係式

$$\begin{aligned}
\phi_{m,n}\phi_{m+2,n+1} &= (D_t + f_0)\phi_{m+1,n+1} \cdot \phi_{m+1,n} \\
\phi_{m+1,n}\phi_{m,n+1} &= (D_t + f_1)\phi_{m,n} \cdot \phi_{m+1,n+1} \\
\phi_{m+1,n+1}\phi_{m,n-1} &= (D_t + f_2)\phi_{m+1,n} \cdot \phi_{m,n}
\end{aligned} \quad (4.59)$$

が成立している訳である．図 4.1 で，1 辺を共有する 2 個の正三角形を指定するごとに，菱形の頂点に対応する 4 つの φ 因子の間に，このような関係式が成立している．この関係式を，φ 因子を決定する漸化式として利用することもできる．

簡単のため，T_1 の 1 方向だけに注目しよう．

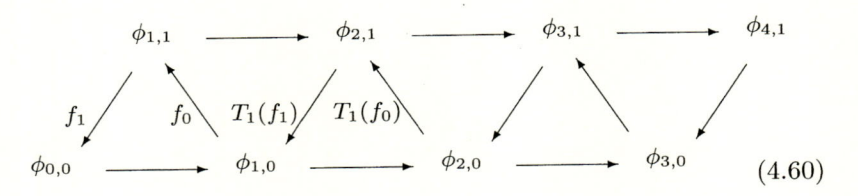

$$\begin{array}{ccccccc}
\phi_{1,1} & \longrightarrow & \phi_{2,1} & \longrightarrow & \phi_{3,1} & \longrightarrow & \phi_{4,1} \\
\nearrow\!\!\swarrow & & \nearrow\!\!\swarrow & & \nearrow\!\!\swarrow & & \swarrow \\
\phi_{0,0} & \longrightarrow & \phi_{1,0} & \longrightarrow & \phi_{2,0} & \longrightarrow & \phi_{3,0}
\end{array} \qquad (4.60)$$

(矢印の横に $f_1, f_0, T_1(f_1), T_1(f_0)$)

$f_0 + f_1 + f_2 = t$ という関係は保たれているので, f_0, f_1 のベックルント変換だけを考えると, $T_1^m(f_0), T_1^m(f_1)$ は ϕ 因子によって

$$T_1^m(f_0) = \frac{\phi_{m,0}\phi_{m+2,1}}{\phi_{m+1,0}\phi_{m+1,1}}, \quad T_1^m(f_1) = \frac{\phi_{m+1,0}\phi_{m,1}}{\phi_{m,0}\phi_{m+1,1}} \qquad (4.61)$$

と表示される. そこで,

$$F_m = \phi_{m,0}, \quad G_m = \phi_{m+1,1} \qquad (4.62)$$

とおくと,

$$T_1^m(f_0) = \frac{F_m G_{m+1}}{F_{m+1} G_m}, \quad T_1^m(f_1) = \frac{F_{m+1} G_{m-1}}{F_m G_m}. \qquad (4.63)$$

微分を使って ϕ 因子を決める漸化式 (4.59) を F_m, G_m の関係式に直すと

$$\begin{aligned}
F_m G_{m+1} &= -(D_t + f_0) F_{m+1} \cdot G_m \\
F_{m+1} G_{m-1} &= (D_t + f_1) F_m \cdot G_m.
\end{aligned} \qquad (4.64)$$

である. 初期条件

$$F_0 = F_1 = 1, \qquad G_0 = 1 \qquad (4.65)$$

を与えると, (4.64) によって全ての F_m, G_m ($m = 0, 1, 2, \cdots$) を決定することもできる.

$$\begin{array}{ccccccc}
& G_{m-1} & \longrightarrow & G_m & \longrightarrow & G_{m+1} & \\
& \swarrow\!\!\nearrow & & \swarrow\!\!\nearrow & & \swarrow\!\!\nearrow & \\
F_{m-1} & \longrightarrow & F_m & \longrightarrow & F_{m+1} & \longrightarrow & F_{m+2}
\end{array} \qquad (4.66)$$

なお, 漸化式としては (4.46) の戸田方程式を ϕ 因子の戸田方程式に直して利

用することもできる．このやり方だと F_m と G_m のそれぞれで閉じた漸化式が得られる．

問題 (4.46) から，F_m, G_m に対する戸田方程式を導け．

F_m, G_m は定義上では有理函数ということしか分からないが，具体的に計算すると，段々複雑になってはいくものの，

$$\begin{aligned}
&F_0 = F_1 = 1, \quad F_2 = f_0 f_2 - \alpha_0 \\
&F_3 = f_0^3 f_1 f_2^2 - (\alpha_0 + \alpha_2) f_0^3 f_2 - (\alpha_0 - \alpha_2) f_0^2 f_1 f_2 + \cdots \\
&G_0 = 1, \quad G_1 = f_0 \\
&G_2 = f_0^2 f_1 f_2 - (\alpha_0 + \alpha_2) f_0^2 - \alpha_0 f_0 f_1 + \alpha_0 f_0 f_2 - \alpha_0^2 \\
&G_3 = f_0^4 f_1^2 f_2^3 + (\alpha_1 - \alpha_2) f_0^4 f_1 f_2^2 + \cdots
\end{aligned} \quad (4.67)$$

のように，f_j, α_j の多項式になっていることが見て取れる．そこで，有理解

$$(\alpha_0, \alpha_1, \alpha_2; f_0, f_1, f_2) = \left(\frac{1}{3}, \frac{1}{3}, \frac{1}{3}; \frac{t}{3}, \frac{t}{3}, \frac{t}{3} \right) \quad (4.68)$$

に特殊化すると，次のような t の多項式の系列が得られる．

$$\begin{aligned}
&F_0 = F_1 = 1, \quad F_2 = -\frac{1}{3} + \frac{t^2}{9}, \\
&F_3 = -\frac{5}{27} + \frac{5t^2}{81} - \frac{5t^4}{243} + \frac{t^6}{729}, \cdots \\
&G_0 = 1, \quad G_1 = \frac{t}{3}, \quad G_2 = -\frac{1}{9} - \frac{2t^2}{27} + \frac{t^4}{81}, \\
&G_3 = -\frac{35t}{243} + \frac{14t^5}{2187} - \frac{8t^7}{6561} + \frac{t^9}{19683}, \cdots
\end{aligned} \quad (4.69)$$

この多項式の系列を**岡本多項式**と呼ぶ．上記の F_m, G_m は変数のスケールを変更すると整数係数の多項式になる．通常，岡本多項式と呼ばれているのは，表 4.1 に示した規格化した多項式の Q_m の方である．

$Q_0 = Q_1 = 1$ を初期条件として，戸田方程式

$$Q_{m-1} Q_{m+1} = \left(\frac{1}{2} D_x^2 + x^2 + 2m - 1 \right) Q_m \cdot Q_m \qquad (m \in \mathbb{Z}) \quad (4.70)$$

を $Q_m = Q_m(x)$ についての漸化式と見ると，これで x の有理函数 Q_m ($m \in \mathbb{Z}$)

表 4.1 岡本多項式

$Q_0 = Q_1 = 1, \quad Q_2 = 1 + x^2, \quad Q_3 = 5 + 5x^2 + 5x^4 + x^6,$
$Q_4 = 175 + 350x^2 + 175x^4 + 140x^6 + 65x^8 + 14x^{10} + x^{12},$
$Q_5 = 67375 + 134750x^2 + 202125x^4 + 107800x^6 + 42350x^8$
$\quad + 20020x^{10} + 8050x^{12} + 2200x^{14} + 355x^{16} + 30x^{18} + x^{20},$
$\cdots$

$R_0 = 1, \quad R_1 = x, \quad R_2 = -1 + 2x^2 + x^4,$
$R_3 = -35x + 14x^5 + 8x^7 + x^9,$
$R_4 = 1225 - 4900x^2 - 4900x^4 - 980x^6 + 350x^8$
$\quad + 420x^{10} + 140x^{12} + 20x^{14} + x^{16},$
$\cdots$

が決まる.この定義ですぐ分かるのは有理函数ということだが,実際には Q_m は x の多項式となることが知られている. Q_m は $m(m-1)$ 次のモニックな整数係数多項式であり,(4.69) の F_m は,$Q_m(x)$ に $x = t/\sqrt{-3}$ を代入したものの定数倍になっている.G_m に対応するのは R_m で,こちらは,初期条件 $R_0 = 1, R_1 = x$ と戸田方程式

$$R_{m-1}R_m = \left(\frac{1}{2}D_x^2 + x^2 + 2m \right) R_m \cdot R_m \quad (m \in \mathbb{Z}) \tag{4.71}$$

で定義される.$R_m(x)$ は m^2 次のモニックな整数係数多項式で,(4.69) の G_m は $R_m(t/\sqrt{-3})$ の定数倍である.なお,(4.64) に対応する Q_m, R_m の漸化式は,

$$\begin{aligned} Q_m R_{m+1} &= (D_x + x) Q_{m+1} \cdot R_m \\ Q_{m+1} R_{m-1} &= -(D_x + x) Q_m \cdot R_m \end{aligned} \tag{4.72}$$

で与えられる.

注釈 対称形式の規格化条件を $\alpha_0 + \alpha_1 + \alpha_2 = 1$ としたので,有理解に特殊化した F_m, G_m の係数には自明な因子が入っている.対称形式の方を最初からうまくスケール変換しておけば,岡本多項式 Q_m, R_m が直接得られるようにもできるが,今はそれにはこだわらない.

4.4 $A_{n-1}^{(1)}$ 型の離散系

格子上の τ 函数と，それに伴う ϕ 因子は，アフィン・ワイル群によるベックルント変換の構造だけで決定されている．P_{II} の場合は $A_1^{(1)}$ 型，P_{IV} の場合は $A_2^{(1)}$ 型であった．この本では議論していないが，P_{V} の場合には $A_3^{(1)}$ 型のアフィン・ワイル群の作用がある．これらに共通な有理変換の構造は，$A_{n-1}^{(1)}$ 型のアフィン・ワイル群の場合に自然に拡張することができる．この節では，$A_{n-1}^{(1)}$ 型の双有理変換群を定式化する．これは，差分方程式としては，離散パンルヴェ方程式の一つの拡張と思える．

n 次元のアフィン空間 $V = \mathbb{C}^n$ の標準的な座標を $\varepsilon_1, \cdots, \varepsilon_n$ とする．以下定数 $\delta \in \mathbb{C}$ を一つ固定して，これを格子間隔を測るパラメータとして利用する．この ε 変数に次の変換 $s_1, \cdots, s_{n-1}$ を定義する．

$$s_i(\varepsilon_i) = \varepsilon_{i+1}, \quad s_i(\varepsilon_{i+1}) = \varepsilon_i, \quad s_i(\varepsilon_j) = \varepsilon_j \quad (j \neq i, i+1). \tag{4.73}$$

また，s_0 と π を

$$\begin{aligned} s_0(\varepsilon_1) &= \varepsilon_n + \delta, \quad s_0(\varepsilon_n) = \varepsilon_1 - \delta, \quad s_0(\varepsilon_j) = \varepsilon_j \quad (j \neq 1, n) \\ \pi(\varepsilon_i) &= \varepsilon_{i+1} \quad (i = 1, \cdots, n-1), \quad \pi(\varepsilon_n) = \varepsilon_1 - \delta \end{aligned} \tag{4.74}$$

で定義する．δ の部分を無視すれば，s_i $(i = 1, \cdots, n-1)$ と s_0 はそれぞれ互換 $(i\ i+1)$, $(1\ n)$ に，π は巡回置換 $(1\ 2\ \cdots\ n)$ に対応している．なお，この ε 変数は

$$\varepsilon_{j+n} = \varepsilon_j - \delta \qquad (j \in \mathbb{Z}) \tag{4.75}$$

という規則で，添字を $\mathbb{Z}$ 全体に拡張するのが自然である．こうすれば，s_i $(i = 0, 1, \cdots, n-1)$, π の作用が見やすい形になる．

$$\begin{aligned} \pi(\varepsilon_j) &= \varepsilon_{j+1} \quad (j \in \mathbb{Z}) \\ s_i(\varepsilon_j) &= \varepsilon_{j+1} \quad (j \equiv i), \quad s_i(\varepsilon_j) = \varepsilon_{j-1} \quad (j \equiv i+1), \\ s_i(\varepsilon_j) &= \varepsilon_j \quad (j \not\equiv i, i+1) \end{aligned} \tag{4.76}$$

単純ルート $\alpha_0, \alpha_1, \cdots, \alpha_{n-1}$ を

$$\alpha_0 = \delta - \varepsilon_1 + \varepsilon_n, \quad \alpha_i = \varepsilon_i - \varepsilon_{i+1} \quad (i = 1, \cdots, n-1) \tag{4.77}$$

と定義すると，

$$\alpha_0 + \alpha_1 + \cdots + \alpha_{n-1} = \delta. \tag{4.78}$$

であり，この変数への s_i $(i = 0, 1, \cdots, n-1)$ の作用は次で与えられる．

$$\begin{aligned} s_i(\alpha_i) &= -\alpha_i, \quad s_i(\alpha_j) = \alpha_j + \alpha_i \quad (j \equiv i \pm 1), \\ s_i(\alpha_j) &= \alpha_j \quad (j \not\equiv i, i \pm 1) \end{aligned} \tag{4.79}$$

ここで $a \equiv b$ と書いたのは，$a \equiv b \pmod{n}$ すなわち $a - b \in n\mathbb{Z}$ の意味である．また，α_i の添字を $\mathbb{Z}/n\mathbb{Z}$ の元と見て $\alpha_{i+n} = \alpha_i$ と理解すれば

$$\pi(\alpha_i) = \alpha_{i+1} \quad (i = 0, 1, \cdots, n-1) \tag{4.80}$$

が成立する (ε 変数の添字を $\mathbb{Z}$ へ拡張しておけば，任意の i で $\alpha_i = \varepsilon_i - \varepsilon_{i+1}$ が成立する)．この変数 $\alpha_0, \alpha_1, \cdots, \alpha_{n-1}$ が P_{II} や P_{IV} の対称形式のパラメータに相当するものである (P_{II} や P_{IV} のときは $\delta = 1$ と規格化してあった)．
s_i の α_j への作用は $A_{n-1}^{(1)}$ 型のカルタン行列で記述される:

$$s_i(\alpha_j) = \alpha_j - \alpha_i a_{ij} \quad (i, j = 0, 1 \cdots, n-1). \tag{4.81}$$

この場合のカルタン行列 $A = (a_{ij})_{i,j=0}^{n-1}$ は

$$a_{jj} = 2, \quad a_{ij} = -1 \ (j \equiv i \pm 1), \quad a_{ij} = 0 \ (j \not\equiv i, i \pm 1) \tag{4.82}$$

で与えられ，ディンキン図形は n 個の ○ をつないで作る「数珠」である．

$$A = \begin{bmatrix} 2 & -1 & & & & -1 \\ -1 & 2 & -1 & & & \\ & -1 & 2 & \ddots & & \\ & & \ddots & \ddots & -1 & \\ -1 & & & & -1 & 2 \end{bmatrix} \tag{4.83}$$

変換 π の α_i への作用は，ディンキン図形の回転に対応している．

4.4 $A_{n-1}^{(1)}$ 型の離散系

上で述べた $s_0, \cdots, s_{n-1}$ の α 変数への作用は，$A_{n-1}^{(1)}$ 型のアフィン・ワイル群 $W = W(A_{n-1}^{(1)})$ の標準的な実現になっている．ここで $W = W(A_{n-1}^{(1)})$ は生成元 $s_0, s_1, \cdots, s_{n-1}$ と基本関係

$$s_i^2 = 1, \quad (s_i s_j)^2 = 1 \ (j \not\equiv i, i\pm 1), \quad (s_i s_j)^3 = 1 \ (j \equiv i\pm 1) \quad (4.84)$$

で定義される群である．積 $s_i s_j$ についての関係式は，それぞれ s_i, s_j の可換性 $s_i s_j = s_j s_i$ と組み紐関係式 $s_i s_j s_i = s_j s_i s_j$ に置き換えても同じことである．以下では，アフィン・ワイル群 $W = \langle s_0, s_1, \cdots, s_{n-1} \rangle$ に生成元 π と関係式

$$\pi s_i = s_{i+1} \pi \qquad (i = 0, 1, \cdots, n-1) \quad (4.85)$$

を加えて得られる W の拡大を $\widetilde{W} = \langle s_0, s_1, \cdots, s_{n-1}, \pi \rangle$ で表す．ここで s_i の添字も $\mathbb{Z}/n\mathbb{Z}$ の元と見なした．上の実現でもこの関係式が成立している．

> **注釈** $W = W(A_{n-1}^{(1)})$ をディンキン図形の回転で拡大した群を考えるときには，関係式 (4.85) と $\pi^n = 1$ に従う π で拡大するのが標準的かも知れない．ここでは，後の記述を簡単にするために $\pi^n = 1$ をはずした $\widetilde{W}$ を使う．これは，リー環としては $\mathfrak{sl}_n$ でなく $\mathfrak{gl}_n$ で考えることに対応している．

基本関係 (4.84) と (4.85) で定義される群 $\widetilde{W} = \langle s_0, s_1, \cdots, s_{n-1}, \pi \rangle$ において，n 個の元 $T_1, \cdots, T_n$ を

$$\begin{aligned} T_1 &= \pi s_{n-1} s_{n-2} \cdots s_1, \\ T_2 &= s_1 \pi s_{n-1} s_{n-2} \cdots s_2, \\ &\cdots \\ T_n &= s_{n-1} s_{n-2} \cdots s_1 \pi. \end{aligned} \quad (4.86)$$

で定義する．このとき，

補題 4.7 基本関係 (4.84) と (4.85) のもとで，
(1) $T_1, \cdots, T_n$ は互いに可換である:

$$T_i T_j = T_j T_i \qquad (i, j = 1, \cdots, n) \quad (4.87)$$

(2) $s_i \ (i = 0, \cdots, n-1)$, π と T_j の交換関係は

$$s_i T_j = T_{\sigma_i(j)} s_i, \quad \pi T_j = T_{\rho(j)} \pi \qquad (j=1,\cdots,n) \qquad (4.88)$$

で与えられる．

ここで，次の互換と巡回置換の記号を用いた:

$$\sigma_0 = (1\,n), \quad \sigma_i = (i\ i+1) \quad (i=1,\cdots,n-1); \quad \rho = (12\cdots n). \qquad (4.89)$$

上で定義した T_i $(i=1,\cdots,n)$ は ε 変数の上では

$$T_i(\varepsilon_i) = \varepsilon_i - \delta, \quad T_i(\varepsilon_j) = \varepsilon_j \quad (j \neq i) \qquad (4.90)$$

という作用になっている．つまり ε 変数を座標とするアフィン空間 $V = \mathbb{C}^n$ においては，T_i は i 番目の座標軸の方向に δ だけ平行移動するアフィン変換に対応している．この実現で補題の関係式が成立していることは見やすい．補題は，ε 変数での $\widetilde{W}$ の実現が忠実である (関係式が (4.84), (4.85) で尽きること) からの帰結である (ここでは実現の忠実性の証明はしない)．補題自身は，関係式 (4.84), (4.85) と定義 (4.86) から直接証明することも可能なので，興味のある読者は試みられたい．なお，定義 (4.86) から，

$$T_1 T_2 \cdots T_r = (\pi s_{n-1} \cdots s_r)^r \qquad (r=1,\cdots,n) \qquad (4.91)$$

を示せる．特に $T_1 \cdots T_n = \pi^n$ なので，π^n が恒等変換となるような実現では $T_1 \cdots T_n$ は恒等変換になる．

補題 4.7 は，関係式 (4.84), (4.85) を満たすような変換 $s_0, s_1, \cdots, s_{n-1}, \pi$ が与えられれば，(4.86) によって T_i を定義することにより，互いに可換で，s_i, π の作用と共変な変換の族が得られることを意味している．つまり，アフィン・ワイル群の拡大 $\widetilde{W}$ が変換群として実現できれば，自動的に離散的な可積分系 (差分系) が得られるわけである．以下では，$P_{\rm II}, P_{\rm IV}$ の対称形式の f 変数にあたるものを導入し，ε 変数と f 変数を座標とする空間の上の有理変換群として $\widetilde{W}$ を実現する方法を与える．この実現はさらに τ 函数にあたる変数まで拡張でき，A_{n-1} 型の格子上の離散系を構成することができる．この節で

4.4 $A_{n-1}^{(1)}$ 型の離散系

は，P_{IV} の場合の拡張になるような「単純な」バージョンについて述べる．以下 $n \geq 3$ として $A_1^{(1)}$ は除外する．次章以降では，もっと一般的なバージョンも議論する予定である．

$f_0, \cdots, f_{n-1}$ という n 個の変数を用意して，これらの変数の変換 $s_0, \cdots, s_{n-1}$, π を次のように定義する．$i, j = 0, 1, \cdots, n-1$ に対して，

$$s_i(f_j) = f_j \pm \frac{\alpha_i}{f_i} \ (j \equiv i \pm 1), \quad s_i(f_j) = f_j \ (j \not\equiv i \pm 1) \tag{4.92}$$
$$\pi(f_j) = f_{j+1}.$$

添字は $\mathbb{Z}/n\mathbb{Z}$ の元と見なす．行列 $U = (u_{ij})_{i,j=0}^{n-1}$ を

$$u_{ij} = \pm 1 \ (j \equiv i \pm 1), \quad u_{ij} = 0 \ (j \not\equiv i \pm 1) \tag{4.93}$$

で定義し，$\{f_i, f_j\} = u_{ij}$ なるポアソン括弧を用いると，上の作用は

$$s_i(f_j) = f_j + \frac{\alpha_i}{f_i} u_{ij} = f_j + \frac{\alpha_i}{f_i} \{f_i, f_j\} \quad (i, j = 0, \cdots, n-1) \tag{4.94}$$

と表される．U はディンキン図形の向き付けに対応している．

$$U = \begin{bmatrix} 0 & 1 & & & -1 \\ -1 & 0 & 1 & & \\ & -1 & 0 & \ddots & \\ & & \ddots & \ddots & 1 \\ 1 & & & -1 & 0 \end{bmatrix} \tag{4.95}$$

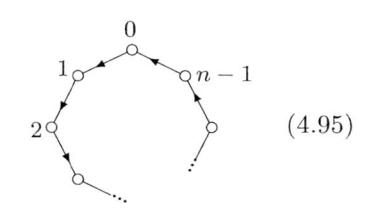

同様に n 個の τ 函数 (τ 変数) $\tau_0, \cdots, \tau_{n-1}$ を考えて，

$$s_i(\tau_j) = \tau_j \ (i \neq j), \quad s_j(\tau_j) = f_j \frac{\tau_{j-1}\tau_{j+1}}{\tau_j}, \quad \pi(\tau_j) = \tau_{j+1}. \tag{4.96}$$

(添字は $\mathbb{Z}/n\mathbb{Z}$ で見る．) この定義は，積公式

$$f_j = \frac{\tau_j \, s_j(\tau_j)}{\tau_{j-1}\tau_{j+1}} = \frac{\tau_j \, s_j(\tau_j)}{\prod_{i \neq j} \tau_i^{-a_{ij}}} \quad (j = 0, 1, \cdots, n-1) \tag{4.97}$$

を先取りしたものである．

> **定理 4.8** $n \geq 2$ とし，変数 ε_j $(j=1,\cdots,n)$, f_j, τ_j $(j=0,1,\cdots,n-1)$ の変換 $s_0, s_1, \cdots, s_{n-1}, \pi$ を (4.73), (4.74) および (4.92), (4.96) で定義すると，これらは，関係式 (4.84), (4.85) を満たす．すなわち $A_{n-1}^{(1)}$ 型アフィン・ワイル群の拡大 $\widetilde{W}$ の双有理変換群としての実現を与える．

なお，この変換は変数 α_j, f_j, τ_j で閉じていて，これらの変数の変換としては，更に関係式 $\pi^n = 1$ も成立し，従って $T_1 \cdots T_n = 1$ となる．この定理の証明は，P_{IV} の場合にやったことと実質的に同じなので省略する．

この実現で得られる差分系を書き下してみよう．T_1 だけに注目する．これは α 変数では

$$T_1(\alpha_0) = \alpha_0 + \delta, \quad T_1(\alpha_1) = \alpha_1 - \delta, \quad T_1(\alpha_j) = \alpha_j \quad (j \neq 0, 1) \quad (4.98)$$

という変換である．$T_1 = \pi s_{n-1} \cdots s_1$ を順に作用させていくと

$$f_0 \xrightarrow{s_1} f_0 - \frac{\alpha_1}{f_1} \xrightarrow{s_{n-2} \cdots s_2} f_0 - s_{n-2} \cdots s_2 \left(\frac{\alpha_1}{f_1} \right)$$
$$\xrightarrow{s_{n-1}} f_0 + \frac{\alpha_{n-1}}{f_{n-1}} - s_{n-1} \cdots s_2 \left(\frac{\alpha_1}{f_1} \right) \quad (4.99)$$

最後に π で添字を回転すると

$$T_1(f_0) = f_1 + \frac{\alpha_0}{f_0} - s_0 s_{n-1} \cdots s_3 \left(\frac{\alpha_2}{f_2} \right) \quad (4.100)$$

を得る．そこで，$i, j \in \mathbb{Z}$, $i < j$ のとき

$$g_{i,j} = s_{j-1} \cdots s_{i+1} \left(\frac{\alpha_i}{f_i} \right) \quad (4.101)$$

と定義しよう．s_k の添字は $\mathbb{Z}/n\mathbb{Z}$ で 1 ずつ増やしながら作用させていく．(4.92) のような変換の繰返しで次のような連分数が生成される．

$$g_{i,j} = \cfrac{\beta_{i,j}}{f_i - \cfrac{\beta_{i+1,j}}{f_{i+1} - \cfrac{\beta_{i+2,j}}{\ddots_{\displaystyle f_{j-2} - \cfrac{\beta_{j-1,j}}{f_{j-1}}}}}}$$

$$= \frac{\beta_{i,j}|}{|\ f_i} - \frac{\beta_{i+1,j}|}{|\ f_{i+1}} - \cdots - \frac{\beta_{j-1,j}|}{|\ f_{j-1}} \quad (4.102)$$

4.4 $A_{n-1}^{(1)}$ 型の離散系

ここで, $\beta_{i,j} = s_{j-1} \cdots s_{i+1}(\alpha_i)$ とおいた. $i < j < n+i$ ならば

$$\beta_{i,j} = \alpha_i + \alpha_{i+1} + \cdots + \alpha_{j-1} = \varepsilon_i - \varepsilon_j. \tag{4.103}$$

この記号を使うと T_1 の f_j への作用は次のように表される.

$$\begin{aligned}
T_1(f_0) &= f_1 + g_{0,1} - g_{2,n+1} \\
T_1(f_1) &= f_2 - g_{3,n+1} \\
T_1(f_2) &= f_3 + g_{2,n+1} - g_{4,n+1} \\
&\cdots \\
T_1(f_{n-2}) &= f_{n-1} + g_{n-2,n+1} - g_{n,n+1} \\
T_1(f_{n-1}) &= f_0 + g_{n-1,n+1}
\end{aligned} \tag{4.104}$$

$\pi T_i = T_{i+1} \pi$ だから, $T_2, \cdots, T_n$ については, 添字を回転させたものである. T_k は, 変数 ε_k を $-\delta$ だけシフトするので, 差分方程式系としては, 連分数 $g_{i,j}$ の分子側に独立変数が入っている.

あからさまに差分方程式系を書き下すときには, 次のようにやればよい. $i = 1, \cdots, n$, $j = 0, \cdots, n-1$ に対して,

$$T_i(f_j) = F_{ij}(\alpha_0, \cdots, \alpha_{n-1}; f_0, \cdots, f_{n-1}) \tag{4.105}$$

によって, α_k, f_k の有理函数 F_{ij} が決まる (上で議論したのは F_{ij} の連分数表示である). 多重指数 $\nu = (\nu_1, \cdots, \nu_n) \in \mathbb{Z}^n$ に対して

$$f_j(\nu) = T^\nu(f_j), \quad T^\nu = T_1^{\nu_1} \cdots T_n^{\nu_n} \tag{4.106}$$

とおけば, (4.105) に T^ν を作用させた式は

$$f_j(\nu + e_i) = F_{ij}(\alpha_0(\nu), \cdots, \alpha_{n-1}(\nu); f_0(\nu), \cdots, f_{n-1}(\nu)) \tag{4.107}$$

である. ここで e_i は $\mathbb{Z}^n$ の i 番目の単位ベクトルで, $\alpha_j(\nu) = T^\nu(\alpha_j)$. すなわち

$$\begin{aligned}
&\alpha_0(\nu) = \alpha_0 - (\nu_n - \nu_1)\delta, \quad \alpha_1(\nu) = \alpha_1 - (\nu_1 - \nu_2)\delta, \\
&\cdots, \quad \alpha_{n-1}(\nu) = \alpha_{n-1} - (\nu_{n-1} - \nu_n)\delta
\end{aligned} \tag{4.108}$$

である．(4.107) が $A_{n-1}^{(1)}$ 型離散系の差分系としての表示である．

$A_2^{(1)}$ の場合に (4.36), (4.37) で見たのと同様に，アフィン・ワイル群の作用で作った連分数 F_{ij} は規則的な因数分解をもつ．次の節で議論することだが，F_{ij} や一般の $T^\nu(f_j)$ が規則的な因数分解をもち，その因数分解は ϕ 因子で記述される．次章で議論するヤコビ–トゥルーディ型の行列式表示を用いると，ϕ 因子自身を α_k, f_k の多項式として具体的に決定することも可能である．

4.5 A_{n-1} 格子の上の τ 函数

P_{II} と P_{IV} でやったように，$A_{n-1}^{(1)}$ 型離散系の τ 函数について，格子上の τ 函数と ϕ 因子を定式化しよう．

まず，$\widetilde{W} = \langle s_0, \cdots, s_{n-1}, \pi \rangle$ の任意の元 w と $m = 0, \cdots, n-1$ に対して，変数 α_j, f_j に関する有理函数 $\phi_{w,m}$ で

$$w(\tau_m) = \phi_{w,m} \tau_0^{k_0} \cdots \tau_{n-1}^{k_{n-1}} \tag{4.109}$$

となるようなものが一意に決まることに注意する．ここで，$k_0, \cdots, k_{n-1} \in \mathbb{Z}$ は，w と m から決まる整数である．実際，$w' = s_i w$ ならば，s_i が τ_i のべきを拾って

$$w'(\tau_m) = s_i(\phi_{w,m}) f_i^{k_i} \tau_0^{k_0'} \cdots \tau_{n-1}^{k_{n-1}'} \tag{4.110}$$

を得る．$w' = \pi w$ のときは右辺の τ の単項式の部分では $k_0, \cdots, k_{n-1}$ が回転するだけである．従って，$\phi_{w,m}$ について

$$\phi_{s_i w, m} = s_i(\phi_{w,m}) f_i^{k_i} \quad (i = 0, \cdots, n-1), \quad \phi_{\pi w, m} = \pi(\phi_{w,m}) \tag{4.111}$$

が成立し，$\phi_{1,m} = 1$ から出発して一般の $\phi_{w,m}$ が決定される．この $\phi_{w,m}$ を τ 函数の **ϕ 因子**と呼ぶことにする．

そこで，w がシフトの作用素 $T_1, \cdots, T_n$ の積の場合の ϕ 因子を考察しよう．$L = \mathbb{Z}^n$ とおいて，多重指数 $\nu = (\nu_1, \cdots, \nu_n) \in L$ に対して，

$$\tau_\nu = T^\nu(\tau_0), \quad T^\nu = T_1^{\nu_1} \cdots T_n^{\nu_n} \tag{4.112}$$

4.5 A_{n-1} 格子の上の τ 函数

と定義し,対応する ϕ 因子を ϕ_ν で表す. τ_0 への $T_1,\cdots,T_n$ の作用については,定義に戻って計算すると

補題 4.9 (1) $T_1\cdots T_i(\tau_0)=\tau_i \quad (i=1,\cdots,n)$. 特に, $T_1\cdots T_n(\tau_0)=\tau_0$

(2) $T_1 T_n^{-1}(\tau_0)=s_0(\tau_0)=f_0\dfrac{\tau_1\tau_{n-1}}{\tau_0}$

となることが確かめられる. $T_1\cdots T_n(\tau_0)=\tau_0$ なので, τ_ν は実際には階数 $n-1$ の格子 $P=L/\mathbb{Z}(e_1+\cdots+e_n)$ 上で定義されているわけである. ここで $L=\mathbb{Z}^n$ の標準基底を $e_1,\cdots,e_n$ と記した. 各 $i=0,\cdots,n-1$ に対して

$$\varpi_i = e_1+\cdots+e_i \mod \mathbb{Z}(e_1+\cdots+e_n) \qquad (4.113)$$

とおくと,上の補題は

$$\tau_i = \tau_{\varpi_i} \quad (i=0,\cdots,n-1), \quad s_0(\tau_0)=\tau_{e_1-e_n}=\tau_{\varpi_1+\varpi_{n-1}} \qquad (4.114)$$

を意味する. ルート系の言葉では, P は A_{n-1} 型の**ウェイト格子**, $\varpi_1,\cdots,\varpi_{n-1}$ は**基本ウェイト**と呼ばれているものである ($\varpi_0=0$ で, ϖ_i の添字は $\mathbb{Z}/n\mathbb{Z}$ で読む).

格子 L (または P) には対称群 $\mathfrak{S}_n$ が標準基底の添字の置換として作用している (置換表現):

$$\sigma.e_j = e_{\sigma(j)} \qquad (j=1,\cdots,n). \qquad (4.115)$$

(4.89) の記号を用いると,補題 4.7 から,任意の $\nu\in L$ に対して,

$$s_i T^\nu = T^{\sigma_i.\nu} s_i \quad (i=0,\cdots,n-1), \quad \pi T^\nu = T^{\rho.\nu}\pi \qquad (4.116)$$

が成立する. そこで, $s_0,\cdots,s_{n-1},\pi$ の格子 L へのアフィン変換による作用を $\nu=(\nu_1,\cdots,\nu_n)\in L$ に対して,

$$\begin{aligned}
s_0(\nu) &= \sigma_0.\nu + e_1 - e_n = (\nu_n+1, \nu_2, \cdots, \nu_{n-1}, \nu_1-1) \\
s_i(\nu) &= \sigma_i.\nu = (\nu_1, \cdots, \nu_{i+1}, \nu_i, \cdots, \nu_n) \quad (i=1,\cdots,n-1) \\
\pi(\nu) &= \rho.\nu + e_1 = (\nu_n+1, \nu_1, \cdots, \nu_{n-1}).
\end{aligned}$$
$$(4.117)$$

と定義すると,群 $\widetilde{W} = \langle s_0, \cdots, s_{n-1}, \pi \rangle$ の作用となり,T^ν ($\nu \in L$) は平行移動として働く:
$$T^\nu(\mu) = \mu + \nu \qquad (\mu \in L). \tag{4.118}$$
(これは,ε_j の生成する格子での $\delta = 1$ の表現の双対である.)補題 4.9 と (4.116) から次の命題を得る.

命題 4.10 アフィン・ワイル群の拡大 $\widetilde{W}$ による τ 函数の変換は,格子 L への作用 (4.117) と両立する:
$$w(\tau_\nu) = \tau_{w(\nu)} \qquad (w \in \widetilde{W},\ \nu \in L). \tag{4.119}$$

τ 函数の変換の ϕ 因子を調べるには,$i = 1, \cdots, n$ に対して変数
$$z_1 = \frac{\tau_1}{\tau_0}, \quad \cdots, \quad z_{n-1} = \frac{\tau_{n-1}}{\tau_{n-2}}, \quad z_n = \frac{\tau_0}{\tau_{n-1}} \tag{4.120}$$
を導入して,$\tau_0, \tau_1, \cdots, \tau_{n-1}$ を τ_0 と $z_1, \cdots, z_n$ に分離しておくと都合が良い.こうすれば,s_i, π の z_j の作用は
$$\begin{aligned} s_i(z_i) &= f_i z_{i+1}, \quad s_i(z_{i+1}) = \frac{1}{f_i} z_i, \\ s_i(z_j) &= z_j \quad (j \neq i, i+1), \quad \pi(z_j) = z_{j+1} \end{aligned} \tag{4.121}$$
となっている (z_j の添字も $\mathbb{Z}/n\mathbb{Z}$ で見る).この z_j 因子の変化も L への $\mathfrak{S}_n$ の作用から読み取れる.つまり,一般の $\nu = (\nu_1, \cdots, \nu_n) \in L$ に対して,多重指数の記号 $z^\nu = z_1^{\nu_1} \cdots z_n^{\nu_n}$ を用いれば,
$$s_i(z^\nu) = f_i^{\nu_i - \nu_{i+1}} z^{\sigma_i \cdot \nu}, \quad \pi(z^\nu) = z^{\rho \cdot \nu} \tag{4.122}$$
が成立する.このことと,$\sigma_{i-1} \cdots \sigma_1 \rho \sigma_{n-1} \cdots \sigma_i = 1$ に注意すると,$T_i z^\nu$ は,α 変数と f 変数の適当な有理函数 $\psi_{i,\nu} \neq 0$ で $T_i(z^\nu) = \psi_{i,\nu} z^\nu$ と表され,一般に
$$T^\mu(z^\nu) = \psi_{\mu,\nu} z^\nu \quad (\mu, \nu \in L) \tag{4.123}$$

となるような, α 変数と f 変数の有理函数 $\psi_{\mu,\nu}$ が存在することが分かる. 補題 4.9 は

$$T_1 \cdots T_i(\tau_0) = \tau_i = \tau_0 z_1 \cdots z_i \qquad (i=1,\cdots,n) \tag{4.124}$$

を意味するので, これと (4.123) を用いて, 次の命題を得る.

命題 4.11 任意の $\nu \in L$ に対して

$$\tau_\nu = \phi_\nu\, \tau_0\, z^\nu = \phi_\nu\, \tau_0^{1-\nu_1+\nu_n} \tau_1^{\nu_1-\nu_2} \cdots \tau_{n-1}^{\nu_{n-1}-\nu_n} \tag{4.125}$$

ϕ 因子 ϕ_ν は, 実際には α_j, f_j の $\mathbb{Z}$ 係数の多項式であり, ヤコビ–トゥルーディ型の行列式による明示公式をもつ. これについては, 次章以降で詳しく論じる.

f 変数を τ 函数 で表す公式は

$$f_j = \frac{\tau_j\, s_j(\tau_j)}{\tau_{j-1}\tau_{j+1}} = \frac{\tau_{\varpi_j}\, \tau_{\varpi_{j-1}-\varpi_j+\varpi_{j+1}}}{\tau_{\varpi_{j-1}}\tau_{\varpi_{j+1}}} \tag{4.126}$$

を意味する. 実際, $\tau_j = \tau_{\varpi_j}$ だから

$$s_i(\varpi_j) = \varpi_j \quad (i \neq j), \quad s_j(\varpi_j) = \varpi_{j-1} - \varpi_j + \varpi_{j+1} \tag{4.127}$$

に注意すると

$$s_j(\tau_j) = \tau_{s_i(\varpi_j)} = \tau_{\varpi_{j-1}-\varpi_j+\varpi_{j+1}} \tag{4.128}$$

となる. これから f_j の変換に対する積公式

$$\begin{aligned}
T^\nu(f_j) &= \frac{\tau_{\nu+\varpi_j}\, \tau_{\nu+\varpi_{j-1}-\varpi_j+\varpi_{j+1}}}{\tau_{\nu+\varpi_{j-1}}\, \tau_{\nu+\varpi_{j+1}}} \\
&= \frac{\phi_{\nu+\varpi_j}\, \phi_{\nu+\varpi_{j-1}-\varpi_j+\varpi_{j+1}}}{\phi_{\nu+\varpi_{j-1}}\, \phi_{\nu+\varpi_{j+1}}}
\end{aligned} \tag{4.129}$$

が得られる. τ_0 と z_j の因子が打ち消し合うのは前と同様である. これは, 前節で書き下した f 変数についての離散系について, 一般解をその初期値で表す公式になっている. T^ν を $s_0, s_1, \cdots, s_{n-1}, \pi$ の組合せで計算すれば, 複雑な

連分数で表されるはずのものであるが，上の公式は，それが 4 つの多項式を用いて乗法的に表されることを意味する．なお，上の積公式は

$$T^{\nu-\varpi_{j-1}}(f_j) = \frac{\tau_{\nu+e_j}\tau_{\nu+e_{j+1}}}{\tau_\nu \tau_{\nu+e_j+e_{j+1}}} = \frac{\phi_{\nu+e_j}\,\phi_{\nu+e_{j+1}}}{\phi_\nu\,\phi_{\nu+e_j+e_{j+1}}} \qquad (4.130)$$

とも書ける．

P_{IV} でやったのと同様の方法で，s_i の f_j への作用を τ 函数の言葉に翻訳すると，相異なる添字 $i,j,k = 1,\cdots,n$ に対して，関係式

$$\tau_{\nu+e_i}\tau_{\nu+e_j+e_k} - \tau_{\nu+e_j}\tau_{\nu+e_i+e_k} = (\varepsilon_i - \varepsilon_j - \nu_i + \nu_j)\tau_\nu\tau_{\nu+e_i+e_j+e_k} \qquad (4.131)$$

が得られる．これから，**広田・三輪方程式**

$$\begin{aligned}
&(\varepsilon_j - \varepsilon_k - \nu_j + \nu_k)\tau_{\nu+e_i}\tau_{\nu+e_j+e_k} \\
&\quad -(\varepsilon_i - \varepsilon_k - \nu_i + \nu_k)\tau_{\nu+e_j}\tau_{\nu+e_i+e_k} \\
&\quad +(\varepsilon_i - \varepsilon_j - \nu_i + \nu_j)\tau_{\nu+e_k}\tau_{\nu+e_i+e_j} = 0
\end{aligned} \qquad (4.132)$$

が導かれる．ϕ 因子で書けば，ϕ_ν が，同じ関係式を満たす．次章で議論するヤコビ–トゥルーディ公式は，このような方程式が行列式で表される解をもつことを意味している．

なお，前節とこの節で議論した $A_{n-1}^{(1)}$ 型の離散系 ($n \geq 3$) については，これをベックルント変換にもつような非線形常微分方程式も知られていて，$A_{n-1}^{(1)}$ 型の (高階の) パンルヴェ型方程式と呼ぶべきものになっている．$A_3^{(1)}$ ($n=4$) のときは，

$$\begin{aligned}
f_0' &= f_0(f_1 f_2 - f_2 f_3) + (\tfrac{\delta}{2} - \alpha_2)f_0 + \alpha_0 f_2 \\
f_1' &= f_1(f_2 f_3 - f_3 f_0) + (\tfrac{\delta}{2} - \alpha_3)f_1 + \alpha_1 f_3 \\
f_2' &= f_2(f_3 f_0 - f_0 f_1) + (\tfrac{\delta}{2} - \alpha_0)f_2 + \alpha_2 f_0 \\
f_3' &= f_3(f_0 f_1 - f_1 f_2) + (\tfrac{\delta}{2} - \alpha_1)f_3 + \alpha_3 f_1
\end{aligned} \qquad (4.133)$$

がそのような方程式の例である (添字については回転対称性がある)．この形では 4 階の方程式であるが，初等的な積分があって

$$f_0 + f_2 = f_1 + f_3 = t^{\frac{1}{2}}, \quad ' = t\frac{d}{dt} \qquad (4.134)$$

と規格化できる ($\delta = 1$ とした) ので，実質的に 2 階の方程式である．$f_0 = t^{\frac{1}{2}}(1-y)^{-1}$ とおいて，y の 2 階単独の方程式に変換すると，それが冒頭の表 0.1 に掲げたパンルヴェの第 5 方程式 P_V になる (表のパラメータ $\alpha, \beta, \gamma, \delta$ をそれぞれ $\alpha_0^2/2, \alpha_1^2/2, -\alpha_1 + \alpha_3, -1/2$ としたもの．スケール変換の自由度があるので P_V のパラメータは実質的には 3 個である)．従って $A_3^{(1)}$ 型の離散系は，P_V のベックルント変換に関する対称性を記述したものになっている．$A_4^{(1)}$ ($n=5$) の場合は，$A_2^{(1)}$ の P_IV の対称形式と類似している．

$$\begin{aligned}
f_0' &= f_0(f_1 - f_2 + f_3 - f_4) + \alpha_0 \\
f_1' &= f_1(f_2 - f_3 + f_4 - f_0) + \alpha_1 \\
f_2' &= f_2(f_3 - f_4 + f_0 - f_1) + \alpha_2 \\
f_3' &= f_3(f_4 - f_0 + f_1 - f_2) + \alpha_3 \\
f_4' &= f_4(f_0 - f_1 + f_2 - f_3) + \alpha_4.
\end{aligned} \qquad (4.135)$$

これは，

$$f_0 + f_1 + f_2 + f_3 + f_4 = t, \quad ' = \frac{d}{dt} \qquad (4.136)$$

と規格化できるので，実質的には 4 階の方程式である．これもまた (「空腹な」という形容詞のついた) ロトカ–ヴォルテラ方程式の変形になっている．これを $\alpha_3 = \alpha_4 = 0, f_3 = f_4 = 0$ と特殊化すると丁度 P_IV の対称形式になることに注意しておこう．n の偶奇によって様子が違うが，一般の $A_{n-1}^{(1)}$ でこのような常微分方程式系が知られている．

5

ヤコビ–トゥルーディ公式

前の章では，τ 函数の変換に伴う ϕ 因子を定式化し，α_j, f_j の多項式になっている——という観察をしたが，実はもっと詳しく，多項式を成分とするある行列式で表される．この公式は山田泰彦氏によって発見されたもので，行列式の特徴からヤコビ–トゥルーディ型の公式と呼ぶ．この章では，このヤコビ–トゥルーディ公式がどのようなものかを説明する．

5.1　ヤング図形とマヤ図形

この節では，ヤコビ–トゥルーディ型の公式を述べるための準備として，「ヤング図形」と「マヤ図形」の用語について説明しておく．

整数の非増大列
$$\lambda = (\lambda_1, \lambda_2, \cdots); \quad \lambda_1 \geq \lambda_2 \geq \cdots \tag{5.1}$$
で，ある番号から先はすべて 0 となっているものを**分割** (partition) という．$|\lambda| = \lambda_1 + \lambda_2 + \cdots$ とおけば，分割 λ は自然数 $|\lambda|$ を幾つかの自然数の和に表すやり方に対応しているからである．例えば $|\lambda| = 4$ となる分割は

$$\lambda: \quad (4), \quad (3,1), \quad (2,2), \quad (2,1,1), \quad (1,1,1,1) \tag{5.2}$$

の 5 個である．具体的な数字の列を書くときには，最後尾の 0 だけの列は適宜省略して書く．上の 5 つは，4 を自然数の和に書くやり方

$$4 = 3+1 = 2+2 = 2+1+1 = 1+1+1+1 \tag{5.3}$$

に対応している．$\lambda = (\lambda_1, \lambda_2, \cdots)$ の中の 0 でない成分の個数を $\ell(\lambda)$ と書く．

上の例ではそれぞれ，$1, 2, 2, 3, 4$ である．分割を視覚化するときには，**ヤング図形**と呼ばれる次のような図形を書く．

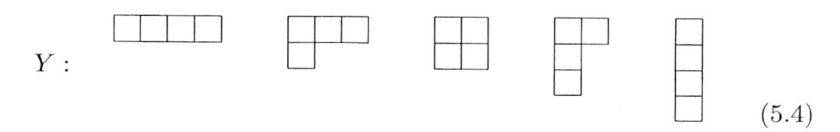

$$Y: \qquad (5.4)$$

第 1 段に λ_1 個の箱，第 2 段に λ_2 個の箱，… というように左端を揃えて並べたものである．ヤング図形 Y を構成する箱の個数 $|Y|$ は，もちろん $|\lambda| = \lambda_1 + \lambda_2 + \cdots$ に等しく，$\ell(\lambda)$ は Y の上下の幅である．

問題 $|\lambda| = n$ となるような分割 λ の個数を $p(n)$ と書いて n の**分割数**という．分割数の母函数は

$$\sum_{n=0}^{\infty} p(n) q^n = \frac{1}{\prod_{k=1}^{\infty}(1 - q^k)} \qquad (5.5)$$

で与えられることを示せ．

ヤング図形の別の表現として，マヤ図形を用いる方が便利なことも多い．下図のように，整数のラベルのついた無限個の箱が横一列に並んでいて，そのうちの何個かに玉 ● が入っているものを**マヤ図形**という．

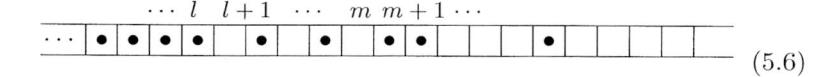

$$(5.6)$$

但し，一つの箱には玉は 1 個しか入らないものとし，十分左側ではある番号から先はすべて玉が入っていて，十分右側ではある番号から先はすべて空箱になっているものとする (玉が入っているか入っていないかのどちらかなので，玉の入っている箱を黒い四角，空箱を白い四角として塗り分けて描く流儀もある)．マヤ図形で，玉を適当に移動して左側に詰めると，ある番号 $m \in \mathbb{Z}$ が定まり，m 以下の番号の箱には玉が入っていて，m より大きい番号の箱は空箱という状態になる．このとき，もとのマヤ図形の**指数**は m であるといい，左に詰まった状態のマヤ図形を指数 m の**基底状態**という．

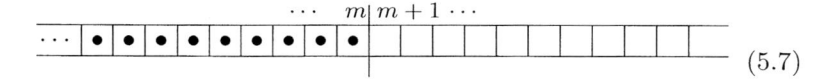

$$(5.7)$$

玉の入っている箱の番号全体の集合を K と書けば，マヤ図形は，$\mathbb{Z}$ の部分集合 K であって

$$K \cap \mathbb{Z}_{\leq l} = \mathbb{Z}_{\leq l} \quad (l \ll 0), \quad K \cap \mathbb{Z}_{>n} = \emptyset \quad (n \gg 0) \tag{5.8}$$

を満たすものと同一視できる．以下「$l \ll 0$」と書いたら，「ある $l_0 < 0$ があって，$l \leq l_0$ なる全ての l について」という意味とする．特に，指数 m の基底状態とは $\mathbb{Z}_{\leq m}$ のことである．

マヤ図形 K の指数が m であれば，$\mathbb{Z}_{\leq m}$ を添字集合とする整数の列 k_i ($i \in \mathbb{Z}_{\leq m}$) を使って，$K$ を

$$K = \{k_i \,;\, i \in \mathbb{Z}_{\leq m}\}; \quad k_i < k_{i+1} \ (i < m), \ k_i = i \ (i \ll m) \tag{5.9}$$

と表すことができる．

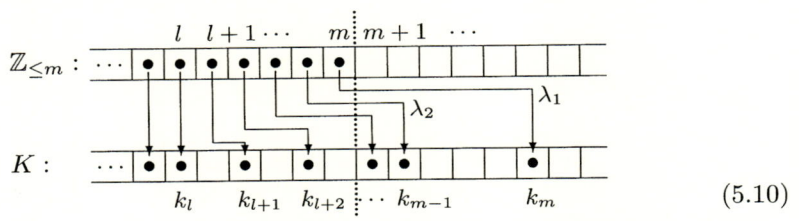

(5.10)

基底状態 $\mathbb{Z}_{\leq m}$ から K に移るのに玉が別の玉を追い越さないとすると，各 $j \in \mathbb{Z}_{\leq m}$ の移動量は

$$\lambda_1 = k_m - m, \quad \lambda_2 = k_{m-1} - (m-1), \quad \cdots \tag{5.11}$$

で与えられる ($k_i - i$ は k_i よりも左側にある空箱の個数といっても同じである．習慣に合わせて，λ の添字は逆順に付けた)．これによって，整数の列

$$\lambda = (\lambda_1, \lambda_2, \cdots); \quad \lambda_1 \geq \lambda_2 \geq \cdots \geq 0, \quad \lambda_i = 0 \ (i \gg 0) \tag{5.12}$$

を得る．つまり，マヤ図形 K から分割 λ (ヤング図形 Y) が決まるわけである．なお，基底状態から作る λ は $(0, 0, \cdots)$ で，対応するヤング図形は空集合 $\emptyset$ である．

命題 5.1 指数 $m \in \mathbb{Z}$ を予め指定すれば，指数 m のマヤ図形 $K \subset \mathbb{Z}$ とヤング図形 Y (分割) は，上のやり方で 1 対 1 に対応する．

5.1 ヤング図形とマヤ図形

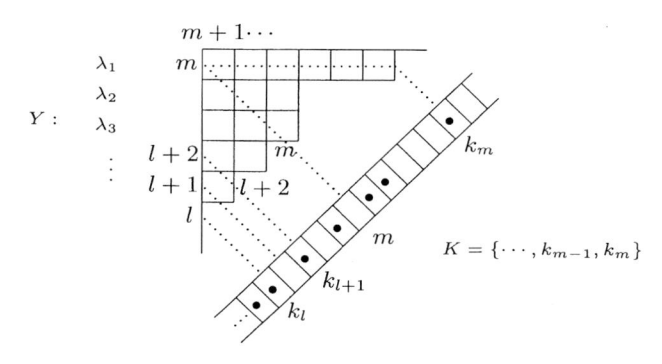

図 5.1 マヤ図形とヤング図形

ヤング図形から指数 m のマヤ図形を復元するには，図 5.1 のように考えれば良い．まず，m と $m+1$ の間で折れ曲がるように左側の壁と上側の壁に整数の番号をつける．その後，左下側の壁から出発してヤング図形の右岸にそって壁に番号をふり，上に向かっている壁の番号を拾い上げて集合 K とする (右岸の壁の番号は，点線をたどってぶつかる左岸の壁の番号と同じ)．

問題 次のヤング図形に対応する指数 m のマヤ図形 K は何か．

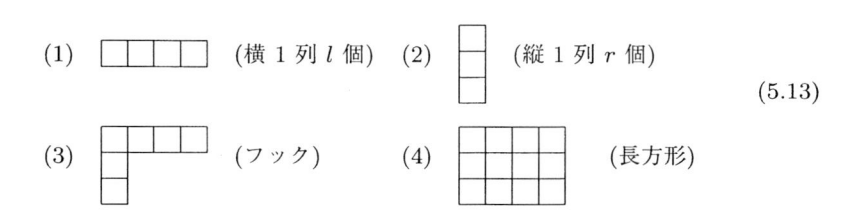

(1) ▭▭▭▭ (横 1 列 l 個) (2) ▯ (縦 1 列 r 個)

(3) (フック) (4) (長方形) (5.13)

ヤング図形 Y とそれに対応する指数 m のマヤ図形 K を考えよう．Y を構成する一つの箱 s に注目し，s から右に「腕」を伸ばし，下に「脚」を伸ばせば s を折れ目とするフック (鉤形) が得られる．

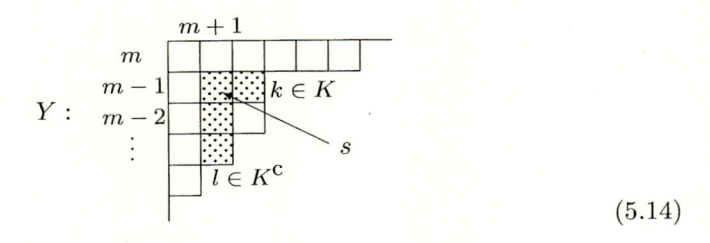

$$Y: \begin{array}{c} m+1 \\ m \\ m-1 \\ m-2 \\ \vdots \end{array} \quad \begin{array}{c} k \in K \\ s \\ l \in K^{\mathrm{c}} \end{array} \tag{5.14}$$

s から右に向かってぶつかる壁の番号を k, 下に向かってぶつかる壁の番号を l とすると, k の壁は上向き, l の壁は右向きだから,

$$l \in K^{\mathrm{c}}, \quad k \in K, \quad l < k \tag{5.15}$$

なる組 (l, k) が得られる. ここで $K^{\mathrm{c}} = \mathbb{Z} \setminus K$ と記した. ヤング図形 Y を構成する箱 s はこのような組 (l, k) と 1 対 1 に対応しており, s で折れ曲がるフックの長さは丁度 $k - l$ で与えられる.

もう一つ, 分割やヤング図形を表す記号としてよく用いられる**フロベニウスの記法** (Frobenius notation) について説明しておこう. 分割 λ に対応するヤング図形

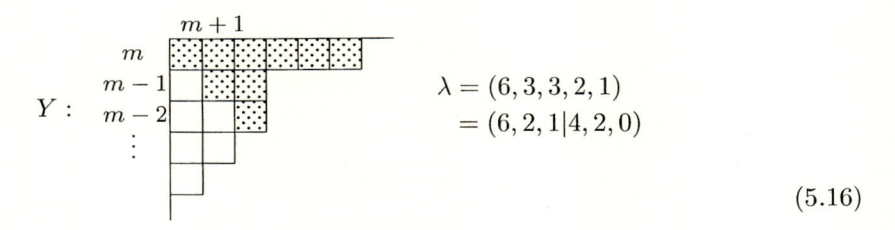

$$Y: \begin{array}{c} m+1 \\ m \\ m-1 \\ m-2 \\ \vdots \end{array} \qquad \begin{aligned} \lambda &= (6, 3, 3, 2, 1) \\ &= (6, 2, 1 | 4, 2, 0) \end{aligned} \tag{5.16}$$

において, 対角線を含んで右上の部分 (図の影のついている部分) を横に見て長さを $a_1 > a_2 > \cdots > a_r > 0$ とし, 残りの左下の部分を縦に見て長さを $b_1 > b_2 > \cdots > b_r \geq 0$ と書く. r は対角線の長さである. このデータから Y が回復できるので, $\lambda = (a_1, \cdots, a_r | b_1, \cdots, b_r)$ と書いてこれを分割 λ のフロベニウス記法という. 例えば, $r = 1$ のとき $(a | b)$ は手の長さが $a - 1$, 脚の長さが b のフックを表す. λ に対応する指数 m のマヤ図形を K とすると, 基底状態 $\mathbb{Z}_{\leq m}$ と比較したときの過剰分 $I = K \setminus \mathbb{Z}_{\leq m}$ (m より大きい場所の玉

の入った箱の番号の集合) と不足分 $J = \mathbb{Z}_{\leq m} \setminus K$ (m 以下の場所にある空箱の番号の集合) は丁度

$$I = \{m+a_1, \cdots, m+a_r\}, \qquad J = \{m-b_1, \cdots, m-b_r\} \tag{5.17}$$

で与えられる．

注釈　$(a_1, \cdots, a_r)$ の方も対角線を含まないで数えて a と b を対等にする流儀もあるので，文献を見るときには注意が必要．

5.2　ヤコビ–トゥルーディ型の公式

この節では，τ 函数の変換に付随する ϕ 因子に対するヤコビ–トゥルーディ型の公式について説明する．証明については，もっと一般的な状況まで含めてこの本の後半部分で詳しく議論する予定である．

ヤコビ–トゥルーディ公式とはどのようなものか，まず雛形から説明しよう．任意の分割 $\lambda = (\lambda_1, \lambda_2, \cdots)$ (ヤング図形と言っても同じ) それぞれに何らかの函数 s_λ が定義されているとする．横 1 列のヤング図形に対応する s_λ を特別視して，$k = 0, 1, 2, \cdots$ に対して

$$h_k = s_{(k)}; \qquad (k) = \boxed{\cdots} \quad (k \text{ 個}) \tag{5.18}$$

とおこう (横 1 列に k 個箱の並んだヤング図形は，1 成分の分割 $(k) = (k, 0, 0, \cdots)$ に対応している．習慣で h_k と書いたが，前に使っていたハミルトニアンではない．念のため)．$h_0 = 1$ と仮定し，$k < 0$ に対しては $h_k = 0$ と約束する．一般の s_λ が横 1 列の h_k ($k = 0, 1, 2, \cdots$) で表されて，しかもそれが次の形の行列式になっているとき，これを s_λ の**ヤコビ–トゥルーディ公式** (Jacobi-Trudi formula) と呼ぶ：

$$s_\lambda = \det \left(h_{\lambda_j - j + i} \right)_{i,j=1}^{\ell(\lambda)} \tag{5.19}$$

$$= \det \begin{bmatrix} h_{\lambda_1} & h_{\lambda_2-1} & \cdots & h_{\lambda_l-l+1} \\ h_{\lambda_1+1} & h_{\lambda_2} & \cdots & h_{\lambda_l-l+2} \\ \vdots & \vdots & \ddots & \vdots \\ h_{\lambda_1+l-1} & h_{\lambda_2+l-2} & \cdots & h_{\lambda_l} \end{bmatrix} \quad (l = \ell(\lambda)).$$

これは,対角線上に $h_{\lambda_1}, \cdots, h_{\lambda_l}$ を並べ,下に向かって次数が 1 ずつ増加するように h の添字を配置した行列式である.例えば $\lambda = (4,2)$ については

$$s_{(4,2)} = \det \begin{bmatrix} h_4 & h_1 \\ h_5 & h_2 \end{bmatrix} = h_4 h_2 - h_1 h_5 \tag{5.20}$$

である ($s_{(k)}$ のときの右辺は h_k に戻る.念のため).なお,$h_0 = 1$,$h_k = 0$ ($k < 0$) としたから,$l \geq \ell(\lambda)$ なる限り l をどのようにとっても $s_\lambda = \det(h_{\lambda_j - j + i})_{1 \leq i,j \leq l}$ となる.典型的なのは**シューア函数**の場合で,一般のシューア函数 s_λ は,k 次の**完全同次対称式** h_k を使って行列式 (5.19) で表される.これが本来のヤコビ–トゥルーディ公式である (シューア函数については,この章の後半でもう少し詳しく議論する).一般の ϕ 因子の場合は (5.19) を拡張した形の行列式が現れるので,この本では,

> 一般のヤング図形に対して定義された函数を,横 1 列に対応する
> 函数を使って,(5.19) と類似の行列式で表す公式

を**ヤコビ–トゥルーディ公式**と呼び,(5.19) の形のシューア函数型の (あるいは,本来の) ヤコビ–トゥルーディ公式とは区別することにする.

ϕ 因子に対するヤコビ–トゥルーディ公式は,シューア函数型のヤコビ–トゥルーディ公式の一つの拡張形であり,一般の分割 λ に対して定義された函数 χ_λ に対する次の形の行列式表示である:

$$\chi_\lambda = \det \left(g^{(1-i)}_{\lambda_j - j + i} \right)_{i,j=1}^{\ell(\lambda)} \tag{5.21}$$

5.2 ヤコビ-トゥルーディ型の公式

$$= \det \begin{bmatrix} g^{(0)}_{\lambda_1} & g^{(0)}_{\lambda_2-1} & \cdots & g^{(0)}_{\lambda_l-l+1} \\ g^{(-1)}_{\lambda_1+1} & g^{(-1)}_{\lambda_2} & \cdots & g^{(-1)}_{\lambda_l-l+2} \\ \vdots & \vdots & \ddots & \vdots \\ g^{(-l+1)}_{\lambda_1+l-1} & g^{(-l+1)}_{\lambda_2+l-2} & \cdots & g^{(-l+1)}_{\lambda_l} \end{bmatrix} \quad (l = \ell(\lambda)).$$

横1列の場合の函数 (シューア型の場合の h_k) に対応するものとして,別の添字を持った函数の族 $g^{(r)}_k$ ($k=0,1,2,\cdots$; $r \in \mathbb{Z}$) があって,行列式の各行が r に依存して変わるような拡張である[*1]. 例えば

$$\chi_{(4,2)} = \det \begin{bmatrix} g^{(0)}_4 & g^{(0)}_1 \\ g^{(-1)}_5 & g^{(-1)}_2 \end{bmatrix} = g^{(0)}_4 g^{(-1)}_2 - g^{(0)}_1 g^{(-1)}_5. \tag{5.22}$$

この場合には,χ_λ の方にも $r \in \mathbb{Z}$ というパラメータを導入して

$$\chi^{(r)}_\lambda = \det \left(g^{(r+1-i)}_{\lambda_j-j+i} \right)^{\ell(\lambda)}_{i,j=1} \tag{5.23}$$

という形の行列式を考えるのが自然である. こうすれば, 各 $r \in \mathbb{Z}$ について $g^{(r)}_k = \chi^{(r)}_{(k)}$ ($k=0,1,2,\cdots$) であり, (5.23) は, 横1列の場合の函数を使って, 一般のヤング図形に対応する函数を表す公式になっている. $g^{(r)}_k$, $\chi^{(r)}_\lambda$ が r に依存しない特別な場合が, 本来のシューア函数型のヤコビ-トゥルーディ公式である.

P_{IV} の対称形式や, 第4章の後半で議論した $A^{(1)}_{n-1}$ 型の離散系の ϕ 因子の場合には, 横1列のヤング図形に対応する函数を次のように定義する. まず $g_k = g^{(0)}_k$ ($k=0,1,2,\cdots$) を次のような3重対角行列の行列式で定める.

$$g_k = \frac{1}{N_k} \det \begin{bmatrix} f_0 & 1 & & & 0 \\ \varepsilon_{1,k} & f_1 & 1 & & \\ & \ddots & \ddots & \ddots & \\ & & \varepsilon_{k-2,k} & f_{k-2} & 1 \\ 0 & & & \varepsilon_{k-1,k} & f_{k-1} \end{bmatrix} \tag{5.24}$$

[*1] マクドナルドは,「シューア函数: 主題と変奏」という論文で,シューア函数のいろいろな変形を考察している. ここで議論しているヤコビ-トゥルーディ公式は, その第9変奏にあたる. (I.G. Macdonald: Schur functions: theme and variations, Publ. I.R.M.A. Strasbourg, Actes 28e Séminaire Lotharingien, 5–39, 1992)

対角線には $f_0, f_1, \cdots$ と添字を 1 ずつ増やしながら並べる．また，対角線の下に並んでいる $\varepsilon_{i,j}\ (i<j)$ は，$\alpha_i, \alpha_{i+1}, \cdots$ の順に，添字を 1 ずつ増やしながら $j-i$ 個足し合わせたものである：

$$\varepsilon_{ij} = \alpha_i + \alpha_{i+1} + \cdots + \alpha_{j-1} = \varepsilon_i - \varepsilon_j \quad (i<j). \tag{5.25}$$

N_k は規格化因子で，k 項の積

$$N_k = \varepsilon_{0,k}\,\varepsilon_{1,k}\cdots\varepsilon_{k-1,k} \tag{5.26}$$

である．$A_{n-1}^{(1)}$ 型の離散系の設定では，α_j, f_j の添字は n で周期的になっているものという了解で，しかも $\alpha_0 + \cdots + \alpha_{n-1} = \delta$ であった．この場合には添字を 0 から $n-1$ の範囲に納めることもできるが，今は $\mathbb{Z}$ で添字をつけておいた方が見やすい．小さい k に対する g_k を書き下すと次のようになっている．

$$g_0 = 1, \quad g_1 = \frac{1}{\alpha_0} f_0, \tag{5.27}$$

$$g_2 = \frac{1}{(\alpha_0+\alpha_1)\alpha_1} \det \begin{bmatrix} f_0 & 1 \\ \alpha_1 & f_1 \end{bmatrix} = \frac{f_0 f_1 - \alpha_1}{(\alpha_0+\alpha_1)\alpha_1}$$

$$g_3 = \frac{1}{(\alpha_0+\alpha_1+\alpha_2)(\alpha_1+\alpha_2)\alpha_2} \det \begin{bmatrix} f_0 & 1 & 0 \\ \alpha_1+\alpha_2 & f_1 & 1 \\ 0 & \alpha_2 & f_2 \end{bmatrix}$$

$$= \frac{f_0 f_1 f_2 - \alpha_2 f_0 - (\alpha_1+\alpha_2) f_2}{(\alpha_0+\alpha_1+\alpha_2)(\alpha_1+\alpha_2)\alpha_2}.$$

(P_{IV} の場合のように $\alpha_0 + \alpha_1 + \alpha_2 = \delta = 1$ と規格化すると g_3 の分母の最初の因子は見えなくなる．) この g_k において添字を一斉に r だけ増やした (回転した) ものを $g_k^{(r)}$ と定義する：

$$g_k^{(r)} = \pi^r(g_k) \qquad (k=0,1,2,\cdots;\ r \in \mathbb{Z}). \tag{5.28}$$

5.2 ヤコビ–トゥルーディ型の公式

定理 5.2 $A_{n-1}^{(1)}$ 型の離散系 $(n \geq 3)$ において, $g_k^{(r)}$ $(k = 0, 1, \cdots, ; r \in \mathbb{Z})$ を上のように定義する. このとき, 任意の $\nu \in L = \mathbb{Z}^n$ に対して分割 $\lambda = \lambda(\nu)$ が定まり, ϕ 因子 ϕ_ν は次の行列式表示をもつ:

$$\phi_\nu = N_\lambda^{(r)} \det \left(g_{\lambda_j - j + i}^{(r+1-i)} \right)_{i,j=1}^{\ell(\lambda)}. \tag{5.29}$$

ここで $r = \nu_1 + \cdots + \nu_n$. 規格化因子 $N_\lambda^{(r)}$ は $\alpha_0, \alpha_1, \cdots, \alpha_{n-1}$ の多項式である.

この定理とその一般化の証明は次章からのテーマなので, この節では, 定理の内容の説明とそこからの帰結について議論したい. 分割 $\lambda = \lambda(\nu)$ と規格化因子 $N_\lambda^{(r)}$ を特定するやり方についてはこの節で説明するが, その前に, ϕ 因子の整数性について注意しておく.

定理 5.3 定理 5.2 の設定で, 任意の $\nu \in L$ に対して, ϕ_ν は, α_j, f_j $(j = 0, 1, \cdots, n-1)$ の $\mathbb{Z}$ 係数多項式である.

任意の $w \in \widetilde{W} = \langle s_0, \cdots, s_{n-1}, \pi \rangle$ (4.4 節) についても, $w(\tau_m) = \tau_{w(\varpi_m)}$ だから, ϕ 因子 $\phi_{w,m}$ は, $\nu = w(\varpi_m) \in L$ に対する ϕ_ν と同じで, 多項式になっていることに注意しよう. $\widetilde{W}$ の元は $w = w_0 \pi^k$, $w_0 = s_{i_1} \cdots s_{i_p}$, $k \in \mathbb{Z}$ の形に書け, $\pi^k \tau_m = \tau_{m+k}$ に対する規格化因子は 1 である. 後は, w_0 を s_i で表示したときの長さについての帰納法で考えればよい. w に対して $\phi_{w,m} \in \mathcal{R}$, $\mathcal{R} = \mathbb{Z}[\alpha, f]$ としよう. これを適当な多重指数の記法で

$$\phi_{w,m} = \sum_{\mu,\nu} c_{\mu,\nu} \alpha^\mu f^\nu \qquad (c_{\mu,\nu} \in \mathbb{Z}) \tag{5.30}$$

と展開しておけば, 変換 s_i の定義から $s_i(\phi_{w,m}) \in \mathcal{R}[f_i^{-1}]$ となることは明白である. ところが, 適当な整数 k_i があって $\phi_{s_i w, m} = s_i(\phi_{w,m}) f_i^{k_i}$ と書けるから, $\phi_{s_i w, m} \in \mathcal{R}[f_i^{-1}]$. これが多項式なら, $\phi_{s_i w, m} \in \mathcal{R}$ でなくてはいけない.

(証明終)

ϕ 因子が $\mathbb{Z}$ 係数多項式であるという事実は，この多項式が組合せ論的にも面白い対象であろうという期待を抱かせる．そのような意味で，ϕ 因子のことを τ 函数に付随する**特殊多項式**と呼ぶこともある．

定理 5.2 で出てきた規格化因子 $N_\lambda^{(r)}$ について説明しておく．これは $r \in \mathbb{Z}$ と分割 λ から次のやり方で定義する．前節のやり方で，λ に対して指数 r のマヤ図形 $K \subset \mathbb{Z}$ を対応させて

$$N_\lambda^{(r)} = \prod_{i \in K^c, j \in K; \ i<j} \varepsilon_{i,j}. \tag{5.31}$$

積をとる (i,j) の組はヤング図形を構成する箱に対応している．下図は $r=2$, $\lambda=(5,3,1)$ の例であるが，図のようにヤング図形の箱に番号を付ける ($A_{n-1}^{(1)}$ では予め番号を $\mathbb{Z}/n\mathbb{Z}$ でみて $0,1,\cdots,n-1$ に置き換えてもよい)．この場合，$K=\{\cdots,-2,-1,1,4,7\}$．例えば $(i,j)=(2,7)$ に対応する箱は $\bigcirc$ のついた 3 である．

$$
\begin{array}{c}
\begin{array}{cccccc}
& 3 & 4 & 5 & 6 & 7 \\
r=2 & \boxed{2} & \boxed{\text{③}} & \boxed{4} & \boxed{5} & \boxed{6} \\
1 & \boxed{1} & \boxed{2} & \boxed{3} & & \\
0 & \boxed{0} & & & &
\end{array}
\quad
\begin{array}{l}
\varepsilon_{2,7} = \alpha_2 + \alpha_3 + \alpha_4 + \alpha_5 + \alpha_6 \\
\phantom{\varepsilon_{2,7}} = \varepsilon_2 - \varepsilon_7
\end{array}
\end{array}
\tag{5.32}
$$

因子 ε_{ij} は，その箱で折れ曲がるフックに沿って箱の番号を拾い，対応する α_k を足し合わせたものである (α_k がすべて 1 ならばフックの長さに等しい)．この意味で，$\varepsilon_{i,j}$ は対応するフックの「α の重みで数えた長さ」を表しており，$N_\lambda^{(r)}$ はそのような「フック長」を $|Y|$ 個掛け合わせた積になっている．例えば，$r=0$ で 横 1 列の $\lambda=(k)$ のときが

$$N_{(k)}^{(0)} = \varepsilon_{0,k}\varepsilon_{1,k}\cdots\varepsilon_{k-1,k} = N_k \tag{5.33}$$

である．

定理 5.2 の内容の説明で残っているのは，$\nu=(\nu_1,\cdots,\nu_n) \in L = \mathbb{Z}^n$ のとき，ϕ_ν に分割 $\lambda=\lambda(\nu)$ を対応させる方法である．$\mathbb{Z}$ の部分集合 K を和集合

$$K = (n\mathbb{Z}_{<\nu_1}+1) \cup (n\mathbb{Z}_{<\nu_2}+2) \cup \cdots \cup (n\mathbb{Z}_{<\nu_n}+n) \tag{5.34}$$

5.2 ヤコビ–トゥルーディ型の公式

と定義すると，これは指数 $r = \nu_1 + \cdots + \nu_n$ のマヤ図形を定める．そこで，前節で述べた方法でこれに対応する分割をとれば，これが $\lambda = \lambda(\nu)$ である．$n = 3$ として，$\nu = (1, 2, -1)$ の場合を例にとって，上の構成法の意味を説明する．まず，指数 ν_1, ν_2, ν_3 の基底状態を 3 本用意して図のように重ね合わせる．

$$\begin{array}{c|ccccc|ccccc} & \cdots & -2 & -1 & 0 & 1 & 2 & 3 & & \\ \hline \mathbb{Z}_{\leq \nu_1} & \cdots & \bullet & \bullet & \bullet & \bullet & \bullet & & & \\ \mathbb{Z}_{\leq \nu_2} & \cdots & \bullet & \bullet & \bullet & \bullet & \bullet & \bullet & & \\ \mathbb{Z}_{\leq \nu_3} & \cdots & \bullet & \bullet & \bullet & & & & & \end{array} \tag{5.35}$$

この盤に番号付け

$$\begin{array}{c|ccccc|ccccc} & \cdots & -2 & -1 & 0 & 1 & 2 & 3 & \\ \hline \cdots & & -5 & -2 & 1 & 4 & 7 & & \\ \cdots & & -4 & -1 & 2 & 5 & & & \\ \cdots & -6 & -3 & 0 & 3 & 6 & & & \end{array} \tag{5.36}$$

を施して，上のマヤ図形の束を 1 本のマヤ図形に組み換える．結果は

$$\begin{array}{c|ccccc|ccccccc} & \cdots & -2 & -1 & 0 & 1 & 2 & 3 & 4 & 5 & \\ \hline \cdots & \bullet & \bullet & \bullet & \bullet & \bullet & \bullet & & & \bullet & \end{array} \tag{5.37}$$

で，指数 $r = 2$ のマヤ図形 $K = \{\cdots, -2, -1, 1, 2, 5\}$ を得る．対応する分割は $\lambda = (3, 1, 1)$ である．

この構成法で $\nu = (\nu_1, \cdots, \nu_n)$ を $\mu = (\nu_1 + k, \cdots, \nu_n + k)$ $(k \in \mathbb{Z})$ に置き換えても分割 λ は変わらない．指数 $r = |\nu|$ が変化するが，n を法とすれば変わらないので，ヤコビ–トゥルーディ公式も同じになる．これは $\phi_\mu = \phi_\nu$ という事実に符合している．なお，この構成法で全てのヤング図形が現れるわけではない．このやり方で生成されるのは丁度，フックの長さとして n の倍数が現れないようなヤング図形 (n **コア**という) の全体である (このことについては，証明のときに言及する)．

我々の $g_k^{(r)}$ の定義やヤコビ–トゥルーディ公式の右辺は，$A_{n-1}^{(1)}$ の n によらない形式で書かれているので，α_j, f_j $(j \in \mathbb{Z})$ という無限個の変数の函数であると考えてよい．また，$g_k^{(r)}$ の定義自身も，三重対角である必要もない．そ

こで,
$$\alpha_j \ (j \in \mathbb{Z}), \quad f_{ij} \ (i,j \in \mathbb{Z}; \ i < j) \tag{5.38}$$

という無限個の変数を用意して, $f_i = f_{i\,i+1}$ $(i \in \mathbb{Z})$ とおく (ε_j $(j \in \mathbb{Z})$ を用いるときは, $\alpha_j = \varepsilon_j - \varepsilon_{j+1}$ とおく). この設定で,

$$g_k = \frac{1}{N_k} \det \begin{bmatrix} f_0 & f_{02} & f_{03} & \cdots & f_{0,k} \\ \varepsilon_{1,k} & f_1 & f_{13} & & f_{1,k} \\ & \ddots & \ddots & \ddots & \vdots \\ & & \varepsilon_{k-2,k} & f_{k-2} & f_{k-2,k} \\ 0 & & & \varepsilon_{k-1,k} & f_{k-1} \end{bmatrix} \tag{5.39}$$

と定義し, 変換 π

$$\pi(\alpha_j) = \alpha_{j+1}, \quad \pi(f_{ij}) = f_{i+1,j+1} \tag{5.40}$$

を用いて添字をずらして $g_k^{(r)} = \pi^r(g_k)$ $(r \in \mathbb{Z})$ を決める. そこで, 一般の λ に対して,

$$\Phi_\lambda = N_\lambda \det \left(g_{\lambda_j - j + i}^{(1-i)} \right)_{i,j=1}^{\ell(\lambda)}, \quad \Phi_\lambda^{(r)} = \pi^r(\Phi_\lambda) \tag{5.41}$$

で定義しよう. 実はこの無限変数の ϕ 因子自身が A_∞ 型のワイル群の双有理変換群としての実現に付随する ϕ 因子であって, α_j, f_j $(j \in \mathbb{Z})$ の $\mathbb{Z}$ 係数の多項式になることが示せる (第 7 章以降で議論する). $A_{n-1}^{(1)}$ 型の ϕ 因子は, この変数 α_j, f_{ij} を特殊化したものにほかならない.

5.3 P_{IV} と P_{II} の例

$A_2^{(1)}$ の P_{IV} の例で見てみよう. 以下 $\delta = 1$ と規格化して, 4.2 節, 4.3 節の記号を使う. 図 5.2 は, ϕ 因子 $\phi_{m,n} = \phi_{m,n,0}$ $(m, n \in \mathbb{Z})$ に対応する分割 λ をヤング図形で示したものである. 前節で $\lambda(1, 2, -1) = (3, 1, 1)$ という例を示したが, $(1, 2, -1) \equiv (2, 3, 0)$ だから $\lambda(2, 3, 0) = (3, 1, 1)$ である. 図 5.2 で $\phi_{2,3}$ に対応する分割が $(3, 1, 1)$ になっていることに注意してほしい.

5.3 P_{IV} と P_{II} の例

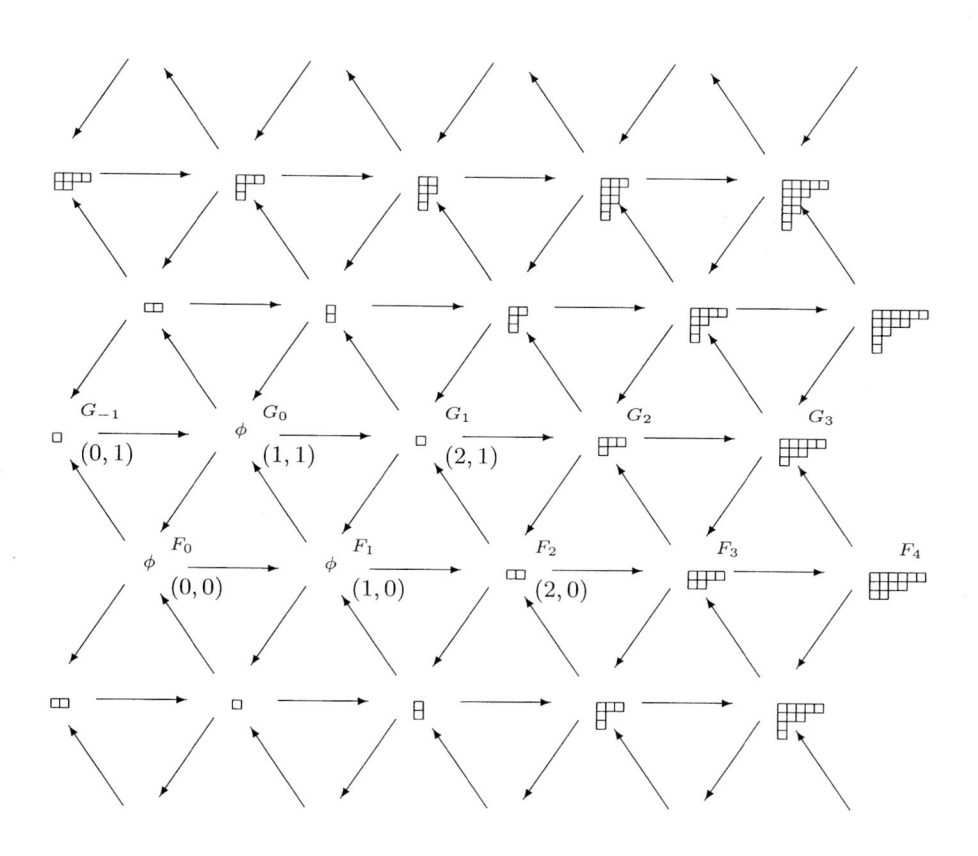

図 5.2 $\phi_{m,n}$ を決めるヤング図形

もっと簡単な例を見てみよう．

$$
\begin{aligned}
&\phi_{2,1} = G_1 \text{ のとき}: \quad \lambda = (1), \quad r = 3 \\
&\phi_{2,0} = F_2 \text{ のとき}: \quad \lambda = (2), \quad r = 2
\end{aligned}
\tag{5.42}
$$

この場合は定理の規格化因子は打ち消し合って

$$
G_1 = f_0, \quad F_2 = \det\begin{bmatrix} f_2 & 1 \\ \alpha_0 & f_0 \end{bmatrix} = f_2 f_0 - \alpha_0 \tag{5.43}
$$

となる．最初の非自明なヤコビ–トゥルーディ公式は

$$
\phi_{2,2} \text{ のとき}: \quad \lambda = (1,1), \quad r = 4 \equiv 1 \tag{5.44}
$$

である．

$$
\begin{aligned}
\frac{\phi_{2,2}}{N^{(1)}_{(1,1)}} &= \det\begin{bmatrix} g_1^{(1)} & 1 \\ g_2^{(0)} & g_1^{(0)} \end{bmatrix} = g_1^{(1)} g_1^{(0)} - g_2^{(0)} \\
&= \frac{f_1 f_0}{\alpha_1 \alpha_0} - \frac{f_0 f_1 - \alpha_1}{(\alpha_0 + \alpha_1)\alpha_1} = \frac{f_0 f_1 + \alpha_0}{(\alpha_0 + \alpha_1)\alpha_0}.
\end{aligned}
\tag{5.45}
$$

一方，$N^{(1)}_{(1,1)} = (\alpha_0 + \alpha_1)\alpha_0$ だから，

$$
\phi_{2,2} = f_0 f_1 + \alpha_0 \tag{5.46}
$$

を得る．

問題 同様の方法で $\phi_{3,1} = G_2$ を計算し，次を示せ．

$$
\phi_{3,1} = G_2 = f_0^2 f_1 f_2 - \alpha_0 f_0 f_1 - (\alpha_0 + \alpha_2) f_0^2 + \alpha_0 f_0 f_2 - \alpha_0^2 \tag{5.47}
$$

問題 $F_m = \phi_{m,0,0}, G_m = \phi_{m+1,1,0}$ に対応する場合の分割は，$m \geq 0$ のとき

$$
\begin{aligned}
\lambda(m,0,0) &= (2m-2, 2m-4, \cdots, 2) \\
\lambda(m+1,1,0) &= (2m-1, 2m-3, \cdots, 1)
\end{aligned}
\tag{5.48}
$$

で与えられることを示せ．また $m < 0$ の場合はどうか．

前節の定理では $A_1^{(1)}$ を除外したが，g_k の定義を変更すれば P_{II} の場合も同じ

5.3 P_{IV} と P_{II} の例

形のヤコビ-トゥルーディ公式が成立するので,あわせて説明しておこう. $A_1^{(1)}$ の場合も,前節の最後で説明したような無限変数の ϕ 因子 Φ_λ を導入すれば,その枠内で議論が可能である.

P_{II} の場合には $\widetilde{W} = \langle s_0, s_1, \pi \rangle$ を使って,シフトの作用素 $T = \pi s_1$ を利用した. P_{IV} の場合に合わせて

$$T_1 = \pi s_1, \quad T_2 = s_1 \pi \tag{5.49}$$

として 2 個の作用素 T_1, T_2 を考えても, $T_1 T_2 = T_2 T_1 = 1$ となってしまうので, $T = T_1$ だけで話を済ませたわけである.形式上は $m, n \in \mathbb{Z}$ に対して

$$\tau_{m,n} = T_1^m T_2^n(\tau_0) = \phi_{m,n} \tau_0 \left(\frac{\tau_1}{\tau_0}\right)^m \left(\frac{\tau_0}{\tau_1}\right)^n = \phi_{m,n} \tau_0^{1-m+n} \tau_1^{m-n} \tag{5.50}$$

と定義して ϕ 因子 $\phi_{m,n}$ を導入してもよいが,実質的には, $\phi_n = \phi_{n,0}$ だけで十分だったわけである ($\phi_{m,n} = \phi_{m-n,0}$).

この場合のヤコビ-トゥルーディの公式では, $g_k = g_k^{(0)}$ を次のように定義する.

$$g_k = \frac{1}{N_k} \det \begin{bmatrix} f_0 & -2q & -2 & & & 0 \\ \varepsilon_{1,k} & f_1 & 2q & -2 & & \\ & \ddots & \ddots & \ddots & \ddots & \\ & & & & & -2 \\ & & \varepsilon_{k-2,k} & f_{k-2} & (-1)^{k-1} 2q \\ 0 & & & & \varepsilon_{k-1,k} & f_{k-1} \end{bmatrix} \tag{5.51}$$

α_j, f_j の添字が 2 を法として周期的になっていることを除けば,対角線以下の部分は前と同様である.この場合 4 重対角になっていて,対角線の 1 段上には $-2q, 2q$ を交互に並べ, 2 段上には定数 -2 を並べる——という構造である. $g_k^{(r)} = \pi^r(g_k)$ も $r \in \mathbb{Z}$ の偶奇に応じて 2 通りできる. g_k をこのようにとれば,それ以外の構成法はすべて共通である.

$n \geq 0$ のとき, $\phi_n = \phi_{n,0}$ に対応する K は,

$$K = (2\mathbb{Z}_{<n} + 1) \cup (2\mathbb{Z}_{<0} + 2) = \{\cdots, -1, 0, 1, 3, \cdots, 2n-1\} \tag{5.52}$$

で，指数は n である．従って，$\lambda = (n-1, n-2, \cdots, 1)$ でヤング図形は $n-1$ 段の「階段」(staircase という) である．$n = 0, 1$ では $Y = \emptyset$ (空集合)，$n = 2, 3, 4, 5, \cdots$ のときは，ラベル付きのヤング図形

$$\boxed{0} \qquad \begin{array}{|c|c|} \hline 1 & 0 \\ \hline 0 & \\ \hline \end{array} \qquad \begin{array}{|c|c|} \hline 0 & 1 & 0 \\ \hline 1 & 0 & \\ \hline 0 & & \\ \hline \end{array} \qquad \begin{array}{|c|c|c|c|} \hline 1 & 0 & 1 & 0 \\ \hline 0 & 1 & 0 & \\ \hline 1 & 0 & & \\ \hline 0 & & & \\ \hline \end{array} \qquad \cdots \tag{5.53}$$

を考えれば，ヤコビ–トゥルーディ公式が書ける (左上隅のラベルが指数 $r \in \mathbb{Z}/2\mathbb{Z}$ を表す)．

5.4　シューア函数と ϕ 因子

　本来のヤコビ–トゥルーディ公式は，**シューア函数** (Schur function) に対するものである．この節では，シューア函数に対するヤコビ–トゥルーディ公式を説明し，$A_{n-1}^{(1)}$ 型離散系の ϕ 因子との関係を見る．シューア函数は正真正銘の特殊多項式であり，(筆者を始め) 多くの数学者が格別の思い入れをもっている対象である．シューア函数についての話題は尽きないが，今はなるべく控えめにしたい．シューア函数の本来の定義は，N 個の変数 $x = (x_1, \cdots, x_N)$ が与えられたとき，$\ell(\lambda) \leq N$ なる分割 λ に対して定義される x の対称多項式 $s_\lambda(x)$ であって，$\{s_\lambda(x) \,;\, \ell(\lambda) \leq N\}$ が対称多項式の基底をなす (任意の対称多項式が，これらの 1 次結合で一意的に表される) ようなものである．今は，KP 階層[*2)]の文脈で出てくるバージョンで説明する (後で上のような本来の定義との関係にも言及する)．

　無限個の変数 $\boldsymbol{t} = (t_1, t_2, \cdots)$ を考え，この変数の多項式 $p_l(\boldsymbol{t}) = p_l(t_1, t_2, \cdots)$ $(l = 0, 1, \cdots)$ を次の母函数を用いて定義する．

$$\sum_{l=0}^{\infty} p_l(\boldsymbol{t}) u^l = \exp(\eta(\boldsymbol{t}, u)), \qquad \eta(\boldsymbol{t}, u) = \sum_{k=1}^{\infty} t_k u^k. \tag{5.54}$$

変数は無限個あるが，$\boldsymbol{t}$ の多項式というときには個々の多項式は $t_1, t_2, \cdots$ の

[*2)] 例えば，次の本を参照してほしい．三輪哲二・神保道夫・伊達悦朗：ソリトンの数理，岩波講座 応用数学 [対象 4], 1993.

5.4 シューア函数と ϕ 因子

うちの有限個の変数の多項式のことである. また, $\boldsymbol{t}$ の多項式については, 各 t_i は次数 i をもつものとして重み付きで次数を数えることにする. 上のように $p_l(\boldsymbol{t})$ を定義すると, これは l 次同次の多項式となる (母函数の変数 u がいつも次数を数えているからである). 定義の正確な意味は, 右辺を形式的にべき級数として展開して u^l の係数を $p_l(\boldsymbol{t})$ とおく——という意味である. それを実際に実行すると,

$$\exp(\eta(\boldsymbol{t},u)) = \sum_{n=0}^{\infty} \frac{1}{n!} \eta(\boldsymbol{t},u)^n = \sum_{n=0}^{\infty} \frac{1}{n!} \left(t_1 u + t_2 u^2 + \cdots\right)^n. \quad (5.55)$$

ここで次の多項展開を実行する.

$$\begin{aligned}
\frac{1}{n!}\left(t_1 u + t_2 u^2 + \cdots\right)^n &= \sum_{k_1+k_2+\cdots=n} u^{k_1+2k_2+\cdots} \frac{t_1^{k_1}}{k_1!}\frac{t_1^{k_2}}{k_2!}\cdots \\
&= \sum_{l=0}^{\infty} u^l \sum_{|k|=n, ||k||=l} \frac{t_1^{k_1}}{k_1!}\frac{t_1^{k_2}}{k_2!}\cdots.
\end{aligned} \quad (5.56)$$

ここで $k = (k_1, k_2, \cdots)$ に対して $|k| = \sum_i k_i$, $||k|| = \sum_i i k_i$ という記法を用いた ($i \gg 0$ では $k_i = 0$). これを指数函数の展開の式に代入して u^l の係数を拾えば,

$$\begin{aligned}
p_l(\boldsymbol{t}) &= \sum_{||k||=l} \frac{t_1^{k_1}}{k_1!}\frac{t_1^{k_2}}{k_2!}\cdots \\
&= \frac{t_1^l}{l!} + \frac{t_1^{l-2} t_2}{(l-2)!} + \cdots + t_{l-1} t_1 + t_l
\end{aligned} \quad (5.57)$$

なる表式を得る. このような計算が不安な人は, 自分で具体的に展開係数を拾うことをやってみてほしい. $k = (k_1, k_2, \cdots)$ に対して 1 が k_1 個, 2 が k_2 個, $\cdots$ となるような分割を対応させれば, $||k|| = l$ なる k は l の分割と 1 対 1 に対応するので, 上の和の項数は丁度 l の分割数である.

そこで任意の分割 λ に対して, $S_\lambda = S_\lambda(\boldsymbol{t})$ を

$$\begin{aligned}
S_\lambda &= \det\left(p_{\lambda_j - j + i}\right)_{i,j=1}^{\ell(\lambda)} \\
&= \det \begin{bmatrix} p_{\lambda_1} & p_{\lambda_2 - 1} & \cdots & p_{\lambda_l - l + 1} \\ p_{\lambda_1 + 1} & p_{\lambda_2} & \cdots & p_{\lambda_l - l + 2} \\ \vdots & \vdots & \ddots & \vdots \\ p_{\lambda_1 + l - 1} & p_{\lambda_2 + l - 2} & \cdots & p_{\lambda_l} \end{bmatrix} \quad (l = \ell(\lambda)).
\end{aligned} \quad (5.58)$$

で定義する．$p_l = p_l(t)$ も変数 t を省略した．これで $S_\lambda(t)$ は t についての $|\lambda|$ 次同次の多項式である ($\deg t_i = i$ という重みで)．ヤコビ–トゥルーディ公式で定義しているので S_λ が「ヤコビ–トゥルーディ公式をもつ」というのは同語反復だが，S_λ において，各 t_k ($k = 1, 2, \cdots$) を $x = (x_1, \cdots, x_N)$ のべき和 (power sum) の $\frac{1}{k}$

$$t_k(x) = \frac{1}{k}\left(x_1^k + x_2^k + \cdots + x_N^k\right) \qquad (k = 1, 2, \cdots) \qquad (5.59)$$

で読み替えれば，丁度 N 変数のシューア函数となっている．すなわち $s_\lambda(x) = S_\lambda(t(x))$ である．シューア函数はヤコビ–トゥルーディ公式をもつというのはその意味である．

シューア函数 $s_\lambda(x)$ は，次のような行列式の比として定義される:

$$s_\lambda(x) = \frac{\det\left(x_i^{\lambda_j + N - j}\right)_{i,j=1}^{N}}{\det\left(x_i^{N-j}\right)_{i,j=1}^{N}}. \qquad (5.60)$$

分母はファンデルモンド行列式だから，差積 $\prod_{1 \leq i < j \leq N}(x_i - x_j)$ に等しい．分子は x の交代式なので，差積で割り切れて全体として対称多項式になる．一般の $s_\lambda(x)$ は，ヤング盤 (λ に対応するヤング図形にある規則で数字を書き込んだもの) の母函数であって，単項式の非負整数係数の 1 次結合として表せることが知られている．横 1 列のヤング図形に対応する場合は，

$$\begin{aligned} s_{(l)} = h_l(x) &= \sum_{k_1 + \cdots + k_N = l} x_1^{k_1} \cdots x_N^{k_N} \\ &= \sum_{1 \leq j_1 \leq \cdots \leq j_l \leq N} x_{j_1} \cdots x_{j_l} \qquad (l = 0, 1, \cdots) \end{aligned} \qquad (5.61)$$

で，これは l 次の**完全同次対称式** (complete homogeneous symmetric function) と呼ばれる．また，縦 1 列のヤング図形に対応する場合は，

$$s_{(1^r)} = e_r(x) = \sum_{1 \leq j_1 < \cdots < j_r \leq N} x_{j_1} \cdots x_{j_r} \qquad (r = 0, 1, \cdots, N) \qquad (5.62)$$

で，これは**基本対称式** (elementary symmetric function) である．ここで $(1^r) = (1, \cdots, 1)$ (r 個) という略記法を用いた．完全同次対称式と基本対

称式は次のような母函数をもつ.

$$\begin{aligned}\sum_{l=0}^{\infty} h_l(x)\, u^l &= \frac{1}{(1-x_1 u)\cdots(1-x_N u)} \\ \sum_{r=0}^{N} e_r(x)\, u^r &= (1+x_1 u)\cdots(1+x_N u)\end{aligned} \quad (5.63)$$

問題 上の母函数と, p_l を定義する母函数を比較することにより, 特殊化 (5.59) のもとで次の等式が成立することを示せ.

$$p_l(\boldsymbol{t}(x)) = h_l(x), \quad (-1)^r p_r(-\boldsymbol{t}(x)) = e_r(x). \quad (5.64)$$

以下では, $S_\lambda(\boldsymbol{t})$ もシューア函数と呼ぶことにする.

この $S_\lambda(\boldsymbol{t})$ が我々の ϕ 因子に関連する一つの理由は, 各 $p_k = p_l(\boldsymbol{t})$ が $t_1, t_2, \cdots$ による行列式表示をもつからである.

補題 5.4 各 $k = 0, 1, \cdots$ について,

$$p_k(\boldsymbol{t}) = \frac{1}{k!} \det \begin{bmatrix} t_1 & 2t_2 & 3t_3 & \cdots & kt_k \\ -k+1 & t_1 & 2t_2 & & \\ & -k+2 & t_1 & \ddots & \vdots \\ & & \ddots & \ddots & 2t_2 \\ 0 & & & -1 & t_1 \end{bmatrix}. \quad (5.65)$$

この補題を証明しよう. 定義式 (5.54) の左辺を u の函数 (べき級数) と見て $\Phi(u)$ と書き, の両辺に微分作用素 $u\frac{d}{du}$ を施すと

$$u \frac{d\Phi}{du} = u \frac{d\eta(\boldsymbol{t}, u)}{du} \Phi(u), \quad u \frac{d\eta(\boldsymbol{t}, u)}{du} = \sum_{i=1}^{\infty} i t_i u^i \quad (5.66)$$

という $\Phi(u)$ の微分方程式が得られる. u^k ($k = 1, 2, \cdots$) の係数を拾って並べると, 上の方程式は次の無限個の線形方程式と等価である.

$$kp_k = \sum_{i+j=k} i\, t_i\, p_j, \quad \text{すなわち} \quad -kp_k + \sum_{i=1}^{k-1} i\, t_i\, p_{k-i} = -kt_k. \quad (5.67)$$

これを行列で書くと

$$\begin{bmatrix} -k & t_1 & 2t_2 & \cdots & (k-1)t_{k-1} \\ & \ddots & \ddots & & \vdots \\ & & -3 & t_1 & 2t_2 \\ & & & -2 & t_1 \\ 0 & & & & -1 \end{bmatrix} \begin{bmatrix} p_k \\ \vdots \\ p_3 \\ p_2 \\ p_1 \end{bmatrix} = - \begin{bmatrix} kt_k \\ \vdots \\ 3t_2 \\ 2t_2 \\ t_1 \end{bmatrix}. \tag{5.68}$$

クラメールの公式を使って p_k を解いたものが補題の行列式である.

この補題の (5.65) と, ϕ 因子のヤコビ–トゥルーディ公式で用いた g_k の定義 (5.24) や一般の (5.39) との類似は明らかであろう. 無限変数の ϕ 因子の設定で言えば, (5.39) において,

$$\alpha_j = -1, \qquad f_{j,j+k} = kt_k \quad (k = 1, 2, \cdots) \tag{5.69}$$

とおけば, これが実質的に $p_k(\bm{t})$ である. この特殊化のもとで任意の $r \in \mathbb{Z}$ について,

$$g_k^{(r)} = (-1)^k p_k(\bm{t}) \qquad (k = 0, 1, \cdots) \tag{5.70}$$

となっている. また, N_λ は符合を除いて λ に対応するヤング図形のフックの長さの積 H_λ となる: $N_\lambda = (-1)^{|\lambda|} H_\lambda$. これで符号が打ち消しあって

$$\Phi_\lambda = H_\lambda S_\lambda(\bm{t}) \tag{5.71}$$

となる (H_λ は, N_λ を全ての j で $\alpha_j = 1$ として特殊化したものである). もう一つの特殊化の方法は,

$$\alpha_j = 1, \qquad f_{j,j+k} = (-1)^{k-1} k t_k \quad (k = 1, 2, \cdots) \tag{5.72}$$

である. この特殊化のもとでは, 任意の $r \in \mathbb{Z}$ について, $g_k^{(r)} = p_k(\bm{t})$ ($k = 0, 1, \cdots$) ((i,j) 成分を $(-1)^{i+j}$ に置き換えても行列式は不変である). この場合も, $\Phi_\lambda = H_\lambda S_\lambda(\bm{t})$ となる.

$A_{n-1}^{(1)}$ 型の離散系 (4.4 節) の場合であれば, $\bm{t}$ を

$$\alpha_j = \pm 1; \quad t_1 = t, \quad t_2 = \mp \frac{1}{2}, \quad t_i = 0 \ (i \geq 3) \tag{5.73}$$

5.4 シューア函数と ϕ 因子

と特殊化すれば,丁度 ϕ 因子の設定になる.このことから

定理 5.5 $A_{n-1}^{(1)}$ 型の離散系 $(n \geq 3)$ で $\delta = \pm n$ のときには,特殊化

$$\alpha_j = \pm 1, \quad f_j = t \quad (j = 0, 1, \cdots, n-1) \tag{5.74}$$

をとると,任意の $\nu \in L = \mathbb{Z}^n$ に対して,ϕ 因子は n コア $\lambda = \lambda(\nu)$ のシューア函数で表される:

$$\phi_\nu = H_\lambda S_\lambda(\boldsymbol{t}), \quad \boldsymbol{t} = \left(t, \mp \frac{1}{2}, 0, \cdots\right). \tag{5.75}$$

格子上の τ 函数で言えば,初期値 $\tau_0, \cdots, \tau_{n-1} \in \mathbb{C}$ によって,

$$\tau_\nu = H_\lambda S_\lambda(\boldsymbol{t}) \tau_0^{1-\nu_1+\nu_n} \tau_1^{\nu_1-\nu_2} \cdots \tau_{n-1}^{\nu_{n-1}-\nu_n} \quad (\nu \in L) \tag{5.76}$$

と表される解をもつことが分かる.上の α_j, f_j を初期値とすれば,対応する $T^\nu(f_j)$ の離散系の解は,4 個のシューア函数を用いて表されることが従う.なお,表 4.1 の岡本多項式 $Q_n(x)$ は丁度,$n = 3, \delta = -3$ のこの解に対応していて,

$$Q_n(x) = H_\lambda S_\lambda(x, \tfrac{1}{2}, 0, \cdots),$$
$$\lambda = \begin{cases} (2n-2, 2n-3, \cdots, 2) & (n > 0) \\ (-n, -n, \cdots, 2, 2, 1, 1) & (n \leq 0) \end{cases} \tag{5.77}$$

である (ヤング図形が変わるが $R_n(x)$ も同じ形の式).

第 4 章で議論した P_{IV} の岡本多項式 F_n, G_n や,P_{II} のヤブロンスキー–ヴォロビエフ多項式の場合も本質的に同じであるが,最初に $\delta = 1$ と規格化したので修正が必要である.係数合せの計算は省略して結果だけ述べる.

定理 5.6 P_{IV} の対称形式の有理解 $\alpha_j = 1/3, f_j = t/3$ $(j = 0, 1, 2)$ に対する ϕ 因子 ϕ_ν $(\nu \in \mathbb{Z}^3)$ は 3 コア $\lambda = \lambda(\nu)$ のシューア函数を用いて

$$\phi_\nu = 3^{-|\lambda|} H_\lambda S_\lambda\left(t, -\frac{3}{2}, 0, \cdots\right) \tag{5.78}$$

と表される.

同様に

定理 5.7 P_{II} の対称形式の有理解 $\alpha_j = 1/2, f_j = t/2\ (j=0,1), q=0$ に対する ϕ 因子 $\phi_n\ (n \in \mathbb{Z}, n > 0)$ は階段を表す分割 $\lambda = (n-1, n-2, \cdots, 1)$ のシューア函数を用いて

$$\phi_n = 2^{-n(n-1)/2} H_\lambda S_\lambda\left(t, 0, -\frac{4}{3}, 0, \cdots\right) \tag{5.79}$$

と表される.

従って, ヤブロンスキー–ヴォロビエフ多項式 $P_n\ (n>0)$ については, $(n-1)$ 段の階段 λ によって,

$$P_n(t) = H_\lambda S_\lambda\left(t, 0, -\frac{4}{3}, 0, \cdots\right) \tag{5.80}$$

と表される ($n \leq 0$ の方は, $P_n = P_{1-n}$). なお, 一般の λ で, $S_\lambda(t)$ の $t_1^{|\lambda|}$ の係数は, H_λ の逆数に等しいことが知られている. 従って, $H_\lambda S_\lambda(t)$ という組合せは, $t_1^{|\lambda|}$ の最高次の係数を 1 に規格化したものに対応している.

6

行列式に強くなろう

少し話題をかえて，今度は行列と行列式の話である．行列のガウス分解を中心にして，ヤコビの恒等式や，プリュッカー関係式を取り上げる．この章で示す幾つかの明示公式は，後の章で，パンルヴェ方程式のベックルント変換に現れた有理変換の構造を調べるために利用する．

6.1　小行列式の基本的な性質

$X = (x_{ij})_{1 \leq i \leq m, 1 \leq j \leq n}$ を $m \times n$ 行列とする．

$$X = \begin{bmatrix} x_{11} & x_{12} & \cdots & x_{1n} \\ x_{21} & x_{22} & \cdots & x_{2n} \\ \vdots & \vdots & \ddots & \vdots \\ x_{m1} & x_{m2} & \cdots & x_{mn} \end{bmatrix}. \tag{6.1}$$

X から行の添字 $i_1, \cdots, i_r$ と列の添字 $j_1, \cdots, j_r$ を選んで作った $r \times r$ 行列を

$$X^{i_1 \ldots i_r}_{j_1 \ldots j_r} = \begin{bmatrix} x_{i_1 j_1} & x_{i_1 j_2} & \cdots & x_{i_1 j_r} \\ x_{i_2 j_1} & x_{i_2 j_2} & \cdots & x_{i_2 j_n} \\ \vdots & \vdots & \ddots & \vdots \\ x_{i_r j_1} & x_{i_r j_2} & \cdots & x_{i_r j_r} \end{bmatrix} \tag{6.2}$$

で表し，その行列式

$$\xi^{i_1 \ldots i_r}_{j_1 \ldots j_r}(X) = \det(X^{i_1 \ldots i_r}_{j_1 \ldots j_r}) = \sum_{\sigma \in \mathfrak{S}_r} \epsilon(\sigma) x_{i_{\sigma(1)} j_1} x_{i_{\sigma(2)} j_2} \cdots x_{i_{\sigma(r)} j_r} \tag{6.3}$$

を，行 $i_1, \cdots, i_r$ と列 $j_1, \cdots, j_r$ に関する，X の r 次小行列式という．ここで，$\mathfrak{S}_r$ は集合 $\{1, 2, \cdots, r\}$ に働く r 次の**対称群**(置換 $r!$ 個の全体)で，置換

$\sigma \in \mathfrak{S}_r$ に対して $\epsilon(\sigma)$ はその符号 ± 1 を表す.

$$\epsilon(\sigma) = (-1)^{\ell(\sigma)}, \quad \ell(\sigma) = \#\{(i,j); i < j,\ \sigma(i) > \sigma(j)\}. \tag{6.4}$$

$\ell(\sigma)$ は, σ によって大小関係が反転してしまうような組 (i,j) $(i<j)$ の個数で, σ の**転倒数** (number of inversions) と呼ばれる.

添字の列を使う代わりに添字の集合を使う方が便利なことも多い. 集合を使って $\xi_J^I(X)$ と書くときには, $|I| = |J| = r$ とし, I の元を $i_1 < \cdots < i_r$, J の元を $j_1 < \cdots < j_r$ という増大列に置き換えて

$$\xi_J^I(X) = \xi_{j_1\ldots j_r}^{i_1\ldots i_r}(X) \tag{6.5}$$

と約束する. $m \times n$ 行列 X に対して, 実質的に $\binom{m}{r} \times \binom{n}{r}$ 個の r 次の小行列式 $\xi_J^I(X) = \xi_{j_1\ldots j_r}^{i_1\ldots i_r}(X)$ がある. どの行列の小行列式を考えているかが前後関係から明らかなときには, 単に $\xi_{j_1\ldots j_r}^{i_1\ldots i_r}$, ξ_J^I と書く.

行列と行列式には大事な性質が沢山あるが, 一つだけ思い出しておく. X が $n \times m$, Y が $m \times n$ の行列で, 積 XY が $n \times n$ の正方行列になる場合に, XY の行列式を X, Y の小行列式を使って表す公式である. $m < n$ で

$$XY = \begin{bmatrix} x_{11} \ldots x_{1m} \\ \vdots \quad \vdots \\ x_{n1} \ldots x_{nm} \end{bmatrix} \begin{bmatrix} y_{11} & \cdots & y_{1n} \\ \vdots & & \vdots \\ y_{m1} & \cdots & y_{mn} \end{bmatrix} \tag{6.6}$$

のような場合には $\det(XY) = 0$ である. $m > n$ で

$$XY = \begin{bmatrix} x_{11} & \cdots & x_{1m} \\ \vdots & & \vdots \\ x_{n1} & \cdots & x_{nm} \end{bmatrix} \begin{bmatrix} y_{11} \ldots y_{1n} \\ \vdots \quad \vdots \\ y_{m1} \ldots y_{mn} \end{bmatrix} \tag{6.7}$$

の場合には,

$$\det(XY) = \sum_{k_1 < \cdots < k_n} \xi_{k_1\ldots k_n}^{1\ \ldots\ n}(X)\, \xi_{1\ \ldots\ n}^{k_1\ldots k_n}(Y) \tag{6.8}$$

となる (外積代数を使った説明については ⇒ 付録 10: 外積代数の応用). この定理を一般の小行列式について書くと次のようになる．

定理 6.1 (行列の積に関する公式)　X を $l \times m$ 行列, Y を $m \times n$ 行列とするとき, 行列の積 XY の小行列式は次の式で与えられる．任意の $i_1, \cdots, i_r \in \{1, \cdots, l\}$ と $j_1, \cdots, j_r \in \{1, \cdots, n\}$ に対して

$$\xi_{j_1 \cdots j_r}^{i_1 \cdots i_r}(XY) = \sum_{k_1 < \cdots < k_r} \xi_{k_1 \cdots k_r}^{i_1 \cdots i_r}(X) \xi_{j_1 \cdots j_r}^{k_1 \cdots k_r}(Y) \tag{6.9}$$

和は $\{1, \cdots, m\}$ 内の長さ r の増大列 $k_1 < \cdots < k_r$ の全体にわたる．

この公式は，行列の積の公式の一般化と思えば分かりやすいし，符号もついていないのですぐ覚えられる．集合の記号で書けば，もっと簡明に表せる．$|I| = |J| = r$ のとき

$$\xi_J^I(XY) = \sum_{|K|=r} \xi_K^I(X) \xi_J^K(Y). \tag{6.10}$$

三角行列について相対不変な小行列式

普通の線形代数の教科書ではあまり強調されていないかもしれないが，行列と行列式の議論で，三角行列は極めて重要な役割をする．

今，$A = (a_{ij})_{ij}$ を $m \times m$ の下三角行列 ($i < j$ に対しては $a_{ij} = 0$) とし，対角成分を $a_{ii} = a_i$ ($i = 1, \cdots, m$) とおく．$m \times n$ 行列 X に左から A を掛けてその小行列式を調べると

$$\xi_{j_1 \cdots j_r}^{1 \cdots r}(AX) = \sum_{k_1 < \cdots < k_r} \xi_{k_1 \cdots k_r}^{1 \cdots r}(A) \xi_{j_1 \cdots j_r}^{k_1 \cdots k_r}(X) \tag{6.11}$$

ところが下三角行列 A については，$\xi_{1 \cdots r}^{1 \cdots r}(A) = a_1 \cdots a_r$. それ以外の添字の列 $k_1 < \ldots < k_r$ については $\xi_{k_1 \cdots k_r}^{1 \cdots r}(A) = 0$ である．

$$A = \begin{bmatrix} & k_1 & k_2 & \cdots \\ a_1 & & & \\ * & a_2 & & 0 \\ * & * & a_3 & \\ \vdots & \vdots & \vdots & \ddots \end{bmatrix} \Rightarrow A^{1\cdots r}_{k_1\cdots k_r} = \begin{bmatrix} & k_1 & k_2 & \cdots \\ a_1 & & & \\ * & 0 & & 0 \\ * & & a_3 & 0 \\ \vdots & \vdots & \vdots & \ddots \end{bmatrix}$$
(6.12)

従って
$$\xi^{1\ldots r}_{j_1\ldots j_r}(AX) = a_1 \cdots a_r\, \xi^{1\ldots r}_{j_1\ldots j_r}(X). \tag{6.13}$$
上三角行列を右から掛ける場合も同様である．

命題 6.2 X を $m \times n$ 行列とする．
(1) A を $m \times m$ の下三角行列とし，その対角成分を $a_1, \cdots, a_m$ とすると，任意の $j_1, \cdots, j_r$ に対して
$$\xi^{1\ldots r}_{j_1\ldots j_r}(AX) = a_1 \cdots a_r\, \xi^{1\ldots r}_{j_1\ldots j_r}(X) \tag{6.14}$$
(2) B を $n \times n$ の上三角行列とし，その対角成分を $b_1, \cdots, b_n$ とすると，任意の $i_1, \cdots, i_r$ に対して
$$\xi^{i_1\ldots i_r}_{1\ldots r}(XB) = b_1 \cdots b_r\, \xi^{i_1\ldots i_r}_{1\ldots r}(X) \tag{6.15}$$

行の添字が上につまっているような小行列式 $\xi^{1\ldots r}_{j_1\ldots j_r}$ は，左から下三角行列を掛ける操作では，対角成分を拾うだけの簡単な変換を受ける．このことを**相対不変性**という．特に，下三角行列で対角成分がすべて 1 のものに対しては不変である．上三角行列を右から掛ける操作に関しては，列の添字が上につまった小行列式 $\xi^{i_1\ldots i_r}_{1\ldots r}$ が相対不変性をもつ．

6.2 ガウス分解とヤコビの恒等式

ここで言うガウス分解とは，行列を下三角のものと上三角のものの積に書き表すやり方を指す．単に三角分解ともいう．2×2 の行列の場合は，

6.2 ガウス分解とヤコビの恒等式

$$\begin{bmatrix} a & b \\ c & d \end{bmatrix} = \begin{bmatrix} 1 & 0 \\ ca^{-1} & 1 \end{bmatrix} \begin{bmatrix} a & b \\ 0 & d-ca^{-1}b \end{bmatrix} \tag{6.16}$$

という分解のことである.ガウス分解は,ガウスの消去法(掃き出し法)を言い換えたものなので,それほど特別なものではないとも言えるが,驚くほど強力な考え方である.

今 $n \times n$ 行列 $X = (x_{ij})_{ij}$ が与えられて,$(1,1)$ 成分 x_{11} が 0 でないとすると,これを要(ピヴォット)にして行に関する基本変形を行えば,第 1 行の他の成分をすべて 0 にできる:

$$X = \begin{bmatrix} x_{11} & x_{12} & \cdots \\ x_{21} & x_{22} & \cdots \\ \vdots & \vdots & \\ x_{n1} & x_{2n} & \end{bmatrix} \rightarrow X' = \begin{bmatrix} x_{11} & x_{12} & \cdots \\ 0 & x'_{22} & \cdots \\ \vdots & \vdots & \\ 0 & x'_{2n} & \end{bmatrix}. \tag{6.17}$$

この段階でもし $x'_{22} \neq 0$ なら,またこれを要にして,X' の第 2 列の x'_{22} より下をすべて 0 にできる.

$$X' = \begin{bmatrix} x_{11} & x_{12} & \cdots \\ 0 & x'_{22} & \cdots \\ 0 & x'_{23} & \cdots \\ \vdots & \vdots & \end{bmatrix} \rightarrow X'' = \begin{bmatrix} x_{11} & x_{12} & x_{13} & \cdots \\ 0 & x'_{22} & x'_{23} & \cdots \\ 0 & 0 & x''_{33} & \cdots \\ \vdots & \vdots & & \end{bmatrix}. \tag{6.18}$$

この操作を繰り返していく過程で,そのつど次の列の対角線上の成分が 0 になっていなければ,最後には上三角行列に到達する.使ったのは「上側にある行を何倍かしてそれより下にある行に加える操作」だけの繰り返しなので,何回かの基本変形を全部まとめて行列 P で表せば,P は下三角で対角成分はすべて 1 の行列である.

$$PX = \begin{bmatrix} x_{11} & x_{12} & x_{13} & \cdots \\ & x'_{22} & x'_{23} & \cdots \\ & & x''_{33} & \cdots \\ 0 & & & \end{bmatrix} \tag{6.19}$$

右辺を Z と書けば,$X = P^{-1}Z$ であり,X が下三角の P^{-1} と上三角の Z

の積に表されたことになる．「大抵の」X はこういうふうに三角分解できると思って良い．ランダムに X を選んだとすると，多分 $x_{11} \neq 0$ だろうし，次のステップでも $x'_{12} \neq 0$ となっているだろうし，$\cdots$

どんな行列がこのように分解できるかまで含めて述べると，次のような定理になる．

定理 6.3 (ガウス分解) $n \times n$ の正方行列 $X = (x_{ij})_{i,j}$ の小行列式について，

$$\xi_1^1 \neq 0, \quad \xi_{12}^{12} \neq 0, \quad \ldots, \quad \xi_{1\ldots n}^{1\ldots n} \neq 0 \tag{6.20}$$

ならば，X は

$$X = WZ : \begin{array}{l} \text{(1) } W \text{ は下三角行列で対角成分はすべて } 1, \\ \text{(2) } Z \text{ は上三角行列} \end{array} \tag{6.21}$$

の形に分解でき，分解のやり方は一意的である．

Z を更に分解して，対角行列と上三角で対角成分がすべて 1 のものの積に書けば，X を「3 枚に開く」ことになる．つまり X は

$$X = X_- X_0 X_+ : \begin{array}{l} \text{(1) } X_- \text{ は下三角で対角成分はすべて } 1, \\ \text{(2) } X_0 \text{ は対角行列}, \\ \text{(3) } X_+ \text{ は上三角で対角成分はすべて } 1 \end{array} \tag{6.22}$$

と分解する．定理のように「2 枚に開く」ときには，背骨 (対角行列) を上か下かのどちらかに付けるわけである[*1]．

定理の証明の概略を示す．X を

[*1] 「2 枚に開く」，「3 枚に開く」というのは，高崎金久氏の用語．「戸田格子というのは魚で，二枚に開くとそれぞれの切り身は KP だという感じ」(数理物理と佐藤幹夫先生 [下], 数学のたのしみ **14** (1999), 63–72, 日本評論社．)

$$\begin{bmatrix} 1 & 0 & \cdots & 0 \\ x_{21}/x_{11} & & & \\ \vdots & & I & \\ x_{n1}/x_{11} & & & \end{bmatrix} \begin{bmatrix} 1 & 0 & \cdots & 0 \\ 0 & & & \\ \vdots & & Y & \\ 0 & & & \end{bmatrix} \begin{bmatrix} x_{11} & x_{12} & \cdots & x_{1n} \\ 0 & & & \\ \vdots & & I & \\ 0 & & & \end{bmatrix}$$
(6.23)

の形に分解するのは容易である (I は $n-1$ 次の単位行列. Y も $(n-1) \times (n-1)$ 行列). この分解を $X = AX'B$ と書けば, 命題 6.2 から

$$\xi^{1\cdots r}_{1\cdots r}(X) = \xi^{1\cdots r}_{1\cdots r}(X')x_{11} = \xi^{1\cdots r-1}_{1\cdots r-1}(Y)\,x_{11} \tag{6.24}$$

従って, $r = 1, \cdots, n-1$ に対して, $\xi^{1\cdots r}_{1\cdots r}(Y) \neq 0$. 後は帰納的にやれば良い. 分解の一意性の証明は容易である. このような分解が 2 つあって $W_1 Z_1 = W_2 Z_2$ とすると, $W_2^{-1} W_1 = Z_2 Z_1^{-1}$. 左辺は下三角で対角成分はすべて 1, 右辺は上三角だから $W_2^{-1} W_1 = 1$, $Z_2 Z_1^{-1} = 1$. すなわち $W_1 = W_2$, $Z_1 = Z_2$ である.

注釈 一般に $\det(X) = \xi^{1\cdots n}_{1\cdots n}$ を第 n 列で展開すると

$$\xi^{1\cdots n}_{1\cdots n} = \sum_{i=1}^{n} (-1)^{n-i} x_{in}\, \xi^{1\cdots \widehat{i}\cdots n}_{1\cdots n-1}. \tag{6.25}$$

従って, $\xi^{1\cdots n}_{1\cdots n} \neq 0$ ならばある i について $\xi^{1\cdots \widehat{i}\cdots n}_{1\cdots n-1} \neq 0$ である. $i = \sigma(n)$ とおいて, この操作を繰り返せば,

$$\xi^{\sigma(1)}_{1}, \quad \xi^{\sigma(1)\sigma(2)}_{12}, \quad \cdots, \quad \xi^{\sigma(1)\cdots \sigma(n)}_{1\cdots n} \tag{6.26}$$

がいずれも 0 でないような置換 $\sigma \in \mathfrak{S}_n$ が見つかる. そこで, 置換行列

$$E_\sigma = \sum_{j=1}^{n} E_{\sigma(j)j} \quad (E_{ij} \text{ は行列単位}) \tag{6.27}$$

を考えると, $E_\sigma X$ が定理の条件を満たし, σ を選ぶごとに $X = E_{\sigma^{-1}} W Z$ という分解ができる訳である.

行列 $X = (x_{ij})_{ij}$ の成分 x_{ij} を行列空間の座標関数と思うと, 小行列式 $\xi^1_1, \cdots, \xi^{1\cdots n}_{1\cdots n}$ は, いずれも関数としては (恒等的には) 0 でない. その意味で X はガウス分解 $X = WZ$ をもち, $W = (w_{ij})_{ij}$ と $Z = (z_{ij})_{ij}$ の成分は変数 x_{ij} の有理関数として一意に確定する. w_{ij}, z_{ij} を X の成分の有理関数と見たものを $w_{ij}(X), z_{ij}(X)$ と書けば, ガウス分解も

$$X = W(X)\,Z(X); \quad W(X) = (w_{ij}(X))_{ij}, \quad Z(X) = (z_{ij}(X))_{ij} \tag{6.28}$$

と表される．このとき，ガウス分解の一意性から，各 $z_{ij}(X)$ は，対角成分がすべて 1 の下三角行列 A を左から掛ける操作に関して不変であることが分かる．実際，$AX = (AW)Z$ が積 AX のガウス分解を与えるから $Z(AX) = Z = Z(X)$．すなわち

$$z_{ij}(AX) = z_{ij}(X) \quad (1 \le i, j \le n) \tag{6.29}$$

である．$w_{ij}(X)$ についても同様である．

命題 6.4 $X = (x_{ij})_{ij}$ を x_{ij} の有理関数の範囲でガウス分解して $X = WZ$ と表し，$W = (w_{ij})_{ij}, Z = (z_{ij})_{ij}$ の各成分を x_{ij} の有理関数と見なす．このとき，
(1) 各 $z_{ij} = z_{ij}(X)$ は，対角成分がすべて 1 の下三角行列 A を左から掛ける操作に関して不変である：$z_{ij}(AX) = z_{ij}(X)$．
(2) 各 $w_{ij} = w_{ij}(X)$ は，可逆な上三角行列 B を右から掛ける操作に関して不変である：$w_{ij}(XB) = w_{ij}(X)$．

ガウス分解の存在を帰納的に示した論法をたどると，上三角行列 Z の対角成分はすぐに読み取ることができる：

$$z_{11} = \xi_1^1, \quad z_{22} = \frac{\xi_{12}^{12}}{\xi_1^1}, \quad \ldots, \quad z_{nn} = \frac{\xi_{1\ldots n}^{1\ldots n}}{\xi_{1\ldots n-1}^{1\ldots n-1}}. \tag{6.30}$$

これらは確かに上の命題の意味の不変式であり，掛け合わせると丁度 X の行列式 $\xi_{1\ldots n}^{1\ldots n} = \det(X)$ になる．では，ガウス分解の 2 つの行列の一般の成分は，x_{ij} の有理関数としてどう表されるのだろうか？　その答が次の明示公式である．これを三角行列に関する不変性を利用して示す．

定理 6.5 (ガウス分解の明示公式)　$n \times n$ の正方行列 $X = (x_{ij})_{ij}$ が小行列式について条件 $\xi^{1\cdots r}_{1\cdots r} \neq 0 \ (r = 1, \cdots, n)$ を満たすとする．このとき，定理 6.3 のガウス分解 $X = WZ$ を与える 2 つの行列 $W = (w_{ij})_{ij}$, $Z = (z_{ij})_{ij}$ の各成分は，次のように X の小行列式の比で表される．

$$w_{ij} = \frac{\xi^{1\cdots j-1\, i}_{1\cdots j-1\, j}}{\xi^{1\cdots j}_{1\cdots j}}, \quad z_{ij} = \frac{\xi^{1\cdots i-1\, i}_{1\cdots i-1\, j}}{\xi^{1\cdots i-1}_{1\cdots i-1}} \qquad (1 \leq i, j \leq n) \quad (6.31)$$

$w_{ij} = w_{ij}(X)$ に対して，x_{kl} の有理関数

$$\varphi(X) = \frac{\xi^{1\cdots j-1\, i}_{1\cdots j-1\, j}(X)}{\xi^{1\cdots j}_{1\cdots j}(X)} \qquad (6.32)$$

を考えよう．一般に B を上三角行列としその対角成分を $b_1, \cdots, b_n$ とすると

$$\xi^{k_1 \cdots k_j}_{1 \cdots j}(XB) = \xi^{k_1 \cdots k_j}_{1 \cdots j}(X) b_1 \ldots b_j \qquad (6.33)$$

である．$\varphi(X)$ の分子と分母は B の右作用について同じ変換性をもつので $\varphi(X)$ はこの変換で不変である．今，ガウス分解 $X = WZ$ を利用すると Z は上三角だから

$$\varphi(X) = \varphi(WZ) = \varphi(W). \qquad (6.34)$$

ところが，この下三角行列 W については $\xi^{1\cdots j-1\, k}_{1\cdots j-1\, j}(W) = w_{kj}$ だから

$$\varphi(X) = \varphi(W) = w_{ij} = w_{ij}(X). \qquad (6.35)$$

これは有理函数として $w_{ij} = \varphi$ を意味する．Z の方も同様で $X = WZ$ で W についての不変性から

$$\frac{\xi^{1\cdots i-1\, i}_{1\cdots i-1\, j}(X)}{\xi^{1\cdots i-1}_{1\cdots i-1}(X)} = \frac{\xi^{1\cdots i-1\, i}_{1\cdots i-1\, j}(Z)}{\xi^{1\cdots i-1}_{1\cdots i-1}(Z)} = \frac{z_{11} \ldots z_{i-1\, i-1} z_{ij}}{z_{11} \ldots z_{i-1\, i-1}} = z_{ij} = z_{ij}(X) \quad (6.36)$$

従って，$z_{ij} = \xi^{1\cdots i-1\, i}_{1\cdots i-1\, j} / \xi^{1\cdots i-1}_{1\cdots i-1}$ を得る． (証明終)

なお，「3 枚におろして」$X = X_- X_0 X_+$ と書くときの $X_\pm = (x^\pm_{ij})_{ij}$, $X_0 = \mathrm{diag}(x^0_1, \ldots, x^0_n)$ は次のようになる．

$$x_{ij}^- = \frac{\xi_{1\ldots j-1 j}^{1\ldots j-1 i}}{\xi_{1\ldots j}^{1\ldots j}}, \quad x_i^0 = \frac{\xi_{1\ldots i-1}^{1\ldots i}}{\xi_{1\ldots i-1}^{1\ldots i-1}}, \quad x_{ij}^+ = \frac{\xi_{1\ldots i-1 j}^{1\ldots i-1 i}}{\xi_{1\ldots i}^{1\ldots i}} \quad (1 \leq i,j \leq n). \quad (6.37)$$

また $W = X_-$ の逆行列の成分の明示公式が必要となることもある．上の定理と同様に

$$W^{-1} \text{ の第 } (i,j) \text{ 成分} = (-1)^{i-j} \frac{\xi_{1\ldots \widehat{j}\ldots i}^{1\ldots i-1}}{\xi_{1\ldots i-1}^{1\ldots i-1}} \quad (i \geq j) \quad (6.38)$$

となることが示せる．ここで $1\ldots\widehat{j}\ldots i$ と書いたのは，j を除いて得られる列 $1\ldots j-1, j+1 \ldots i$ の略記法である．勿論，$i < j$ のときは 0，$i = j$ のときは 1 である．

三角行列の作用に関する不変式については，一般に次のことが成立する．

定理 6.6 (三角行列の作用に関する不変式) $\varphi(X)$ が x_{ij} の有理函数で，高々 $\xi_1^1 \xi_{12}^{12} \ldots \xi_{1\ldots n}^{1\ldots n} = 0$ のみに極をもつとする．このとき，次の 2 条件は同値．

(a) $\varphi(X)$ は，対角成分がすべて 1 の任意の下三角行列 A を左から掛ける操作について不変: $\varphi(AX) = \varphi(X)$.

(b) $\varphi(X)$ は，$z_{ii}^{\pm 1} = z_{ii}(X)^{\pm 1}$ と $z_{ij} = z_{ij}(X)$ $(i < j)$ の多項式である．

$z_{ij}(X)$ の不変性から，(b) $\Rightarrow$ (a) は明白である．(a) $\Rightarrow$ (b) についても: $X = WZ$ と分解すれば

$$\varphi(X) = \varphi(WZ) = \varphi(Z) = \varphi(Z(X)). \quad (6.39)$$

$\varphi(X)$ を可逆な上三角行列の空間に制限すれば，$z_{ii}^{\pm 1}$ と z_{ij} $(i < j)$ の多項式である．

ガウス分解の一つの応用として，行列式の帰納的な構造についての**ヤコビの恒等式**を示す (ガウス分解とヤコビの恒等式は，表裏一体のものである)．ヤコビの恒等式を始め，小行列式の種々の代数関係式は応用範囲が広く重要である．

6.2 ガウス分解とヤコビの恒等式

定理 6.7 (ヤコビの恒等式) $n \times n$ の正方行列 X の小行列式について

$$\xi^{1\ldots n-2}_{1\ldots n-2}\xi^{1\ldots n}_{1\ldots n} = \xi^{1\ldots n-1}_{1\ldots n-1}\xi^{1\ldots n-2,n}_{1\ldots n-2,n} - \xi^{1\ldots n-2,n-1}_{1\ldots n-2,n}\xi^{1\ldots n-2,n}_{1\ldots n-2,n-1}. \quad (6.40)$$

左辺はそれぞれ $(n-2)$ 次と n 次の小行列式の積，右辺は $(n-1)$ 次の小行列式からなる式である．最後の 2 つの添字だけに注目すれば 2×2 行列の行列式の公式と同じ形をしている．添字はどこで考えても良いので「額縁」で考える方が便利なこともある:

$$\xi^{2\ldots n-1}_{2\ldots n-1}\xi^{1\ldots n}_{1\ldots n} = \xi^{1\ldots n-1}_{1\ldots n-1}\xi^{2\ldots n}_{2\ldots n} - \xi^{1\ldots n-1}_{2\ldots\ n}\xi^{2\ldots\ n}_{1\ldots n-1}. \quad (6.41)$$

ヤコビの恒等式と呼ぶ人が多いが，ルイス・キャロル (「不思議の国のアリス」の作者) の公式と呼ばれることもしばしばある．

実は，この公式はガウス分解の明示公式の中に含まれている．ガウス分解 $X = WZ$ を使って X の小行列式を計算すると

$$\xi^{i_1\ldots i_r}_{j_1\ldots j_r}(X) = \sum_{k_1<\ldots<k_r} \xi^{i_1\ldots i_r}_{k_1\ldots k_r}(W)\,\xi^{k_1\ldots k_r}_{j_1\ldots j_r}(Z). \quad (6.42)$$

右辺で W, Z の成分を X の小行列式で表すと，この公式は，X の小行列式の多くの代数関係式を含んでいる．今，特に $r = n-1$ として，

$$\xi^{1\ldots n-2,n}_{1\ldots n-2,n}(X) = \sum_{k_1<\ldots<k_r} \xi^{1\ldots n-2,n}_{k_1\ldots k_r}(W)\,\xi^{k_1\ldots k_r}_{1\ldots n-2,n}(Z) \quad (6.43)$$

に注目する．右辺で意味があるのは

$(k_1,\cdots,k_n)$	W 側	Z 側
$(1,\cdots,n-2,n-1)$	$w_{n,n-1}$	$z_1 \cdots z_{n-2} z_{n-1,n}$
$(1,\cdots,n-2,n)$	1	$z_1 \cdots z_{n-2} z_n$

$$(6.44)$$

の部分だけである．但し $z_{ii} = z_i$ と略記した．W, Z の成分を X の小行列で書けば

$$\xi^{1\ldots n-2,n}_{1\ldots n-2,n} = w_{n,n-1} z_1 \cdots z_{n-2} z_{n-1,n} + z_1 \cdots z_{n-2} z_{n,n} \quad (6.45)$$

$$= \frac{\xi^{1\ldots n-2,n}_{1\ldots n-2,n-1}}{\xi^{1\ldots n-1}_{1\ldots n-1}}\xi^{1\ldots n-2,n-1}_{1\ldots n-2,n} + \xi^{1\ldots n-2}_{1\ldots n-2}\frac{\xi^{1\ldots n}_{1\ldots n}}{\xi^{1\ldots n-1}_{1\ldots n-1}}.$$

分母を払って整理すると

$$\xi^{1\ldots n-1}_{1\ldots n-1}\xi^{1\ldots n-2,n}_{1\ldots n-2,n} - \xi^{1\ldots n-2,n}_{1\ldots n-2,n-1}\xi^{1\ldots n-2,n-1}_{1\ldots n-2,n} = \xi^{1\ldots n-2}_{1\ldots n-2}\xi^{1\ldots n}_{1\ldots n} \tag{6.46}$$

を得る．これが，ヤコビの恒等式に他ならない．

6.3 三角行列の対角化

後で必要になるもう一つの明示公式をとりあげる．$M = (f_{ij})_{ij}$ を $n \times n$ の上三角行列とし，特に対角成分は $f_{ii} = \varepsilon_i$ $(i = 1, \cdots, n)$ と書いておく．

$$M = \begin{bmatrix} \varepsilon_1 & f_{12} & f_{13} & \cdots & f_{1n} \\ & \varepsilon_2 & f_{23} & \cdots & f_{2n} \\ & & \ddots & & \vdots \\ & 0 & & \varepsilon_{n-1} & f_{n-1\,n} \\ & & & & \varepsilon_n \end{bmatrix} \tag{6.47}$$

固有値 $\varepsilon_1, \cdots, \varepsilon_n$ が相異なれば，このような行列は対角成分がすべて 1 の上三角行列 $P = (p_{ij})_{ij}$ を使って

$$M = PDP^{-1} \quad \text{すなわち} \quad MP = PD \tag{6.48}$$

と対角化でき，しかも行列 P は M から一意的に定まる．もちろん $D = \mathrm{diag}(\varepsilon_1, \cdots, \varepsilon_n)$ である．この節では，P の成分が M の成分からどのような仕組みで決まるか——を問題にしたい．

まず，M と P の上三角性から，P の第 j 列は 1 次方程式系

$$\begin{bmatrix} \varepsilon_1 & f_{12} & \cdots & f_{1j} \\ & \ddots & & \vdots \\ & & \varepsilon_{j-1} & f_{j-1\,j} \\ & 0 & & \varepsilon_j \end{bmatrix} \begin{bmatrix} p_{1j} \\ \vdots \\ p_{j-1\,j} \\ 1 \end{bmatrix} = \begin{bmatrix} p_{1j} \\ \vdots \\ p_{j-1\,j} \\ 1 \end{bmatrix} \varepsilon_j \tag{6.49}$$

で決定されることに注意しよう．これを $j = (j-1) + 1$ のブロックサイズに分割して考えると，この方程式系は次の方程式系と同等であることが分かる．

6.3 三角行列の対角化

$$\begin{bmatrix} \varepsilon_1 - \varepsilon_j & f_{12} & \cdots & f_{1\,j-1} \\ & \ddots & & \vdots \\ & & \varepsilon_{j-2} - \varepsilon_j & f_{j-2\,j-1} \\ 0 & & & \varepsilon_{j-1} - \varepsilon_j \end{bmatrix} \begin{bmatrix} p_{1j} \\ \vdots \\ p_{j-2\,j} \\ p_{j-1\,j} \end{bmatrix} = - \begin{bmatrix} f_{1j} \\ \vdots \\ f_{j-2\,j} \\ f_{j-1\,j} \end{bmatrix}. \quad (6.50)$$

左辺の行列の行列式は,$\prod_{1 \le k < j}(\varepsilon_k - \varepsilon_j) \ne 0$ だから,クラメールの公式によって p_{ij} が決まる.その計算で,右辺のベクトルを左辺の行列の第 i 列に挿入する訳だが,これを右端の第 $j-1$ 列まで移動してやると,結果として次のように決まる.

定理 6.8 $\varepsilon_1, \cdots, \varepsilon_n$ が互いに相異なるとき,(6.47) の行列 M は対角成分がすべて 1 の上三角行列 $P = (p_{ij})_{ij}$ によって対角化される:

$$M = PDP^{-1}, \qquad D = \operatorname{diag}(\varepsilon_1, \cdots, \varepsilon_n). \quad (6.51)$$

このような P は一意に定まり,P の成分 p_{ij} $(i \le j)$ は次の行列式で与えられる.

$$p_{ij} = \frac{(-1)^{j-i}}{\displaystyle\prod_{i \le k < j}(\varepsilon_k - \varepsilon_j)} \det \begin{bmatrix} f_{i\,i+1} & f_{i\,i+2} & \cdots & f_{ij} \\ \varepsilon_{i+1\,j} & f_{i+1\,i+2} & \cdots & f_{i+1\,j} \\ & \ddots & \ddots & \vdots \\ 0 & & \varepsilon_{j-1\,j} & f_{j-1\,j} \end{bmatrix} \quad (6.52)$$

ここで,$\varepsilon_{ij} = \varepsilon_i - \varepsilon_j$.

右辺の行列の対角線のすぐ下に ε_{kj} $(k = i+1, i+2, \cdots, j-1)$ がこの順に並ぶ.

5.4 節のシューア函数 $S_\lambda(\boldsymbol{t})$ の設定では,この行列式表示は (5.65) にあたる.$p_l(\boldsymbol{t})$ に対する (5.57) に相当する p_{ij} $(i < j)$ の展開式は次のようになる.

$$p_{ij} = \sum_{r=1}^{j-i}(-1)^r \sum_{i = i_0 < i_1 < \cdots < i_r = j} \frac{f_{i_0 i_1}}{\varepsilon_{i_0 j}} \cdots \frac{f_{i_{r-1} i_r}}{\varepsilon_{i_{r-1} j}}. \quad (6.53)$$

(一つの証明法のヒント:i, j を固定して,対角成分がすべて 1 で (a, b) 成分が

f_{ab}/ε_{aj} ($i \leq a < b \leq j$) の行列を考え，逆行列の (i,j) 成分に注目せよ．) なお，f_{ij} ($i < j$) を p_{ij} で表す公式は

$$f_{ij} = \sum_{r=1}^{j-i}(-1)^r \sum_{i=i_0<i_1<\cdots<i_r=j} \varepsilon_{i,i_1} p_{i_0 i_1} p_{i_1 i_2} \cdots p_{i_{r-1} i_r} \tag{6.54}$$

と書ける．

6.4 プリュッカーの関係式

小行列式の基本的な公式として取り上げた定理 6.1 と並んで基本的なのは，小行列式の行の添字 (または列の添字) を 2 つに分割するときの公式である．典型的な状況は $n \times n$ 行列 $X = (x_{ij})_{ij}$ の n 個の行を r 個と s 個 ($r+s=n$) に分ける場合である．

$$\begin{bmatrix} x_{11} & \cdots & x_{1n} \\ \vdots & & \vdots \\ x_{n1} & \cdots & x_{nn} \end{bmatrix} = \begin{bmatrix} y_{11} & \cdots & y_{1n} \\ \vdots & & \vdots \\ y_{r1} & \cdots & y_{rn} \\ z_{11} & \cdots & z_{1n} \\ \vdots & & \vdots \\ z_{s1} & \cdots & z_{sn} \end{bmatrix} \tag{6.55}$$

とし，上の $r \times n$ 行列を Y, 下の $s \times n$ 行列を Z とする．このとき X の行列式は Y と Z の小行列式を使って

$$\det(X) = \sum_{I \cup J = \{1,\ldots,n\}} \epsilon(I;J) \xi_I^{\{1\ldots r\}}(Y) \xi_J^{\{1\ldots s\}}(Z) \tag{6.56}$$

の形に表される．右辺の和は，添字集合 $\{1,\cdots,n\}$ を $|I|=r, |J|=s$ なる 2 つの部分集合の和 $I \cup J = \{1,\cdots,n\}$ に分割するやり方の全体にわたってとる．小行列の積の前についているのは，I, J の配置によって ± 1 の値をとる符号である．互いに交わらない 2 つの添字の集合 $I, J \subset \{1,\cdots,n\}$ が与えられたとき，$\epsilon(I;J)$ を次のように定義する．

$$\epsilon(I;J) = (-1)^{\ell(I;J)}; \quad \ell(I;J) = \#\{(i,j) \in I \times J; i > j\}. \tag{6.57}$$

$\ell(I;J)$ は，I と J に関する転倒数と呼ぶべきもので，I の元は J の元よりも小さくなっていてほしい——と思ったときに，大小関係の転倒が起きている組 $(i,j) \in I \times J$ の個数を表す (証明については ⇒ 付録 10: 外積代数の応用). ここで，添字集合 I, J, K ($|I| = r, |J| = s, |K| = r+s$) が与えられたとき，$I$, J, K の元をそれぞれ $i_1 < \cdots < i_r, j_1 < \cdots < j_s, k_1 < \cdots < k_{r+s}$ と並べて，

$$\xi_K^{I,J} = \xi_{k_1 \cdots k_{r+s}}^{i_1 \cdots i_r j_1 \cdots j_s} \tag{6.58}$$

と書く記法を導入しておく．このとき

$$\xi_K^{I,J} = \begin{cases} \epsilon(I;J) \, \xi_K^{I \cup J} & (I \cap J = \emptyset) \\ 0 & (I \cap J \neq \emptyset) \end{cases} \tag{6.59}$$

である.

定理 6.9 $m \times n$ 行列 X について，$r_1 + r_2 = r$ で，

$$\begin{aligned} &I_1, I_2 \subset \{1, \cdots, m\}; \quad |I_1| = r_1, \quad |I_2| = r_2 \\ &J \subset \{1, \cdots, n\}; \quad\quad\quad |J| = r \end{aligned} \tag{6.60}$$

なる添字の集合をとる．このとき，X の小行列式について

$$\xi_J^{I_1, I_2} = \sum_{J_1 \cup J_2 = J} \epsilon(J_1; J_2) \, \xi_{J_1}^{I_1} \xi_{J_2}^{I_2}. \tag{6.61}$$

和は，$|J_1| = r_1, |J_2| = r_2$ なる J の分割 $J = J_1 \cup J_2$ の全体にわたる.

内容的には，(6.56) と同じ主張だが，この形に書いておくと使いやすい．

小行列式の代数関係式で，ヤコビの恒等式と並んで重要なのがプリュッカーの関係式である．最初の非自明なプリュッカー関係式は，2 次の小行列式についての関係式

$$\xi_{12}^{12} \xi_{34}^{12} - \xi_{13}^{12} \xi_{24}^{12} + \xi_{14}^{12} \xi_{23}^{12} = 0 \tag{6.62}$$

である．行列サイズが違う場合の

$$\xi_1^1 \xi_{23}^{12} - \xi_2^1 \xi_{13}^{12} + \xi_3^1 \xi_{12}^{12} = 0 \tag{6.63}$$

等もプリュッカー関係式の一種である．この系列の 2 次関係式を最も一般な形で示す．

> **定理 6.10 (一般プリュッカー関係式)** $r_1 + s_1 = l_1, r_2 + s_2 = l_2$ として
>
> $$I_1, I_2 \subset \{1, \cdots, m\}; \quad |I_1| = l_1, \ |I_2| = l_2$$
> $$J_1, J_2, K \subset \{1, \cdots, n\}; \quad |J_1| = r_1, \ |J_2| = r_2, \ |K| = s_1 + s_2 \tag{6.64}$$
>
> なる添字の集合をとる．$|I_1 \cup I_2| < s_1 + s_2$ と仮定すると，$m \times n$ 行列 X の小行列について次の 2 次関係式が成立する．
>
> $$\sum_{K_1 \cup K_2 = K} \epsilon(K_1; K_2) \xi^{I_1}_{J_1, K_1} \xi^{I_2}_{K_2, J_2} = 0. \tag{6.65}$$

特別な場合として，$l_1 \leq l_2$ で

$$I_1 = \{1, \cdots, l_1\}, \quad I_2 = \{1, \cdots, l_2\}, \quad |J_1| = l_1 - 1, \quad J_2 = \emptyset \tag{6.66}$$

とすると，シャッフルする K の大きさを $|K| = l_2 + 1$ にとれば定理の条件を満たす．記号を改めて，$1 \leq r \leq l \leq m$ とし，$|J| = r - 1, |K| = l + 1$ なる $J, K \subset \{1, \cdots, n\}$ をとれば，

$$\sum_{k \in K} \epsilon(\{k\}; K) \xi^{\{1 \ldots r\}}_{J, \{k\}} \xi^{\{1 \ldots l\}}_{K \setminus \{k\}} = 0. \tag{6.67}$$

これを，添字を使って書くと

$$\sum_{\nu=0}^{l} (-1)^\nu \xi^{1 \ldots r}_{j_1 \ldots j_{r-1} k_\nu} \xi^{1 \ldots l}_{k_0 \ldots \hat{k_\nu} \ldots k_l} = 0 \tag{6.68}$$

である．これが，通常プリュッカー関係式と呼ばれているものである．$X = (x_{ij})_{ij}$ の成分を変数と見ると，小行列式 $\xi^{1 \ldots r}_{j_1 \ldots j_r} \ (j_1 < \cdots < j_r)$ の間の代数関係式は，上記のプリュッカー関係式で生成されることが知られている．

定理 6.10 は，定理 6.9 を用いて示せる．(6.65) の左辺の各項において，2 個の小行列式のそれぞれを行について分割すると

6.4 プリュッカーの関係式

$$\sum_{K_1 \cup K_2 = K} \epsilon(K_1; K_2) \xi^{I_1}_{J_1, K_1} \xi^{I_2}_{K_2, J_2} \tag{6.69}$$

$$= \sum_{K_1 \cup K_2 = K} \epsilon(K_1; K_2) \sum_{\substack{L_1 \cup M_1 = I_1 \\ M_2 \cup L_2 = I_2}} \epsilon(L_1; M_1)\epsilon(M_2; L_2) \xi^{L_1}_{J_1} \xi^{M_1}_{K_1} \xi^{M_2}_{K_2} \xi^{L_2}_{J_2}$$

$$= \sum_{\substack{L_1 \cup M_1 = I_1 \\ M_2 \cup L_2 = I_2}} \epsilon(L_1; M_1)\epsilon(M_2; L_2) \xi^{L_1}_{J_1} \xi^{L_2}_{J_2} \sum_{K_1 \cup K_2 = K} \epsilon(K_1; K_2) \xi^{M_1}_{K_1} \xi^{M_2}_{K_2}$$

ところが, $|M_1| = s_1, |M_2| = s_2$ なので, $M_1 \subset I_1, M_2 \subset I_2, |I_1 \cup I_2| < s_1 + s_2$ のもとでは $M_1 \cap M_2 \neq \emptyset$. 従って

$$\sum_{K_1 \cup K_2 = K} \epsilon(K_1; K_2) \xi^{M_1}_{K_1} \xi^{M_2}_{K_2} = \xi^{M_1, M_2}_K = 0. \tag{6.70}$$

これで, (6.65) が示された. (証明終)

7

ガウス分解と双有理変換

この章では，$n \times n$ 行列の枠組みを使って，パンルヴェ方程式のベックルント変換に現れたような双有理変換を構成する方法を説明する．この A_{n-1} 型の場合をもとにして，A_∞, $A_{n-1}^{(1)}$ 型の一般の双有理変換群を構成する．この構成法から自然に，ϕ 因子に対するヤコビ–トゥルーディ公式が導かれる．

7.1 f 変数の双有理変換

次のような $n \times n$ の上三角行列 M から出発する．

$$M = \begin{bmatrix} \varepsilon_1 & f_{12} & f_{13} & \cdots & f_{1n} \\ & \varepsilon_2 & f_{23} & \cdots & f_{2n} \\ & & \ddots & & \vdots \\ & 0 & & \varepsilon_{n-1} & f_{n-1\,n} \\ & & & & \varepsilon_n \end{bmatrix} = \sum_{j=1}^n \varepsilon_j E_{jj} + \sum_{i<j} f_{ij} E_{ij} \quad (7.1)$$

但し，対角成分は特別視して ε_j $(j=1,\cdots,n)$ と書き，M の固有値は相異なるもの，すなわち $\varepsilon_i \neq \varepsilon_j$ $(i \neq j)$ と仮定する．上で E_{ij} と書いたのは行列単位 $((i,j)$ 成分が 1 で他の成分は 0 の行列$)$ である．以下，このような行列全体の空間を仮に M 空間と呼ぶことにし，f_{ij} や ε_j を M 空間の座標関数として扱う．そこで，

$$\alpha_j = \varepsilon_j - \varepsilon_{j+1} \quad (j=1,\cdots,n-1) \quad (7.2)$$

とおく．また，対角線のすぐ上の成分は特別な役割をするので

$$f_j = f_{j,j+1} \quad (j=1,\cdots,n-1) \quad (7.3)$$

と表す．

7.1 f 変数の双有理変換

M 空間の上の双有理変換を構成するために次のような方法をとる．まず，$k=1,\cdots,n-1$ に対して，上三角から 1 箇所だけはみだした行列

$$G_k = \begin{bmatrix} \ddots & & & \\ & \overset{k}{1} & \overset{k+1}{} & \\ & u_k & 1 & \\ & & & \ddots \end{bmatrix} = 1 + u_k E_{k+1,k} \qquad (7.4)$$

であって，「サンドイッチ」$\widetilde{M} = G_k M G_k^{-1}$ がまた上三角行列になるようなものを求める．$k, k+1$ の関係しているところだけ計算すると

$$\begin{bmatrix} 1 & 0 \\ u_k & 1 \end{bmatrix} \begin{bmatrix} \varepsilon_k & f_k \\ 0 & \varepsilon_{k+1} \end{bmatrix} \begin{bmatrix} 1 & 0 \\ -u_k & 1 \end{bmatrix} \qquad (7.5)$$
$$= \begin{bmatrix} \varepsilon_k - u_k f_k & f_k \\ u_k(\varepsilon_k - \varepsilon_{k+1}) - u_k^2 f_k & \varepsilon_{k+1} + u_k f_k \end{bmatrix}$$

である．従って

$$u_k = \frac{\varepsilon_k - \varepsilon_{k+1}}{f_k} = \frac{\alpha_k}{f_k} \qquad (7.6)$$

という非自明な解があり，このときの (7.5) の右辺は

$$\begin{bmatrix} \varepsilon_{k+1} & f_k \\ 0 & \varepsilon_k \end{bmatrix} \qquad (7.7)$$

である．

改めて，

$$G_k = 1 + \frac{\alpha_k}{f_k} E_{k+1,k} \qquad (7.8)$$

とおけば，G_k による M の共役変換 $\widetilde{M} = G_k M G_k^{-1}$ は上三角行列である．そこで，$\widetilde{M} = G_k M G_k^{-1}$ の対角成分を $\widetilde{\varepsilon}_j$，上三角成分を $\widetilde{f}_{ij}$ $(i < j)$ とおく．実際に計算すると対角成分については，

$$\widetilde{\varepsilon}_j = \varepsilon_j \ (j \neq k, k+1), \quad \widetilde{\varepsilon}_k = \varepsilon_{k+1}, \quad \widetilde{\varepsilon}_{k+1} = \varepsilon_k \ (j \neq k, k+1). \qquad (7.9)$$

また，上三角成分については，

$$\begin{aligned}
\widetilde{f}_{k,k+1} &= f_{k,k+1} \\
\widetilde{f}_{k+1,j} &= f_{k+1,j} + \frac{\alpha_k}{f_k} f_{k,j} \quad (j > k+1) \\
\widetilde{f}_{i,k} &= f_{i,k} - \frac{\alpha_k}{f_k} f_{i,k+1} \quad (i < k) \\
\widetilde{f}_{ij} &= f_{ij} \quad \quad \quad (その他の場合)
\end{aligned} \quad (7.10)$$

となる．特に $f_j = f_{j,j+1}$ の場合を見ると

$$\widetilde{f}_{k-1} = f_{k-1} - \frac{\alpha_k}{f_k} f_{k-1,k+1}, \quad \widetilde{f}_k = f_k, \quad \widetilde{f}_{k+1} = f_{k+1} + \frac{\alpha_k}{f_k} f_{k,k+2} \quad (7.11)$$

それ以外の f_j ($j \neq k-1, k+1$) は不変である：$\widetilde{f}_k = f_k$. $j - i = 2$ のときの f_{ij} が 1 ならば，これは丁度，パンルヴェ方程式のベックルント変換に現れた有理変換 s_k のパターンである！

そこで，$k = 1, 2, \cdots, n-1$ に対して，

$$s_k(\varepsilon_j) = 行列\ G_k M G_k^{-1}\ の第\ (j,j)\ 成分 \quad (j = 1, \cdots, n) \quad (7.12)$$
$$s_k(f_{ij}) = 行列\ G_k M G_k^{-1}\ の第\ (i,j)\ 成分 \quad (1 \leq i < j \leq n)$$

として，変数 ε_j, f_{ij} の変換 s_k を定義する．前と同様に，一般に ε_j, f_{ij} の関数 φ が与えられたら，記号 $s_k(\varphi)$ は，φ において ε_j, f_{ij} をことごとく $s_k(\varepsilon_j)$, $s_k(f_{ij})$ に置き換えたものを表す約束である．また，そのような関数の行列 $\Phi = (\varphi_{ij})_{ij}$ に対しても，各成分に s_k を作用させたものを $s_k(\Phi) = (s_k(\varphi_{ij}))_{ij}$ で表すことにする．この略記法で書けば，s_k の定義は，

$$s_k(M) = G_k\, M\, G_k^{-1} \quad (k = 1, \cdots, n-1) \quad (7.13)$$

である．また，具体的な作用 (7.10) を一まとめに書くと

$$s_k(f_{ij}) = f_{ij} + \frac{\alpha_k}{f_k} (\delta_{k+1,i} f_{k,j} - \delta_{j,k} f_{i,k+1}) \quad (i < j) \quad (7.14)$$

と表せる．ここで δ_{ij} はクロネッカーのデルタで，$i = j$ なら 1, $i \neq j$ なら 0 を表す．

ここで定義した有理変換 $s_1, \cdots, s_{n-1}$ の生成する群 $W = \langle s_1, \cdots, s_{n-1} \rangle$

は，結論を先に言えば，A_{n-1} 型のワイル群と呼ばれる群で，n 次の対称群 $\mathfrak{S}_n$ と同型な有限群となる．この場合のカルタン行列 $A = (a_{ij})_{i,j=1}^{n-1}$ は，対角線の 2 のすぐ隣りだけに -1 を置いたもので，ディンキン図形は $n-1$ 個の ○ で作る鎖である．

$$A = \begin{bmatrix} 2 & -1 & 0 & \cdots & 0 \\ -1 & 2 & -1 & & 0 \\ 0 & -1 & 2 & & \\ \vdots & & & \ddots & \vdots \\ 0 & 0 & & \cdots & \end{bmatrix} \qquad \underset{\circ}{\overset{1}{}}\!\!-\!\!\underset{\circ}{\overset{2}{}}\!\!-\cdots-\!\!\underset{\circ}{\overset{n-1}{}} \tag{7.15}$$

ワイル群 $W = \langle s_1, s_2, \ldots, s_{n-1} \rangle$ は基本関係

$$s_i^2 = 1, \quad s_i s_j = s_j s_i \ (|i-j| \geq 2), \quad s_i s_j s_i = s_j s_i s_j \ (|i-j|=1) \tag{7.16}$$

で定義される．添字集合 $\{1, \cdots, n\}$ に作用する n 次対称群 $\mathfrak{S}_n$ において，隣り合う数字の互換を

$$\sigma_i = (i\ i+1) \quad (i = 1, \cdots, n-1) \tag{7.17}$$

と表せば対応 $s_i \mapsto \sigma_i$ が，W と $\mathfrak{S}_n$ の同型を与えることは良く知られている．

我々の設定で，M の対角成分の座標 $\varepsilon_j\ (j=1,\cdots,n)$ への s_k の作用は

$$s_k(\varepsilon_j) = \varepsilon_{\sigma_k(j)} \quad (j=1,\cdots,n) \tag{7.18}$$

であり，丁度対称群によるの添字の置換 (**置換表現**) に対応している．s_k の $\alpha_j = \varepsilon_j - \varepsilon_{j+1}$ への作用は，上のカルタン行列で次のように書かれる標準的なものである．

$$s_k(\alpha_j) = \alpha_j - \alpha_k a_{kj} \quad (j=1,\cdots,n-1). \tag{7.19}$$

定理 7.1 行列 M (7.1) の空間の双有理変換 $s_k\ (k=1,\cdots,n-1)$ を，

$$G_k = 1 + \frac{\alpha_k}{f_k} E_{k+1,k} \tag{7.20}$$

による共役変換
$$s_k(M) = G_k M G_k^{-1} \qquad (7.21)$$
によって定義する．このとき座標函数 ε_j, f_{ij} $(i<j)$ への s_k の作用は
$$s_k(\varepsilon_j) = \varepsilon_{\sigma_k(j)} \qquad (j=1,\cdots,n) \qquad (7.22)$$
$$s_k(f_{ij}) = f_{ij} + \frac{\alpha_k}{f_k}(\delta_{k+1,i}f_{k,j} - \delta_{j,k}f_{i,k+1}) \quad (1 \le i < j \le n)$$
で与えられる．更に，$W = \langle s_1,\cdots,s_{n-1} \rangle$ は A_{n-1} 型ワイル群 (n 次対称群) の実現を与える．すなわち，次の交換関係を満たす．
$$s_i^2 = 1, \ s_i s_j = s_j s_i \ (|i-j| \ge 2), \ s_i s_j s_i = s_j s_i s_j \ (|i-j|=1) \ (7.23)$$

$s_1,\cdots,s_n$ が交換関係 (7.23) を満たすことは，今は証明しない．この章の議論が進むにつれて徐々に明らかになっていくはずである．

なお，s_k の f_{ij} への作用もまたポアソン構造と関係している．行列の交換子を $[X,Y] = XY - YX$ で表せば，行列単位 E_{ij} が交換関係
$$[E_{ij}, E_{kl}] = \delta_{jk}E_{il} - \delta_{li}E_{kj} \qquad (7.24)$$
を満たすことは容易に検証できる．また交換子についてはヤコビ律
$$[X,[Y,Z]] + [Y,[Z,X]] + [Z,[X,Y]] = 0 \qquad (7.25)$$
が普遍的に成立する．そこで，変数 f_{ij} $(i<j)$ の間のポアソン括弧を，(7.24) と同じ形の式
$$\{f_{ij}, f_{kl}\} = \delta_{jk}f_{il} - \delta_{li}f_{kj} \qquad (7.26)$$
で定義すると，f_{ij} の 1 次式についてはヤコビ律が成立する．一般の函数については，微分の規則を使って
$$\{\varphi, \psi\} = \sum_{i<j;k<l} \frac{\partial \varphi}{\partial f_{ij}} \{f_{ij}, f_{kl}\} \frac{\partial \psi}{\partial f_{kl}} \qquad (7.27)$$

$$= \sum_{i<j<k} f_{ik} \left(\frac{\partial \varphi}{\partial f_{ij}} \frac{\partial \psi}{\partial f_{jk}} - \frac{\partial \varphi}{\partial f_{jk}} \frac{\partial \psi}{\partial f_{ij}} \right)$$

と定義すれば，これがポアソン括弧の条件を満たす．このポアソン括弧を使うと，s_k の f_{ij} $(i<j)$ への作用は

$$s_k(f_{ij}) = f_{ij} + \frac{\alpha_k}{f_k}\{f_k, f_{ij}\} \tag{7.28}$$

と表すことができる．

7.2　ガウス分解に由来する双有理変換

今度は，下のような可逆な上三角行列 Z を考える．

$$Z = \begin{bmatrix} z_1 & z_{12} & z_{13} & \cdots & z_{1n} \\ & z_2 & z_{23} & \cdots & z_{2n} \\ & & \ddots & & \vdots \\ & \text{\Large 0} & & z_{n-1} & z_{n-1\,n} \\ & & & & z_n \end{bmatrix} \tag{7.29}$$

対角成分は特別視して z_j $(j=1,\cdots,n)$ と記した（各 z_j は 0 でないとする）．このような可逆行列の空間を Z 空間と呼び，z_j $(1 \leq j \leq n)$，z_{ij} $(1 \leq i < j \leq n)$ は Z 空間の座標函数と見なす．この節では，**ガウス分解**を使って Z 空間の双有理変換を構成する．

少し一般的に議論することにして，以下，$n \times n$ の可逆行列 $g = (g_{ij})$ を任意にとり，g 毎に Z 空間の有理変換 ρ_g を定義する．上三角行列である Z と一般の g との積 Zg はもはや上三角でない．これを次の形にガウス分解する：

$$Zg = X_{<0}\,X_{\geq 0}: \quad \begin{array}{l} (1)\ X_{<0}\ \text{は下三角行列で対角成分はすべて}\ 1, \\ (2)\ X_{\geq 0}\ \text{は上三角行列} \end{array} \tag{7.30}$$

Zg の小行列式 $\xi^{1\cdots r}_{1\cdots r}(Zg)$ $(r=1,\cdots,n)$ は z_j, z_{ij} の 0 でない多項式なので，定理 6.3 により，有理函数の範囲でこのようなガウス分解が可能である．そこで，上三角側の $X_{\geq 0}$ の成分を，

$$\rho_g(z_j) = X_{\geq 0} \text{ の } (j,j) \text{ 成分} \quad (j=1,\cdots,n) \tag{7.31}$$
$$\rho_g(z_{ij}) = X_{\geq 0} \text{ の } (i,j) \text{ 成分} \quad (1 \leq i < j \leq n)$$

とおいて，変換 ρ_g を定める．Z において，変数変換を各成分に施した行列を $\rho_g(Z)$ と書く行列記法で言えば，ρ_g は，関係式 $\rho_g(Z) = X_{\geq 0}$ で定義される．下三角側も大事なので，$X_{<0}$ の逆行列を $G_g = X_{<0}^{-1}$ とおく．この記号で書くと，上三角行列 $\rho_g(Z)$ と，対角成分がすべて 1 の下三角行列 G_g が，ガウス分解

$$Zg = G_g^{-1}\rho_g(Z), \quad \text{すなわち} \quad \rho_g(Z) = G_g Zg \tag{7.32}$$

で同時に定義される．

ガウス分解の一意性を使うと，可逆行列 g_1, g_2 に対して，積の公式

$$\rho_{g_1 g_2} = \rho_{g_1}\rho_{g_2} \tag{7.33}$$

が成立することが分かる．実際，$\rho_{g_2}(Z) = G_{g_2}Zg_2$ から

$$\rho_{g_1}\rho_{g_2}(Z) = \rho_{g_1}(G_{g_2})\rho_{g_1}(Z)g_2 = \rho_{g_1}(G_{g_2})G_{g_1}Zg_1g_2. \tag{7.34}$$

これと $\rho_{g_1g_2}(Z) = G_{g_1g_2}Zg_1g_2$ を比較すると，ガウス分解の一意性から

$$\rho_{g_1}\rho_{g_2}(Z) = \rho_{g_1g_2}(Z), \quad \rho_{g_1}(G_{g_2})G_{g_1} = G_{g_1g_2} \tag{7.35}$$

が同時に従う．以上まとめると，

定理 7.2 $n \times n$ の任意の可逆行列 g に対して，変数 z_j, z_{ij} の有理変換 ρ_g と，有理関数を成分とする，対角成分がすべて 1 の下三角行列 G_g を，ガウス分解の条件

$$Zg = G_g^{-1}\rho_g(Z), \quad \text{すなわち} \quad \rho_g(Z) = G_g Zg \tag{7.36}$$

で定義する．このとき，任意の可逆行列 g_1, g_2 について

$$\begin{aligned} \rho_{g_1g_2} &= \rho_{g_1}\rho_{g_2}, & \rho_1 &= 1, \\ G_{g_1g_2} &= \rho_{g_1}(G_{g_2})G_{g_1}, & G_1 &= 1. \end{aligned} \tag{7.37}$$

7.2 ガウス分解に由来する双有理変換

このメカニズムで，M 空間での s_k に対応する Z 空間の双有理変換を構成したい．今 $k = 1, \cdots, n-1$ に対して行列

$$S_k = \begin{bmatrix} \ddots & & & & \\ & 1 & & & \\ & & 0 & -1 & \\ & & 1 & 0 & \\ & & & & 1 \\ & & & & & \ddots \end{bmatrix} \begin{matrix} \\ \\ k \ \ k+1 \\ \\ \\ \\ \end{matrix} \tag{7.38}$$

を考える．互換 $\sigma_k = (k\ k+1)$ の置換行列 E_{σ_k} と同じ構造をしているが，符号の分だけ違うことに注意してほしい．$V = \mathbb{C}^n$ の標準基底を $e_1, \cdots, e_n$ として S_k の作用を書けば，

$$S_k(e_k) = e_{k+1}, \quad S_k(e_{k+1}) = -e_k, \quad S_k(e_j) = e_j \ (j \neq k, k+1) \tag{7.39}$$

であり，添字を 1 だけ下げる方に $-$ の符号がつく．後の議論で，行列式が 1 になっている方が都合が良いので，これを採用する．S_k^2 は対角行列だが，(k,k) 成分と $(k+1, k+1)$ 成分は -1 なので，S_k^2 ではなく S_k^4 が 1 になる．これらの $S_1, \cdots, S_{n-1}$ は次の交換関係を満たすことが容易に検証できる．

$$S_i^4 = 1, \quad S_i S_j = S_j S_i \ (|i-j| \geq 2), \quad S_i S_j S_i = S_j S_i S_j \ (|i-j| = 1). \tag{7.40}$$

そこで，S_k の誘導する Z 空間の有理変換 ρ_{S_k} と行列 G_{S_k} を決定しよう．ガウス分解

$$Z S_k = X_{<0} X_{\geq 0} \tag{7.41}$$

で，$X_{<0}$ は $k, k+1$ の部分だけで決まってしまう．実際，

$$\begin{bmatrix} z_{k,k+1} & -z_k \\ z_{k+1} & 0 \end{bmatrix} = \begin{bmatrix} 1 & 0 \\ \dfrac{z_{k+1}}{z_{k,k+1}} & 1 \end{bmatrix} \begin{bmatrix} z_{k,k+1} & -z_k \\ 0 & \dfrac{z_k z_{k+1}}{z_{k,k+1}} \end{bmatrix} \tag{7.42}$$

で，$X_{<0} = 1 + (z_{k+1}/z_{k,k+1}) E_{k+1,k}$．従って $G_{S_k} = X_{<0}^{-1}$ は

$$G_{S_k} = 1 - \frac{z_{k+1}}{z_{k,k+1}} E_{k+1,k} \tag{7.43}$$

と決まる．更に

$$\rho_{S_k}(Z) = G_{S_k} Z S_k \qquad (7.44)$$

によって $\rho_{S_k}(Z) = X_{\geq 0}$ が計算される.以下,$r_k = \rho_{S_k}$ と書くことにすると結果は次のようになる.

$$\begin{aligned}
&r_k(z_k) = z_{k,k+1}, \quad r_k(z_{k+1}) = \frac{z_k z_{k+1}}{z_{k,k+1}}, \quad r_k(z_{k,k+1}) = -z_k \\
&r_k(z_{i,k}) = z_{i,k+1}, \quad r_k(z_{i,k+1}) = -z_{i,k} \quad (i < k) \\
&r_k(z_{k+1,j}) = z_{k+1,j} - \frac{z_{k+1} z_{k,j}}{z_{k,k+1}} \quad (j > k+1)
\end{aligned} \qquad (7.45)$$

それ以外の z_j, z_{ij} $(i < j)$ は不変.

一般に変換 ρ_g は g について群の積構造を保つことはすでに定理 7.2 で見た.従って,変換 $r_1 = \rho_{S_1}, \cdots, r_{n-1} = \rho_{S_{n-1}}$ も (7.40) と同じ関係式を満たす.まとめると,

---

定理 7.3 行列 Z (7.29) の空間の双有理変換 r_k $(k = 1, \cdots, n-1)$ を S_k (7.38) の右作用のガウス分解

$$Z S_k = G_{S_k}^{-1} r_k(Z), \quad \text{すなわち} \quad r_k(Z) = G_{S_k} Z S_k \qquad (7.46)$$

によって定義する.このとき,座標函数 z_j, z_{ij} $(i < j)$ への r_k の作用は,式 (7.45) で与えられる.さらに,双有理変換 $r_1, \cdots, r_{n-1}$ は交換関係

$$r_i^4 = 1, \quad r_i r_j = r_j r_i \ (|i-j| \geq 2), \quad r_i r_j r_i = r_j r_i r_j \ (|i-j| = 1). \qquad (7.47)$$

を満たす.

以下,(7.47) を基本関係とする群を $\mathcal{W} = \langle r_1, \cdots, r_{n-1} \rangle$ で表す.この群 $\mathcal{W}$ が行列 Z の空間の双有理変換群として実現された訳である.なお,対応 $r_i \mapsto s_i$ で $\mathcal{W} = \langle r_1, \cdots, r_{n-1} \rangle$ からワイル群 $W = \langle s_1, \cdots, s_{n-1} \rangle$ への全射準同型 $\mathcal{W} \to W$ が決まる.$\mathcal{W}$ の生成元の基本関係は,$r_i^4 = 1$ の部分だけが違う.

7.3 τ 函数はどこにいるか

パンルヴェ方程式では，τ 函数が重要な役割を果たしていた．この章の議論では微分方程式のことは考えていないが，ベックルント変換について τ 函数が果たしていたのと同じ役割をする変数を導入することができる．議論の要点は，7.1 節の行列 M の空間の双有理変換と 7.2 節の行列 Z の空間の双有理変換を関係づけることである．

行列 Z (7.29) と行列 M (7.1) を次のように関係づける．M の対角成分からなる対角行列 $D(\varepsilon) = \mathrm{diag}(\varepsilon_1, \cdots, \varepsilon_n)$ を使って

$$M = Z D(\varepsilon) Z^{-1}. \tag{7.48}$$

M を指定しただけでは Z は決まらないが，Z を決める自由度は丁度対角成分 $z_1, \cdots, z_n$ の分だけである．対応関係を明確にするために，Z と M の間に，対角成分がすべて 1 の上三角行列 P を媒介させよう．Z の対角成分からなる対角行列 $D(z) = \mathrm{diag}(z_1, \cdots, z_n)$ を使って，$P = ZD(z)^{-1}$ とおく．

$$P = \begin{bmatrix} 1 & p_{12} & p_{13} & \cdots & p_{1n} \\ & 1 & p_{23} & \cdots & p_{2n} \\ & & \ddots & & \vdots \\ & 0 & & 1 & p_{n-1\,n} \\ & & & & 1 \end{bmatrix}, \quad p_{ij} = \frac{z_{ij}}{z_j} \ (i<j). \tag{7.49}$$

こうすれば，

$$M = ZD(\varepsilon)Z^{-1} = PD(z)D(\varepsilon)D(z)^{-1}P^{-1} = PD(\varepsilon)P^{-1}. \tag{7.50}$$

従って，6.3 節の議論から，M を与えることと，固有値の列 $(\varepsilon_1, \cdots, \varepsilon_n)$ と M を対角化する行列 P を組として与えることは同等である．つまり，対応

$$(\varepsilon_j; f_{ij}) \longleftrightarrow (\varepsilon_j; p_{ij}) \tag{7.51}$$

は，$\varepsilon_i \neq \varepsilon_j \ (i \neq j)$ のもとでは，互いに正則に移りあう．実際，f_{ij} は ε_j と

p_{ij} の多項式であり，逆に，p_{ij} は $\varepsilon_{ij} = \varepsilon_i - \varepsilon_j$ $(i < j)$ の形の因子からなる分母を除けば，ε_j と f_{ij} の多項式である．その具体的な表示式は，6.3 節で見た (6.52) である．

これに，z_j を合わせて考えれば，次の 3 者は同等なデータとなる．

$$(\varepsilon_j; f_{ij}; z_j) \longleftrightarrow (\varepsilon_j; p_{ij}; z_j) \longleftrightarrow (\varepsilon_j; z_{ij}; z_j) \tag{7.52}$$

この 3 つの座標系について，例えば対角線のすぐ上の成分の関係は

$$-\frac{f_j}{\alpha_j} = p_{jj+1} = \frac{z_{jj+1}}{z_{j+1}} \quad (j = 1, \cdots, n-1) \tag{7.53}$$

である．

7.1 節では行列 M の空間で，変数 ε_j, f_{ij} $(i < j)$ の有理変換 s_k $(k = 1, \cdots, n-1)$ を構成した．また，7.2 節では行列 Z の空間で，変数 z_j, z_{ij} $(i < j)$ の有理変換 r_k $(k = 1, \cdots, n-1)$ を構成した．$M = ZD(\varepsilon)Z^{-1}$ で M と Z を関係づけたとき，この両者がどう対応しているかを見よう．2 つの座標系

$$(\varepsilon_j; f_{ij}; z_j) \longleftrightarrow (\varepsilon_j; z_{ij}; z_j) \tag{7.54}$$

は同等なものであるから，ε_j への r_k の作用を決めれば，f_{ij} への r_k の作用も決まる．ε_j への r_k の作用は，関係式

$$r_k(D(\varepsilon)) = S_k^{-1} D(\varepsilon) S_k \tag{7.55}$$

で定義する．右辺は再び対角行列となり，ε_j への作用が決まるが，

$$r_k(\varepsilon_j) = \varepsilon_{\sigma(j)} = s_k(\varepsilon_j) \quad (j = 1, \cdots, n). \tag{7.56}$$

となる．つまり，ε 変数の上では r_k の作用と s_k の作用は一致する．そこで，f_{ij} への r_k の作用を決定しよう．(7.53) で見たように，

$$-\frac{f_j}{\alpha_j} = p_{jj+1} = \frac{z_{jj+1}}{z_{j+1}} \quad (j = 1, \cdots, n-1) \tag{7.57}$$

であったから，実は

7.3 τ 函数はどこにいるか

$$G_{S_k} = 1 - \frac{z_{k+1}}{z_{k,k+1}} E_{k+1,k} = 1 + \frac{\alpha_k}{f_k} E_{k+1,k} = G_k. \tag{7.58}$$

つまり G_{S_k} は 7.1 節で使った G_k と同一のものなのである．このことから

$$r_k(M) = r_k(ZD(\varepsilon)Z^{-1}) = r_k(Z)r_k(D(\varepsilon))r_k(Z)^{-1} \tag{7.59}$$
$$= (G_k Z S_k)(S_k^{-1} D(\varepsilon) S_k)(S_k^{-1} Z^{-1} G_k^{-1})$$
$$= G_k Z D(\varepsilon) Z^{-1} G_k^{-1} = G_k M G_k^{-1}.$$

これは，$r_k(M) = s_k(M)$, すなわち

$$r_k(\varepsilon_j) = s_k(\varepsilon_j) \quad (j = 1, \cdots, n); \tag{7.60}$$
$$r_k(f_{ij}) = s(f_{ij}) \quad (1 \le i < j \le n)$$

を意味する．これで，変数 ε_j, f_{ij} への r_k の作用は，元の s_k の作用と一致することが確認された．

なお，$r = r_{k_1} \cdots r_{k_p} \in \mathcal{W}$ に対して，$g = S_{k_1} \cdots S_{k_p}$ をとれば，$r(Z) = G_g Z g$, $r(D(\epsilon)) = g^{-1} D(\varepsilon) g$. 上と同様の計算で，$r = r_{k_1} \cdots r_{k_p}$ の f_{ij} への作用が

$$r(M) = G_g M G_g^{-1}, \quad G_g = r_{k_1} \cdots r_{k_{p-1}}(G_{k_p}) \cdots r_{k_1}(G_{k_2}) G_{k_1} \tag{7.61}$$

で与えられることが分かる．r_k の ε_j, f_{ij} への作用は s_k の作用と同じだから，この式はワイル群の一般の元 $w = s_{k_1} \cdots s_{k_p} \in W$ について

$$w(M) = G_g M G_g^{-1}, \quad G_g = s_{k_1} \cdots s_{k_{p-1}}(G_{k_p}) \cdots s_{k_1}(G_{k_2}) G_{k_1} \tag{7.62}$$

を意味する．

随分遠回りしたように見えるが，r_k の作用は，以前の s_k の作用を Z の対角成分 z_j の部分まで拡張したものになっている．この部分を f_{ij}, p_{ij} を使って書くと次のようになる．

$$\begin{aligned} r_k(z_k) &= p_{k,k+1} z_{k+1} = -\frac{f_k}{\alpha_k} z_{k+1} \\ r_k(z_{k+1}) &= \frac{1}{p_{k,k+1}} z_k = -\frac{\alpha_k}{f_k} z_k \\ r_k(z_j) &= z_j \quad (j \ne k, k+1). \end{aligned} \tag{7.63}$$

この対角線の部分が, τ 函数を定義する. $\tau_1, \cdots, \tau_n$ を

$$\tau_1 = z_1, \quad \tau_2 = z_1 z_2, \cdots, \quad \tau_n = z_1 z_2 \cdots z_n \tag{7.64}$$

と定義する. 逆に書けば,

$$z_1 = \tau_1, \quad z_2 = \frac{\tau_2}{\tau_1}, \cdots, \quad z_n = \frac{\tau_n}{\tau_{n-1}}. \tag{7.65}$$

上の (7.63) を τ 函数への作用に書き直すと, $i = 1, \cdots, n-1$ と $j = 1, \cdots, n$ に対して

$$r_i(\tau_j) = \tau_j \ (i \neq j), \quad r_i(\tau_i) = p_{i,i+1} \frac{\tau_{i-1}\tau_{i+1}}{\tau_i} = -\frac{f_i}{\alpha_i} \frac{\tau_{i-1}\tau_{i+1}}{\tau_i} \tag{7.66}$$

が成立する. これは, 係数の $-\alpha_i$ の因子を除いて, パンルヴェ方程式に現れた τ 函数のベックルント変換と同じ構造である. この定義で見ると, $r_i(f_i) = f_i$, $r_i(\alpha_i) = -\alpha_i$ から

$$r_i^2(\tau_i) = \frac{f_i}{\alpha_i} \frac{\tau_{i-1}\tau_{i+1}}{r_i(\tau_i)} = -\tau_i \tag{7.67}$$

従って,

$$r_i^2(\tau_j) = \tau_j \ (i \neq j), \quad r_i^2(\tau_i) = -\tau_i. \tag{7.68}$$

となっている. 特に $r_i^4 = 1$ である.

今までの構成法から次のことが示された.

命題 7.4 変数 ε_j, f_{ij} $(i < j)$, τ_j を座標系とする空間において, 双有理変換 r_k を以下のように定義すると, r_k 達は $\mathcal{W}$ の生成元の関係式 (7.47) を満たす.

$$\begin{aligned} & r_k(\varepsilon_j) = \varepsilon_{\sigma_k(j)} \\ & r_k(f_{ij}) = f_{ij} + \frac{\alpha_k}{f_k} \left(\delta_{k+1,i} f_{k,j} - \delta_{j,k} f_{i,k+1} \right) \quad (i < j) \\ & r_k(\tau_j) = \tau_j \ (k \neq j), \quad r_k(\tau_k) = -\frac{f_k}{\alpha_k} \frac{\tau_{k-1}\tau_{k+1}}{\tau_k}. \end{aligned} \tag{7.69}$$

なお, 変数 f_{ij} $(i < j)$ では, $r_k^2(f_{ij}) = f_{ij}$ が成立する. 実際, S_k^2 は既に対

7.3 τ函数はどこにいるか

角行列なので,
$$r_k^2(Z) = Z S_k^2, \quad G_{S_k^2} = 1. \tag{7.70}$$

従って $r_k^2(M) = G_{S_k^2} M G_{S_k^2}^{-1} = M$ である. 変数 ε_j, f_{ij} (f_{ij}) に関しては, r_k と 7.1 節で定義した s_k は一致するから, これで定理 7.1 の証明も完了した.

パンルヴェ方程式の場合にやったように τ_j への s_i の作用を
$$s_i(\tau_j) = \tau_j \ (i \neq j), \quad s_i(\tau_i) = f_i \frac{\tau_{i-1}\tau_{i+1}}{\tau_i} \tag{7.71}$$

で定義することも可能である. こちらの方法でやれば, τ_j (または z_j) のレベルも含めて $s_i^2 = 1$ となる.

定理 7.5 変数 ε_j, f_{ij} ($i < j$), τ_j を座標系とする空間において, 双有理変換 s_k を以下のように定義すると, s_k 達はワイル群 W の生成元の関係式 (7.23) を満たす.

$$\begin{aligned}
&s_k(\varepsilon_j) = \varepsilon_{\sigma_k(j)} \\
&s_k(f_{ij}) = f_{ij} + \frac{\alpha_k}{f_k}\left(\delta_{k+1,i}f_{k,j} - \delta_{j,k}f_{i,k+1}\right) \quad (i<j) \\
&s_k(\tau_j) = \tau_j \ (k \neq j), \quad s_k(\tau_k) = f_k \frac{\tau_{k-1}\tau_{k+1}}{\tau_k}.
\end{aligned} \tag{7.72}$$

この命題を示すには, 変数 τ_k の上で
$$\begin{aligned}
s_i s_j(\tau_k) &= s_j s_i(\tau_k) & (|i-j| \geq 2), \\
s_i s_j s_i(\tau_k) &= s_i s_j s_i(\tau_k) & (|i-j| = 1)
\end{aligned} \tag{7.73}$$

が成立することを示せばよい. どちらも $k \neq i, j$ の場合は自明な式である. 上の可換性を示すのは易しいので, 組み紐関係式だけを示す. $j = i+1$ として, $k = i, i+1$ の場合を検証する. $s_{i+1}s_is_{i+1}(\tau_i) = s_{i+1}s_i(\tau_i)$ なので, 等式 $s_is_{i+1}s_i(\tau_i) = s_{i+1}s_is_{i+1}(\tau_i)$ は $s_{i+1}s_i(\tau_i)$ の s_i 不変性と同等である. 従って, $r_{i+1}r_i(\tau_i)$ の r_i 不変性から $s_{i+1}s_i(\tau_i)$ の s_i 不変性が従うことを言えば良い.

$$r_{i+1}r_i(\tau_i) = r_{i+1}\left(-\frac{f_i}{\alpha_i}\frac{\tau_{i-1}\tau_{i+1}}{\tau_i}\right) = \frac{s_{i+1}(f_i)f_{i+1}}{(\alpha_i+\alpha_{i+1})\alpha_{i+1}}\frac{\tau_{i-1}\tau_{i+2}}{\tau_{i+1}} \tag{7.74}$$

において，τ の因子と $(\alpha_i+\alpha_{i+1})\alpha_{i+1}$ はいずれも r_i で不変である．従って，$s_{i+1}(f_i)f_{i+1}$ は r_i 不変．これは ε 変数と f 変数で表されているから s_i 不変で，

$$s_i s_{i+1}(f_i) s_i(f_{i+1}) = s_{i+1}(f_i) f_{i+1}. \tag{7.75}$$

s の側で同様の計算をすると，この等式 (7.75) が $s_{i+1}s_i(\tau_i)$ の s_i 不変性を導く．$k=i+1$ の場合も実質的に同じである．

なお，変数 $z_1,\cdots,z_n$ の方で見ると，s_i 作用は次のようになる．

$$s_i(z_i) = f_i\, z_{i+1}, \quad s_i(z_{i+1}) = \frac{1}{f_i} z_i, \quad s_i(z_j) = z_j \ (j\neq i, i+1). \tag{7.76}$$

7.4　ヤコビ–トゥルーディ型の明示公式

以下，s_i と互換 $\sigma_i = (i,i+1)$ を適宜同一視して，W と対称群 $\mathfrak{S}_n$ を同一視する．特に $w = s_{i_1}\cdots s_{i_p} \in W$ は $\sigma = \sigma_{i_1}\cdots\sigma_{i_p} \in \mathfrak{S}_n$ に適宜読み変えることにして，$w(i) = \sigma(j)$ というように記号を援用する．

s_i の $z_1,\cdots,z_n$ への作用 (7.76) を見ると，

$$s_i(z_j) = f_i^{\epsilon}\, z_{s_i(j)}, \quad (j=1,\cdots,n) \tag{7.77}$$

となっている．ここで ϵ は $j=i, j=i+1, j\neq i,i+1$ に応じて，$+1, -1, 0$ である．このことから，一般の $w = s_{i_1}\cdots s_{i_p} \in W$ の z_j への作用も

$$w(z_j) = f_{w,j}\, z_{w(j)} \tag{7.78}$$

の形に表せ，ε 変数と f 変数の有理関数 $f_{w,j}$ が定まることが分かる．従って τ 函数 $\tau_m\ (m=1,\cdots,n)$ に対しては

$$w(\tau_m) = w(z_1\cdots z_m) = f_{w,1}\cdots f_{w,r}\, z_{w(1)}\cdots z_{w(m)} \tag{7.79}$$

となる．添字集合 $\{1,\cdots,n\}$ の部分集合 $K = \{k_1,\cdots,k_m\}\ (|K|=m)$ が与えられたとき，

$$z_K = \prod_{k\in K} z_k = z_{k_1}\cdots z_{k_m} \tag{7.80}$$

7.4 ヤコビ–トゥルーディ型の明示公式

と書くことにすれば, 各 $w \in W$ に対して $w(\tau_m)$ は

$$w(\tau_m) = \phi_{w,m} z_K, \quad K = w(\{1, \cdots, m\}) \tag{7.81}$$

の形に表され, $\phi_{w,m} = f_{w,1} \cdots f_{w,m}$ は ε 変数と f 変数の有理函数として確定する. 一般の $v \in \mathcal{W}$ に対しても, 対応する $w \in W$ をとれば,

$$v(\tau_m) = \chi_{v,m} z_K, \quad K = w(\{1, \cdots, m\}) \tag{7.82}$$

なる有理函数 $\chi_{v,m}$ が決まる.

この節では, ϕ 因子 $\phi_{w,m}$ に対する次のヤコビ–トゥルーディ公式を証明する.

定理 7.6 (A_{n-1} 型のヤコビ–トゥルーディ公式) $W = \langle s_1, \cdots, s_{n-1} \rangle$ の任意の元 w と $m = 0, 1, \cdots, n$ に対して $K = w(\{1, \cdots, m\})$ とおくと, ϕ 因子 $\phi_{w,m}$ は K だけで決まる. K の元を並べて増大列 $k_1, \cdots, k_m$ を作ると, τ 函数 τ_m の w による変換は, 次の公式で与えられる:

$$w(\tau_m) = \phi_{w,m} z_K = \phi_K z_K, \quad \phi_K = N_K \det \left(g_{i,k_j} \right)_{i,j=1}^m. \tag{7.83}$$

ここで, 規格化因子 N_K は

$$N_K = \prod_{k \in K, l \in K^c; \, l < k} \varepsilon_{lk}, \quad \varepsilon_{lk} = \varepsilon_l - \varepsilon_k. \tag{7.84}$$

g_{ij} は, 行列式

$$g_{ij} = \frac{1}{\prod_{i \leq k < j} \varepsilon_{kj}} \det \begin{bmatrix} f_{i\,i+1} & f_{i\,i+2} & \cdots & f_{ij} \\ \varepsilon_{i+1\,j} & f_{i+1\,i+2} & \cdots & f_{i+1\,j} \\ & \ddots & \ddots & \vdots \\ 0 & & \varepsilon_{j-1\,j} & f_{j-1\,j} \end{bmatrix} \tag{7.85}$$

で与えられる ($g_{jj} = 1$, $i > j$ に対しては $g_{ij} = 0$).

行列式を K の成分で表したが, K を (有限サイズの) マヤ図形と見て分割 $\lambda = (\lambda_1, \lambda_2, \cdots, \lambda_m)$ を

$$\lambda_i = k_{m+1-i} - (m+1-i) \qquad (i=1,\cdots,m) \tag{7.86}$$

で定めれば

$$\begin{aligned}\det\left(g_{i,k_j}\right)_{i,j=1}^m &= \det\left(g_{m+1-i,k_{m+1-j}}\right)_{i,j=1}^m \\ &= \det\left(g_{m+1-i,\lambda_j+(m+1-j)}\right)_{i,j=1}^m\end{aligned} \tag{7.87}$$

従って $g_k^{(i)} = g_{i,i+k}$ と定義すれば,

$$\det\left(g_{i,k_j}\right)_{i,j=1}^m = \det\left(g_{\lambda_j-j+i}^{(m+1-i)}\right)_{i,j=1}^m = \det\left(g_{\lambda_j-j+i}^{(m+1-i)}\right)_{i,j=1}^{\ell(\lambda)} \tag{7.88}$$

となる. これで, 定理 5.2 のヤコビ–トゥルーディ公式と同じ形になる. また, 定理 5.3 と同様の証明で, $\phi_{w,m}$ は α_j, f_{ij} の $\mathbb{Z}$ 係数の多項式であることも分かる.

定理の証明のためには, $\mathcal{W}$ の元に持ち上げた議論で $\chi_{v,m}$ を決定して, そこから $\phi_{w,m}$ の表示を導く方法をとる.

$|K| = m$ なる添字の集合 $K \subset \{1,\cdots,n\}$ が与えられたとき, K と $K^c = \{1,\cdots,n\} \setminus K$ の元をそれぞれ $k_1 < \cdots < k_m, l_1 < \cdots < l_{n-m}$ と並べて, 置換 $w_K \in W$ を

$$w_K = \begin{pmatrix} 1 & \ldots & m & m+1 & \ldots & n \\ k_1 & \ldots & k_m & l_1 & \ldots & l_{n-m} \end{pmatrix} \tag{7.89}$$

で定義する. このとき,

> **補題 7.7** $K \subset \{1,\cdots,n\}, |K|=m$ とする. このとき w_K は次のような表示 $w_K = s_{i_p} s_{i_{p-1}} \cdots s_{i_1}$ をもつ: $K_\nu = s_{i_\nu} \cdots s_{i_1}(\{1,\cdots,m\})$ とおくと, 各ステップ $\nu = 1,\cdots,p$ で
>
> $$i_\nu \in K_{\nu-1} \quad \text{かつ} \quad i_\nu + 1 \notin K_{\nu-1}. \tag{7.90}$$

例えば, 巡回置換 $(j\ j-1\ \ldots\ i)$ の表示

$$s_{(j\ldots i)} = s_{j-1}s_{j-2}\cdots s_i \; : \; \begin{pmatrix} i & i+1 & \ldots & j \\ j & i & \ldots & j-1 \end{pmatrix} \qquad (i \leq j) \tag{7.91}$$

7.4 ヤコビ-トゥルーディ型の明示公式

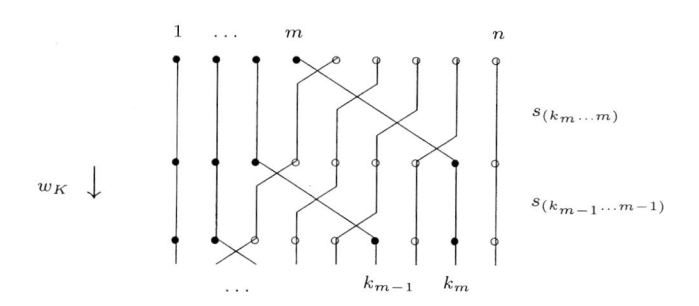

図 7.1 w_K の分解

を用いて

$$w_K = s_{(k_1\ldots 1)} \cdots s_{(k_{m-1}\ldots m-1)} s_{(k_m\ldots m)} \tag{7.92}$$

とすればよい (図 7.1 を参照).

一般に $w \in W$ で, $w(\{1,\cdots,m\}) = K$ を満たすものは, すべて

$$w = w_K w_1 w_2; \quad w_1 \in \langle s_1,\cdots,s_{m-1} \rangle, \quad w_2 \in \langle s_{m+1},\cdots,s_n \rangle \tag{7.93}$$

の形の積に一意的に表される (w_1 は $\{1,\cdots,m\}$ の置換, w_2 は $\{m+1,\cdots,n\}$ の置換である). このとき, $w_1 w_2(\tau_m) = \tau_m$ なので,

$$w(\tau_m) = w_K(\tau_m) = \phi_{w_K,m} z_K. \tag{7.94}$$

となる. すなわち, $\phi_{w,m} = \phi_{w_K,m}$ である. これは, 因子 $\phi_{w,m}$ が部分集合 $K = w(\{1,\cdots,m\})$ だけに依存して決まっていることを意味している. 以下, この意味で, $\phi_{w_K,m} = \phi_K = \phi_{\{k_1,\ldots,k_m\}}$ という略記法も併用する. この記号を用いると, $\phi_{s_{(j\ldots i)},i} = \phi_{\{1\ldots i-1\,j\}}$ である.

w_K の補題 7.7 のような分解 $w_K = s_{i_p} \cdots s_{i_1}$ をとり, これに対応して

$$r_K = r_{i_p} \cdots r_{i_1}, \quad S_K = S_{i_p} \cdots S_{i_1} \tag{7.95}$$

と定義しよう. ここで, S_k は (7.38) で定義される行列である. このとき S_K の $V = \mathbb{C}^n$ の標準基底への作用については, 符号無しに

$$S_K(e_j) = e_{k_j} \qquad (j=1,\cdots,m) \tag{7.96}$$

が成立する. S_K を S_k の積で書いたとき, 出発点が e_j $(j=1,\cdots,m)$ ならば, 各ステップで添字を大きくする方向にしか働かないからである.

これを使って $\chi_{r_K,m}$ を計算しよう. $\tau_m = z_1 \cdots z_m = \xi_{1\cdots m}^{1\cdots m}(Z)$ だから,

$$r_K(\tau_m) = \xi_{1\cdots m}^{1\cdots m}(r_K(Z)) = \xi_{1\cdots m}^{1\cdots m}(G_{S_K} Z S_K) = \xi_{1\cdots m}^{1\cdots m}(Z S_K) \tag{7.97}$$

ここで, $\xi_{1\cdots m}^{1\cdots m}$ が, 対角成分がすべて 1 の三角行列を左から掛ける操作について不変であることを用いた. また (7.96) から, $j=1,\cdots,m$ のときの $Z S_K$ の (i,j) 成分は z_{i,k_j} に等しい. 従って,

$$r_K(\tau_m) = \xi_{k_1\cdots k_m}^{1\cdots m}(Z) = \xi_K^{\{1\cdots m\}}(Z) \tag{7.98}$$

となる. さらに, (7.49) の行列 $P = (p_{ij})_{ij}$ を用いると $Z = PD(z)$ だから

$$r_K(\tau_m) = \xi_K^{\{1\cdots m\}}(Z) = \xi_K^{\{1\cdots m\}}(P) z_K \tag{7.99}$$

を得る. P の行列成分は ε 変数と f 変数の函数だから, $\chi_{r_K,m}$ は

$$\chi_{r_K,m} = \xi_K^{\{1\cdots m\}}(P) = \det(p_{i,k_j})_{1 \le i,j \le m} \tag{7.100}$$

という行列式で与えられることが分かる. この結果は, 補題 7.7 のような分解 $w_K = s_{i_p} \cdots s_{i_1}$ のとり方に依存していないことに注意する. 以下 χ 因子についても, この意味で $\chi_{r_K,m} = \chi_K = \chi_{\{k_1,\ldots,k_m\}}$ という略記法を用いる. 添字集合が $\{1,\cdots,i-1,j\}$ のときは, 行列式 (7.100) が p_{ij} になるので, 一般に

$$\chi_K = \det(p_{i,k_j})_{i,j=1}^m, \quad p_{ij} = \chi_{\{1\ldots i-1\,j\}} \tag{7.101}$$

が成立する.

ϕ_K は, ε 変数の多項式 N_K を用いて,

$$\phi_K = (-1)^{\ell(K)} N_K \chi_K, \tag{7.102}$$

の形に表される. ここで

7.4 ヤコビ-トゥルーディ型の明示公式

$$\ell(K) = \ell(w_K) = \ell(K; K^c) = \sum_{i=1}^{m} (k_i - i). \tag{7.103}$$

と記した. この**規格化因子** N_K は, $N_{\{1\ldots m\}} = 1$ から出発して, 次のように帰納的に決定される量である: $k \in K$, $k+1 \notin K$ なる k を選ぶと, s_k に対して,

$$N_{s_k(K)} = \alpha_k s_k(N_K) \tag{7.104}$$

実際, k が上の条件を満たすときは, $L = s_k(K)$ に対して, 分解 $w_L = s_k s_{i_p} \cdots s_{i_1}$ が補題の条件を満たす. そこで, この表示をとれば $r_L = r_k r_K$ として良いので

$$\chi_{r_L, m} = -\frac{f_k}{\alpha_k} s_k(\chi_{r_K, m}), \quad \phi_{w_L, m} = f_k s_k(\phi_{w_K, m}) \tag{7.105}$$

となることが分かる. これと $\ell(L) = \ell(K) + 1$ から

$$N_L = (-1)^{\ell(L)} \frac{\phi_{w_L, m}}{\chi_{r_L, m}} = (-1)^{\ell(K)} \alpha_k s_k\left(\frac{\phi_{w_K, m}}{\chi_{r_K, m}}\right) = \alpha_k s_k(N_K) \tag{7.106}$$

が従う. 計算の詳細は省略するが, このやり方で帰納的に

$$N_K = \prod_{k \in K,\ l \in K^c;\ l < k} \varepsilon_{lk} = \prod_{k \in K,\ l \in K^c;\ l < k} (\varepsilon_l - \varepsilon_k) \tag{7.107}$$

と決まる (図 7.1 の紐をたどっていけば良い). これで, 一般の $\phi_{w, m} = \phi_K$ ($K = w(\{1, \cdots, m\})$) が決定されたことになる. 特に添字集合が $\{1, \cdots, i-1, j\}$ のときの規格化因子は, $N_{\{1\ldots i-1, j\}} = \prod_{i \leq k < j} \varepsilon_{kj}$ となっている.

そこで,

$$g_{ij} = (-1)^{j-i} p_{ij} \tag{7.108}$$

とおけば,

$$\phi_K = N_K \chi_K = N_K \det(g_{i, k_j})_{i, j=1}^{m} \tag{7.109}$$

となって, 符号が打ち消し合う. g_{ij} の行列式表示は, 6.3 節で構成した p_{ij} の行列式表示を書いたものである. これで定理 7.6 の証明が終わる (規格化因子 N_K の定義は, 符号 $(-1)^{\ell(K)}$ をはずして, 「正ルート」 $\varepsilon_i - \varepsilon_j$ ($i < j$) の積に

なるようにしたものである).

特別な場合として, $i < j$ のときの巡回置換 $s_{(j\ldots i)} = s_{j-1}s_{j-2}\cdots s_i$ による τ_i の変換

$$s_{(j\ldots i)}(\tau_i) = \phi_{\{1\ldots i-1\,j\}}\,\tau_{i-1}z_j = \phi_{\{1\ldots i-1\,j\}}\frac{\tau_{i-1}\tau_j}{\tau_{j-1}} \tag{7.110}$$

は,

$$\phi_{\{1\ldots i-1\,j\}} = \frac{s_{(j\ldots i)}(\tau_i)\tau_{j-1}}{\tau_{i-1}\tau_j} = \frac{s_{(j\ldots i)}(z_i)}{z_j} \tag{7.111}$$

を意味する. これは $j = i+1$ のときの, $f_i = \phi_{\{1\ldots i-1\,i+1\}}$ の積公式の拡張になっている. $\phi_{\{1\ldots i-1\,j\}} = N_{\{1\ldots i-1\,j\}}g_{ij}$ だから, 横 1 列の場合の $\phi_{\{1\ldots i-1\,j\}}$ は次の表示を持つことに注意しておこう.

$$\begin{aligned}
\phi_{\{1\ldots i-1\,j\}} &= \det\begin{bmatrix} f_{i\,i+1} & f_{i\,i+2} & \cdots & f_{ij} \\ \varepsilon_{i+1\,j} & f_{i+1\,i+2} & \cdots & f_{i+1\,j} \\ & \ddots & \ddots & \vdots \\ 0 & & \varepsilon_{j-1\,j} & f_{j-1\,j} \end{bmatrix} \\
&= \varepsilon_{ij}\varepsilon_{i+1\,j}\cdots\varepsilon_{j-1\,j}\sum_{r=1}^{j-i}(-1)^{j-i-r}\sum_{i=i_0<i_1<\cdots<i_r=j}\frac{f_{i_0 i_1}}{\varepsilon_{i_0 j}}\cdots\frac{f_{i_{r-1}i_r}}{\varepsilon_{i_{r-1}j}}.
\end{aligned} \tag{7.112}$$

最後の式は (6.53) の展開公式による.

この節では添字集合 $\{1,\cdots,n\}$ の部分集合 K ($|K| = m$) を用いて ϕ 因子を記述した. このような K は, 左右に延長して指数 m のマヤ図形と見なせるので, ヤング図形と対応させて考えることができる. 実際

> **命題 7.8** $\{1,\cdots,n\}$ の部分集合 K で m 個の元からなるものは, $m \times (n-m)$ の長方形に含まれるヤング図形と 1 対 1 に対応する.

個数はいずれも $\binom{n}{m}$ である.

$w \in W$ の τ_m への作用 $w(\tau_m) = \phi_K z_K$ は, 集合 $K = w(\{1,\cdots,m\}$ で決定された. つまり, $\{1,\cdots,n\}$ への部分集合への W の作用が, ϕ 因子の変化を制

7.4 ヤコビ-トゥルーディ型の明示公式

御する指標になっているわけである.そこで,部分集合 K に $w \in W = \mathfrak{S}_n$ が作用して $w(K)$ に移るとき,対応するヤング図形がどう変化するかを見ておこう.一般の w で直接に変化を追うのは難しいが,隣り合う文字の互換 $s_i = (i\, i+1)$ $(i=1,\cdots,n-1)$ の場合は分かりやすい.まず次の2つの場合には,$s_i(K) = K$ で変化しない.

$$i \in K,\ i+1 \in K: \qquad \qquad \qquad \qquad \qquad \qquad \qquad \qquad \qquad (7.113)$$

$$i \notin K,\ i+1 \notin K:$$

残りの2つの場合は,s_i によって $i, i+1$ の入替えが起きる.

$$i \in K,\ i+1 \notin K:$$

$$s_i \downarrow \uparrow s_i \qquad s_i \downarrow \uparrow s_i \qquad (7.114)$$

$$i \notin K,\ i+1 \in K:$$

一言でいえば,$i, i+1$ の番号のついた壁を見て,上向きと下向きの役割を入れ替え,箱を1個付け加えるか,箱を1個消すか,できる方をやるのが s_i の役割である.例えば,基底状態 $\{1,\cdots,m\}$ が $w = s_{i_p} \cdots s_{i_1}$ によって $K = w(\{1,\cdots,m\})$ に移るとき,$K_\nu = s_{i_\nu} \cdots s_{i_1}(\{1,\cdots,m\})$ と置くと,

$$\{1,\cdots,m\} = K_0,\quad K_1,\ \cdots,\quad K_{p-1},\quad K_p = K \qquad (7.115)$$

というだんだん K に近付いていく部分集合の列ができる.対応するヤング図形

$$\emptyset = Y_0,\quad Y_1, \cdots,\quad Y_{p-1},\quad Y_p = Y \qquad (7.116)$$

の方では,各ステップで高々1個の箱の分の変化が起きる.補題 7.7 で考えた条件

$$i_\nu \in K_{\nu-1},\quad i_\nu + 1 \notin K_{\nu-1} \quad (\nu = 1,\cdots,p) \qquad (7.117)$$

は，各ステップで箱を 1 個ずつ付け加えながら Y に至ることを要請したものである．第 ν ステップで箱の付け加わる場所は，番号 $i_\nu, i_\nu+1$ の凹んだ部分である．

7.5 A_∞ 型 と $A_{n-1}^{(1)}$ 型の双有理変換

パンルヴェ方程式のベックルント変換群は，P_{II} の場合は $A_1^{(1)}$ 型，P_{IV} の場合は $A_2^{(1)}$ 型のアフィン・ワイル群であった．また，第 4 章では $A_{n-1}^{(1)}$ 型の対応する離散系も考察した．前節までは A_{n-1} 型 (有限型) の双有理変換を考察してきたが，n は任意なので，これをもとにして A_∞ 型 と $A_{n-1}^{(1)}$ 型の双有理変換を構成することができる．添字集合で言えば

$$\begin{array}{ccccc} A_{n-1} & \Rightarrow & A_\infty & \Rightarrow & A_{n-1}^{(1)} \\ \{1,\cdots,n\} & & \mathbb{Z} & & \mathbb{Z}/n\mathbb{Z} \end{array} \qquad (7.118)$$

という筋道で，一旦 $\mathbb{Z}$ へ拡張し，これを折畳んで $\mathbb{Z}/n\mathbb{Z}$ 場合へ移行する．こうして得られるものは 4.4 節の $A_{n-1}^{(1)}$ 型の双有理変換を一般の状況まで拡張したものになっており，そのレベルでのヤコビ–トゥルーディ公式が自然に導かれる．

7.5.1 A_∞ 型 の 場 合

これが，5.2 節の最後で述べた無限変数の ϕ 因子 Φ_λ が登場する舞台である．$\mathbb{Z}$ を添字集合として，次の 3 種類の変数を考える．

$$\varepsilon_j \ (j \in \mathbb{Z}), \quad f_{ij} \ (i,j \in \mathbb{Z};\ i<j), \quad \tau_j \qquad (j \in \mathbb{Z}). \qquad (7.119)$$

これを基本的な変数として

$$f_j = f_{j\,j+1}, \quad \alpha_j = \varepsilon_j - \varepsilon_{j+1}, \quad z_j = \frac{\tau_j}{\tau_{j-1}} \qquad (j \in \mathbb{Z}) \qquad (7.120)$$

とおく．

$$\tau_j = \tau_i z_{i+1} z_{i+2} \cdots z_j = \cdots z_{j-1} z_j \qquad (7.121)$$

と考えて，τ_j には $\mathbb{Z}$ の部分集合 $\mathbb{Z}_{\leq j}$，すなわち指数 j の基底状態を対応させる．

後の都合に合わせて，A_∞ 型のワイル群を $W(A_\infty) = \langle \sigma_j \ (j \in \mathbb{Z}) \rangle$ で表す．基本関係は

$$\sigma_i^2 = 1, \quad \sigma_i \sigma_j = \sigma_j \sigma_i \ (|i-j| \geq 2), \quad \sigma_i \sigma_j \sigma_i = \sigma_j \sigma_i \sigma_j \ (|i-j| = 1) \tag{7.122}$$

であり，σ_i を互換 $(i\ i+1)$ と対応させることにより，この群は $\mathbb{Z}$ から $\mathbb{Z}$ への全単射 σ で有限個しか動かさないものの全体 $\mathfrak{S}_\infty$ と同一視される．また，もう一つの生成元 π と基本関係

$$\pi \sigma_i = \sigma_{i+1} \pi \qquad (i \in \mathbb{Z}) \tag{7.123}$$

を加えて $W(A_\infty)$ 拡大したものを $\widetilde{W}(A_\infty)$ で表す．$\widetilde{W}(A_\infty)$ を $\mathbb{Z}$ の変換群と見なすときには，π は $\pi(k) = k+1$ $(k \in \mathbb{Z})$ なる全単射と対応させる．

変数 ε_j, f_{ij} $(i < j)$, τ_j の変換 σ_k $(k \in \mathbb{Z})$, π を，

$$\begin{aligned}
&\sigma_k(\varepsilon_j) = \varepsilon_{\sigma_k(j)} \\
&\sigma_k(f_{ij}) = f_{ij} + \frac{\alpha_k}{f_k}\left(\delta_{k+1,i} f_{k,j} - \delta_{j,k} f_{i,k+1}\right) \quad (i < j) \\
&\sigma_k(\tau_j) = \tau_j \ (k \neq j), \quad \sigma_k(\tau_k) = f_k \frac{\tau_{k-1} \tau_{k+1}}{\tau_k}, \\
&\pi(\varepsilon_j) = \varepsilon_{j+1}, \quad \pi(f_{ij}) = f_{i+1,j+1}, \quad \pi(\tau_j) = \tau_{j+1}
\end{aligned} \tag{7.124}$$

で定義する．変数は無限個になったが，各 $w \in W(A_\infty)$ の作用は，有限個の変数にしか関与しないので，今までの議論はそのまま A_∞ でも成立し，上の変換は A_∞ 型のワイル群の交換関係を満たす．π の作用は，添字を一斉にシフトして読み替えるだけなので，π も加えて，拡大されたワイル群 $\widetilde{W}(A_\infty)$ が双有理変換群として実現された訳である．

任意の $w \in W(A_\infty)$ と $m \in \mathbb{Z}$ をとり，$K = w(\mathbb{Z}_{\leq m})$ とおくと，w は有限個の玉を動かすだけだから，K は指数 m のマヤ図形である．

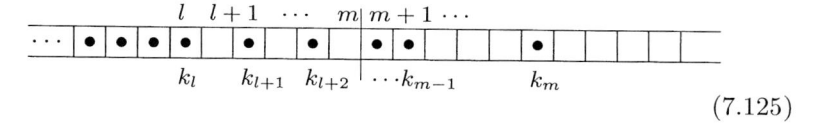

$$\begin{array}{c} l \ \ l+1 \ \cdots \ m\!\mid\! m+1 \cdots \\ \cdots \fbox{$\bullet$}\fbox{$\bullet$}\fbox{$\bullet$}\fbox{$\bullet$}\fbox{ }\fbox{$\bullet$}\fbox{ }\fbox{$\bullet$}\fbox{ }\fbox{ }\fbox{$\bullet$}\fbox{ }\fbox{ }\fbox{ }\fbox{ } \\ k_l \ \ k_{l+1} \ k_{l+2} \ \cdots k_{m-1} \ \ \ k_m \end{array} \tag{7.125}$$

このとき w による τ_m の変換も有限個の変数にしか作用しないし，作用のし

かたは有限型の場合と同じだから

$$w(\tau_m) = \phi_K z_K, \quad z_K = \tau_l z_{k_{l+1}} \cdots z_{k_m} \quad (l \ll m). \tag{7.126}$$

と書き表せる．ここで ϕ_K は α_j, f_{ij} の多項式であり，次のヤコビ-トゥルーディ型の行列式表示をもつ:

$$\phi_K = N_K \det\left(g_{i,k_j}\right)_{i,j \leq m} = N_K \det\left(g_{i,k_j}\right)_{l < i, j \leq m}. \tag{7.127}$$

形式上無限サイズの行列で書いているが，実質的には有限サイズの行列式である．規格化因子も有限な範囲での積である．g_{ij} の定義 (7.83) はもともと有限サイズの行列式である:

$$g_{ij} = \frac{1}{\prod_{i \leq k < j} \varepsilon_{kj}} \det \begin{bmatrix} f_{i\,i+1} & f_{i\,i+2} & \cdots & f_{ij} \\ \varepsilon_{i+1\,j} & f_{i+1\,i+2} & \cdots & f_{i+1\,j} \\ & \ddots & \ddots & \vdots \\ 0 & & \varepsilon_{j-1\,j} & f_{j-1\,j} \end{bmatrix}. \tag{7.128}$$

この行列式の部分が丁度，指数 i のマヤ図形 $\{\cdots, i-1, j\}$ で，長さ $j-i$ の横 1 列のヤング図形に対応する ϕ 因子である．

添字のシフト π を含めて，$\widetilde{w} \in \widetilde{W}(A_\infty)$ で考える場合も同様である．$\widetilde{w} = \pi^r w$ ($w \in W(A_\infty), r \in \mathbb{Z}$) と表示すれば，$L = \widetilde{w}(\mathbb{Z}_{\leq m})$ の指数は $m + r$ と変化するが，このマヤ図形に対応する ϕ 因子 $\phi_L = \pi^r(\phi_K)$ が $\widetilde{w}(\tau_m)$ の ϕ 因子となる:

$$\widetilde{w}(\tau_m) = \pi^r(\phi_K z_K) = \pi^r(\phi_K) z_{\pi^r(K)} = \phi_L z_L. \tag{7.129}$$

なお，上記の (7.127) の右辺をヤング図形の言葉で書いたものが，5.2 節の最後で述べた無限変数の $\Phi_\lambda^{(m)}$ に他ならない ($N_K = \pi^m(N_\lambda)$)．

7.5.2 $A_{n-1}^{(1)}$ 型への移行

以下 $n \geq 2$ とする．A_∞ 型から，$A_{n-1}^{(1)}$ 型へ移行するには，2 つのステップが必要である．第 1 ステップは，各 $k \in \mathbb{Z}$ に対して，n を法として k と合同な添字 l をもつ σ_l の無限積

7.5 A_∞ 型と $A_{n-1}^{(1)}$ 型の双有理変換

$$s_k = \prod_{l\in\mathbb{Z};\ l\equiv k\,(\mathrm{mod}\ n)} \sigma_l = \prod_{a\in\mathbb{Z}} \sigma_{k+an} \qquad (7.130)$$

を作ることである ($i \equiv j$ と書いたら,$i \equiv j \pmod{n}$ の意味).これを使って A_∞ のレベルで ε 変数,f 変数,τ 函数の変換の双有理変換の群として

$$W = \langle s_0, s_1, \cdots, s_{n-1} \rangle \subset \widetilde{W} = \langle s_0, s_1, \cdots, s_{n-1}, \pi \rangle \qquad (7.131)$$

を作る (s_j の添字は $\mathbb{Z}/n\mathbb{Z}$ の意味で周期的になる).第 2 ステップは,無限個の変数 ε_j, f_{ij} ($i<j$), τ_j ($i,j \in \mathbb{Z}$) の間に,然るべき関係式を課すことである.ε 変数については,定数 δ (あるいは $\widetilde{W}$ 不変な新しい変数) を導入して,関係式

$$\varepsilon_j - \varepsilon_{j+n} = \delta \qquad (j \in \mathbb{Z}) \qquad (7.132)$$

を課す.これで,$\alpha_j = \varepsilon_j - \varepsilon_{j+1}$ は j について周期 n で周期的になり,$\alpha_0 + \cdots + \alpha_{n-1} = \delta$ が成立する.また f 変数と τ 函数については,各 i,j について

$$f_{i+n,j+n} = f_{ij} \ (i<j), \quad \tau_{j+n} = \tau_j \qquad (7.133)$$

という関係式を課す.従って f_j についても,実質は $f_0, \cdots, f_{n-1}$ の n 個で $f_{j+n} = f_j$ ($z_j = \tau_j/\tau_{j-1}$ も $z_{j+n} = z_j$ を満たす).

このような手続きを実行していく過程で幾つかのことを遂行しなければいけない.

(1) A_∞ 型の変数の上で,無限積 (7.130) が意味をもつことを確認し,各変数への作用を書き下すこと.

(2) その $s_0, \cdots, s_{n-1}$ と π が 4.4 節で考察した $\widetilde{W}$ の基本関係を満たすことを検証すること.

(3) 変数の間に導入する関係式 (7.132), (7.133) が,$s_0, \cdots, s_{n-1}, \pi$ の作用と整合的であることを検証すること.

(4) 作用を関係式を導入したあとの変数に書き直すこと.

本質的な部分はもう終わっていて大半は機械的にチェックすればよいので,こ

こではこのような議論の詳細を書き下すことはしない．最終的な結果を書いた後で，幾つか注意をするだけにとどめておく．

関係式を導入した後の $s_0, \cdots, s_{n-1}, \pi$ の作用は次のように与えられる．ε 変数と τ 函数については

$$\begin{aligned}
s_k(\varepsilon_j) &= \varepsilon_{j+1} \quad (j \equiv k), & s_k(\varepsilon_j) &= \varepsilon_{j-1} \quad (j \equiv k+1), \\
s_k(\varepsilon_j) &= \varepsilon_j \quad (j \not\equiv k, k+1) & & \\
s_k(\tau_j) &= \tau_j \quad (j \not\equiv k), & s_k(\tau_j) &= f_j \frac{\tau_{j-1}\tau_{j+1}}{\tau_j} \quad (j \equiv k).
\end{aligned} \quad (7.134)$$

で，4.4 節で議論した $A_{n-1}^{(1)}$ 型離散系の場合と同じ．f_{ij} $(i<j)$ への作用については，

$$\begin{aligned}
s_k(f_{ij}) &= f_{ij} & & (i \not\equiv k+1,\ j \not\equiv k) \\
s_k(f_{ij}) &= f_{ij} + \frac{\alpha_k}{f_k} f_{i-1,j} & & (i \equiv k+1,\ j \not\equiv k) \\
s_k(f_{ij}) &= f_{ij} - \frac{\alpha_k}{f_k} f_{i,j+1} & & (i \not\equiv k+1,\ j \equiv k) \\
s_k(f_{ij}) &= f_{ij} + \frac{\alpha_k}{f_k}\left(f_{i-1,j} - f_{i,j+1}\right) - \left(\frac{\alpha_k}{f_k}\right)^2 f_{i-1,j+1} & & \\
& & & (i \equiv k+1,\ j \equiv k).
\end{aligned} \quad (7.135)$$

である．また π の作用は

$$\pi(\varepsilon_j) = \varepsilon_{j+1}, \quad \pi(f_{ij}) = f_{i+1,j+1}, \quad \pi(\tau_j) = \tau_{j+1} \quad (7.136)$$

で与えられる．

s_k を無限積 (7.130) で定義したので，f_{ij} の添字で $i \equiv k+1$ または $j \equiv k$ となる無限個の変数が一斉に反応することに注意しておこう．面白いのは，$i \equiv k+1$ かつ $j \equiv k$（従って $j \equiv i-1$）の場合である．(7.135) の最後の式で，α_k/f_k の 2 乗の項まで現れる事情を説明しておこう．このときには $k \equiv i-1 \equiv j$ なる s_k の無限積 $\prod_{l \equiv k} \sigma_l$ の中に f_{ij} と反応する σ_{i-1} と σ_j の両方が含まれている．両者は可換なのでどちらから作用させても良いが，$\sigma_{i-1}\sigma_j(f_{ij})$ を計算すると

$$s_k(f_{ij}) = \sigma_{i-1}\sigma_j(f_{ij})$$
$$= f_{ij} + \frac{\alpha_{i-1}}{f_{i-1}}f_{i-1,j} - \frac{\alpha_j}{f_j}f_{i,j+1} - \frac{\alpha_{i-1}\alpha_j}{f_{i-1}f_j}f_{i-1,j+1} \quad (7.137)$$

となる．関係式 (7.133) を使って α_k/f_k で書いたのが (7.135) の第 4 式である．このやり方で P_{II} の $A_1^{(1)}$ の場合に見たベックルント変換のパターンも自然に現れたわけである．

定理 7.9 ($A_{n-1}^{(1)}$ 型の双有理変換群)　$n \geq 2$ とし，関係式

$$\varepsilon_{j+n} = \varepsilon_j - \delta, \quad f_{i+n,j+n} = f_{i,j}, \quad \tau_{j+n} = \tau_j \quad (7.138)$$

に従う変数 ε_j, f_{ij}, τ_j $(i,j \in \mathbb{Z}; i < j)$ を考える．このとき，(7.134), (7.135), (7.136) で定義される $s_0,\cdots,s_{n-1},\pi$ の作用は，これらの変数の上で $A_{n-1}^{(1)}$ 型の拡大されたアフィン・ワイル群 $\widetilde{W}$ の双有理変換群としての実現を与える．すなわち $n=2$ のときは，$s_0^2 = 1, s_1^2 = 1$, $n \geq 3$ のときは

$$s_j^2 = 1, \quad s_i s_j = s_j s_i \; (j \not\equiv i\pm 1), \quad s_i s_j s_i = s_j s_i s_j \; (j \equiv i\pm 1) \quad (7.139)$$

を満たす．また $\pi s_j = s_{j+1} \pi$．

---

s_j の添字は $\mathbb{Z}/n\mathbb{Z}$ で周期的に読む．また，変数 α_j, f_{ij}, τ_j の変換としてはさらに $\pi^n = 1$ も成立する．

注意 7.10　変数 f_{ij} $(i<j)$ への $W = \langle s_0, s_1, \cdots, s_{n-1} \rangle$ の作用は，この場合もポアソン括弧を用いて表すことができる．$A_{n-1}^{(1)}$ 型のポアソン括弧を合理的に記述するには，f_{ij} の添字を

$$f_i(k) = f_{i,i+k} \quad (i \in \mathbb{Z}/n\mathbb{Z}; \; k = 1, 2, \cdots) \quad (7.140)$$

と書き直しておくと都合が良い．この記号では $f_i = f_i(1)$ である．ポアソン括弧は，

$$\{f_i(k), f_j(l)\} = \theta(j - i \equiv k) f_i(k+l) - \theta(i - j \equiv l) f_j(k+l) \quad (7.141)$$

で与えられる．ここで $\theta(\cdot)$ は，括弧内が真ならば 1, 偽ならば 0 の値をとる函数である．定理 7.9 の s_i の作用は，この記号で

$$s_i(f_j(k)) = f_j(k) + \frac{\alpha_i}{f_i}\{f_i, f_j(k)\} + \frac{1}{2}\left(\frac{\alpha_i}{f_i}\right)^2\{f_i, \{f_i, f_j(k)\}\}$$
$$= \exp\left(\frac{\alpha_i}{f_i}\mathrm{ad}_{\{\}}(f_i)\right)(f_j(k)) \tag{7.142}$$

と表される．

注意 7.11 上に導入した変数の関係式は, $A_{n-1}^{(1)}$ の $\mathfrak{gl}_n$ 版にあたる．$\alpha_0, \cdots, \alpha_{n-1}, \delta$ と $\varepsilon_1, \cdots, \varepsilon_n, \delta$ を対等にしたければ

$$\varepsilon_1 + \varepsilon_2 + \cdots + \varepsilon_n = 0 \tag{7.143}$$

を課す (π は修正を要する)．また，f_{ij} $(i < j)$ がポアソン括弧によって f_j から生成されるようにしたければ，更に $i \equiv j, i < j$ なる i, j に対して，関係式

$$f_{i,j} + f_{i+1,j+1} + \cdots + f_{i+n-1,j+n-1} = 0 \tag{7.144}$$

を課せば良い．言い換えると，$k > 0$ が n の倍数のとき

$$f_0(k) + f_1(k) + \cdots + f_{n-1}(k) = 0 \qquad (k \equiv 0). \tag{7.145}$$

こうすれば，通常の $\mathfrak{sl}_n$ 版の $A_{n-1}^{(1)}$ 型アフィン・リー環の設定になるが，この辺りのことは今はあまりこだわらない．

7.6　アフィン・ワイル群のマヤ図形への作用

$w \in \widetilde{W} = \langle s_0, \cdots, s_{n-1}, \pi \rangle$ とし，τ_m $(m = 0, 1, \cdots, n-1)$ への作用を考えると，$K = w(\mathbb{Z}_{\leq m})$ に対して，

$$w(\tau_m) = \phi_K z_K \tag{7.146}$$

なる ϕ 因子が決まる ($\widetilde{W}$ で考える場合には，一般に K の指数は m からずれる)．$A_{n-1}^{(1)}$ の場合のこの ϕ 因子も，$w \in \widetilde{W} = \langle s_0, \cdots, s_{n-1}, \pi \rangle$ の作用を

7.6 アフィン・ワイル群のマヤ図形への作用

$W(A_\infty)$ の作用として追跡すれば良い. 従って, マヤ図形 K の言葉で書く流儀でやれば, A_∞ 型のヤコビ-トゥルーディ公式において変数 α_j, f_{ij} の間に関係式を課すだけでそれが $A_{n-1}^{(1)}$ 型のヤコビ-トゥルーディ公式である. 特に, ϕ_K は $\alpha_j, f_{ij}\ (i<j)$ の $\mathbb{Z}$ 係数多項式になっている. 公式自身を繰り返して述べることはやめて, どのようなマヤ図形 (ヤング図形) が ϕ 因子に伴って現れるか——ということだけ検討する.

マヤ図形 $K\subset\mathbb{Z}$ が与えられているとしよう.

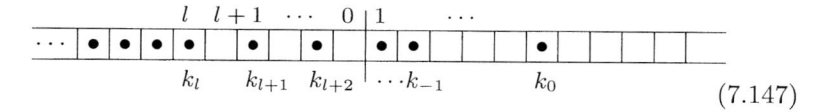

$$\begin{array}{c} \\ \cdots\underbrace{|\bullet|\bullet|\bullet|}_{k_l\ k_{l+1}\ k_{l+2}}\underbrace{\cdots|\bullet|}_{\cdots k_{-1}}\underbrace{|\bullet|\ |\ |}_{k_0}\cdots \\ l\ l+1\ \cdots\ 0\,|\,1\ \cdots \end{array} \tag{7.147}$$

(この例では $m=0$.) π のマヤ図形 K へ作用は K を右に一つシフトするだけである. $s_i=\prod_{j\equiv i}\sigma_j$ は無限積なので, n を法として i と合同な $j\in\mathbb{Z}$ 全ての中で, 箱 $j,j+1$ の状況が

$$\underbrace{\cdots|\bullet\to|\ |\cdots}_{j\ j+1}\quad\text{または}\quad\underbrace{\cdots|\ |\leftarrow\bullet|\cdots}_{j\ j+1} \tag{7.148}$$

となっている場所 (有限個しかない) の各々に影響を及ぼす. このような作用を見やすくするための一つの方法は, マヤ図形を構成する箱を並べ変えることである. マヤ図形の入れ物を n 本を重ねて並べ,

$$\begin{array}{|c|c|c|c|c|c|c|} \hline & & \cdot\!\cdot\!-7 & -3 & 1 & 5 & 9 \\ \hline & & \vdots\ -6 & -2 & 2 & 6 & \cdot \\ \hline & -9 & -5 & -1 & 3 & 7 & \cdot\!\cdot \\ \hline & -8 & -4 & 0 & 4 & 8 & \\ \hline \end{array} \tag{7.149}$$

のように番号をふる (図の例は $n=4$). こうすることで, 各段には n を法として同じ数字が並ぶ. これに応じて元のマヤ図形 (7.147) の玉を配置し直すと

$$\begin{array}{r|c|c|c|c|c|c|c|l} & & & & -1 & 0\,|\,1 & 2 & & \\ \text{余り 1} & \cdots & \bullet & \bullet & \bullet & \bullet\,|\,\bullet & & & +1 \\ 2 & \cdots & \bullet & \bullet & \bullet\downarrow & \bullet\,|\,\bullet\uparrow & & & +1 \\ 3 & \cdots & \bullet & \bullet & \bullet & \,|\,\bullet & & & \pm 0 \\ 0\equiv 4 & \cdots & \bullet & \bullet & \bullet & \,|\, & & & -2 \end{array} \tag{7.150}$$

のような図が得られる．要するに，一本のマヤ図形を n で割った余りで n 本のマヤ図形に組み換えたものである．これに s_i を作用させると，$i = 1, \cdots, n-1$ のときは，余り i の段と余り $i+1$ の段の間で移動が起こる．結果は，第 i 段のマヤ図形と第 $i+1$ 段のマヤ図形をまるごと入れ替えるのと同じ効果である．s_0 の場合には余りが 0 の段 (最下段) と 1 の段 (最上段) の間でやり取りが起こるので，予め余り 1 の段を 0 の段の下に，1 コマ左にずらしてコピーした状態で考えれば良い．結果は，s_0 の作用では，最上段と最下段を交換した後，最上段は右に，最下段は左に，それぞれ 1 コマずらすことになる．なお，上の図の右側に記した $\pm$ のついた数字は，その段にある玉の数を $\mathbb{Z}_{\leq 0}$ と比べたときの過不足分で，各段のマヤ図形の指数を表す．

1 本のマヤ図形を，n を法として n 本のマヤ図形の束に組み換える操作を定式化すると次のようになる．

命題 7.12 マヤ図形 $K \subset \mathbb{Z}$ に，次のような n 個のマヤ図形の組 $(K_1, K_2, \cdots, K_n)$ を対応させる．

$$K_i = \{k \in \mathbb{Z} \; ; \; (k-1)n + i \in K\} \qquad (i = 1, \cdots, n). \quad (7.151)$$

この対応は 1 対 1 であり，K の指数を m，K_i の指数を m_i とすると $m = m_1 + \cdots + m_n$．このとき，$s_0, s_1, \cdots, s_{n-1}, \pi$ の K への作用は，次の規則で $\boldsymbol{K} = (K_1, K_2, \cdots, K_n)$ への作用に翻訳される．

$$\begin{aligned}
s_0.\boldsymbol{K} &= (\pi(K_n), K_2, \cdots, K_{n-1}, \pi^{-1}(K_1)), \\
s_i.\boldsymbol{K} &= (K_1, \cdots, K_{i+1}, K_i, \cdots, K_n) \quad (i = 1, \cdots, n-1), \quad (7.152) \\
\pi.\boldsymbol{K} &= (\pi(K_n), K_1, \cdots, K_{n-1}).
\end{aligned}$$

ヤング図形で見る場合には，予め以下のように番号をふる (図は指数 $m = 0$ の例である)．

7.6 アフィン・ワイル群のマヤ図形への作用

$$
\begin{array}{c|ccccccc}
 & 1 & 2 & 3 & & & & \\
\hline
0 & 0 & 1 & 2 & 3 & 0 & ① & 2 \\
-1 & 3 & 0 & 1 & 2 & 3 & 0 & 1 \\
-2 & 2 & 3 & 0 & 1 & 2 & 3 & 0 \\
-3 & 1 & 2 & 3 & 0 & 1 & 2 & 3 \\
 & 0 & ① & 2 & 3 & 0 & 1 & 2 \\
 & 3 & 0 & 1 & 2 & 3 & 0 & 1 \\
\end{array}
\tag{7.153}
$$

s_i の作用は，i の番号のある場所で，箱を付け加えられる場所には付け加え，消せる場所からは消すという操作である．図で s_1 の作用を考えると，右上の◯のついた 1 の箱を消し，左下の◯のついた 1 の場所に箱を付け加えることになる (指数 m のマヤ図形の場合は，m と $m+1$ の間で折り曲げ，左上隅の箱には m を n で割った余りが入るようにする)．

次に，指数 0 の基底状態 $\mathbb{Z}_{\leq 0}$ (ヤング図形では空集合 $\emptyset$) から出発して，s_i $(i=0,1,\cdots,n-1)$ を次々に作用させたとき，どのようなマヤ図形やヤング図形が生じるかを考察しよう．図 7.2 に，$A_2^{(1)}$ の場合でヤング図形が成長していく様子を示した．A_∞ の場合と比較してほしい．命題 7.12 のように，マヤ図形を n 段に並べ替えて考える．初期の状態では，最初に可能な手は s_0 だけである:

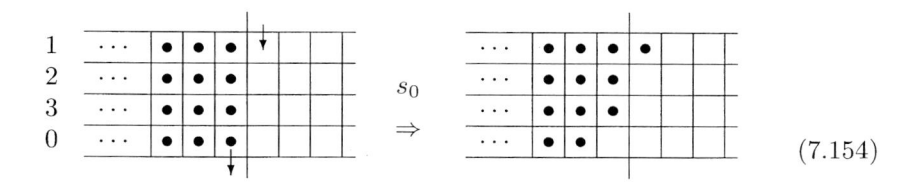

$$
\begin{array}{c}
\text{(図)}
\end{array}
\qquad s_0 \Rightarrow \qquad
\begin{array}{c}
\text{(図)}
\end{array}
\tag{7.154}
$$

指数が $(1,0,\cdots,0,-1)$ となり，n 本のマヤ図形はいずれも基底状態のままである．基底状態の束では，どの s_i を作用させても段の入替えと，左右のシフトが起こるだけで，基底状態の束であることに変化はない．

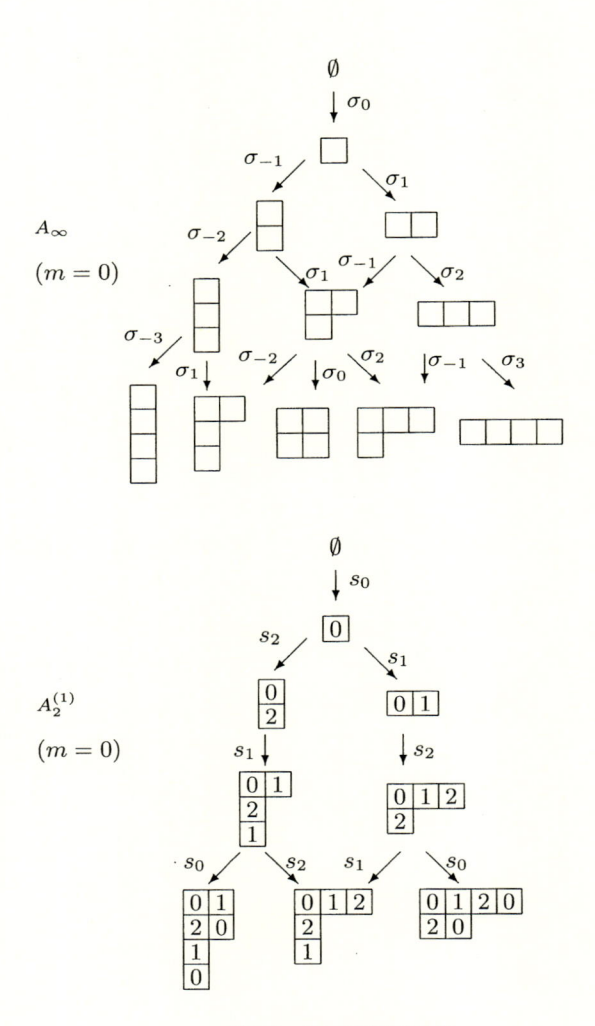

図 **7.2** ヤング図形の生成

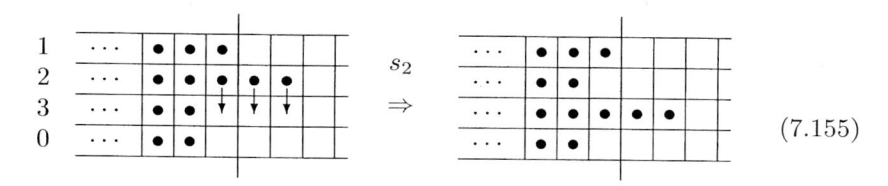

$$
\begin{array}{c}
\text{(図)} \quad \xrightarrow{s_2} \quad \text{(図)}
\end{array}
\qquad (7.155)
$$

マヤ図形 $K \subset \mathbb{Z}$ が, n 段に並べ替えて各段とも基底状態になるとき, K は n コア (n-core) であるという. アフィン・ワイル群の作用で n コアは n コアに移る. 特に, 基底状態 $\mathbb{Z}_{\leq m}$ からアフィン・ワイル群 $W = \langle s_0, \cdots, s_{n-1} \rangle$ の作用で得られるマヤ図形はすべて指数 m の n コアである. π の作用は, 指数 m の n コアを指数 $m+1$ の n コアに移す.

マヤ図形 $K \subset \mathbb{Z}$ が n コアであることは,

$$k \in K, \ l \in K^c \ \text{かつ} \ l < k \ \Rightarrow \ l \not\equiv k \pmod{n} \qquad (7.156)$$

という条件と同値である. 仮定の方の条件を満たす組 (l, k) は, 丁度, 対応するヤング図形 Y の箱と 1 対 1 に対応していて, しかも $k - l$ はその箱で折れ曲るフックの長さになっている. 従って,

命題 7.13 マヤ図形 (または $K \subset \mathbb{Z}$) が n コアであることと, 対応するヤング図形について, フックの長さとして n の倍数が現れないことは同値である.

図 7.2 の $A_2^{(1)}$ の場合には, 生成されているヤング図形のどれについても, フックの長さとして 3 の倍数は現れていないことを確認してほしい.

命題 7.14 $A_{n-1}^{(1)}$ 型のワイル群 $W = \langle s_0, \cdots, s_{n-1} \rangle$ の作用では, n コアは n コアに移り, しかも任意の n コアは同じ指数の基底状態 $\mathbb{Z}_{\leq m}$ に W の元を作用させて得られる.

問題 任意の n コア K に対して, $w(\mathbb{Z}_{\leq m}) = K$ となるような $w \in W$, $m \in \mathbb{Z}$

が存在することを示せ．

n コア $K \subset \mathbb{Z}$ に対応する n 個のマヤ図形 $K_1, \cdots, K_n$ はすべて基底状態 ($K_i = \mathbb{Z}_{\leq m_i}$) なので，$n$ 個の指数の組 $\boldsymbol{m} = (m_1, \cdots, m_n)$ で n コア K を特定でき，これで 1 対 1 の対応になる (K の指数は $m = m_1 + \cdots + m_n$)．さらに，$s_0, s_1, \cdots, s_{n-1}, \pi$ の K への作用が，$\boldsymbol{m}$ への次の作用に対応することは命題 7.12 から明らかであろう．

$$\begin{aligned}
s_0.\boldsymbol{m} &= (m_n + 1, m_2, \cdots, m_{n-1}, m_1 - 1), \\
s_i.\boldsymbol{m} &= (m_1, \cdots, m_{i+1}, m_i, \cdots, m_n) \quad (i = 1, \cdots, n-1), \\
\pi.\boldsymbol{m} &= (m_n + 1, m_1, \cdots, m_{n-1}).
\end{aligned} \quad (7.157)$$

この作用は，4.5 節で τ 函数の変換に関連して考察した，格子 $L = \mathbb{Z}^n$ への $\widetilde{W}$ の作用にほかならない．そこで

$$T_1 = \pi s_{n-1} \cdots s_1, \ T_2 = s_1 \pi s_{n-1} \cdots s_2, \ \cdots, \ T_n = s_{n-1} \cdots s_1 \pi \quad (7.158)$$

を考えると $T_i.\boldsymbol{m} = \boldsymbol{m} + \boldsymbol{e}_i$．従って，一般の $\nu \in L$ に対して

$$T^\nu.\boldsymbol{m} = \boldsymbol{m} + \nu, \quad T^\nu = T_1^{\nu_1} \cdots T_n^{\nu_n} \quad (7.159)$$

が成立する．特に $T^\nu.\boldsymbol{0} = \nu$ である．

τ 函数の T^ν による変換

$$T^\nu(\tau_0) = \phi_K z_K, \qquad K = T^\nu(\mathbb{Z}_{\leq 0}) \quad (7.160)$$

に戻ろう．この場合のマヤ図形は，指数の組 $\nu = (\nu_1, \cdots, \nu_n)$ に対応する，指数 $|\nu| = \nu_1 + \cdots + \nu_n$ の n コアである．これで，ϕ 因子が指数 $r = |\nu|$ と分割 $\lambda(\nu) = K$ で決まることが分かった．また，i 段目の玉 1 個 1 個に変数 $z_i = \tau_i/\tau_{i-1}$ ($i \in \mathbb{Z}/n\mathbb{Z}$) が対応しているので，$z_K = \tau_0 z^\nu$ である．5.2 節の記号を用いるとヤコビ–トゥルーディ公式は $\phi_{T^\nu,0} = \phi_K = \Phi_\lambda^{(r)}$ を意味する．従って $r = |\nu|, \lambda = \lambda(\nu)$ に対して

$$\tau_\nu = T^\nu(\tau_0) = \Phi_\lambda^{(r)} \tau_0 z^\nu = \Phi_\lambda^{(r)} \tau_0^{1-\nu_1+\nu_n} \tau_1^{\nu_1-\nu_2} \cdots \tau_{n-1}^{\nu_{n-1}-\nu_n} \quad (7.161)$$

が成立する．この ϕ 因子は α_j と f_{ij} の $\mathbb{Z}$ 係数多項式である．また，このよ

うにして現れる λ は丁度 n コアの全体に対応する.

　この章では，有限型の A_{n-1} 型の有理変換をガウス分解によって構成し，それから ϕ 因子のヤコビ–トゥルーディ公式が従うことを示した．さらに A_∞ 型を経由して $A_{n-1}^{(1)}$ 型へ移行し，$A_{n-1}^{(1)}$ 型のアフィン・ワイル群の双有理変換群としての一般的な実現と，その ϕ 因子に対するヤコビ–トゥルーディ公式を導いた．これで，第 4 章と第 5 章で議論した $A_{n-1}^{(1)}$ 離散系の一般化と，τ 函数の変換に伴う ϕ 因子の行列式表示の議論が完結したことになる．

8

ラックス形式

　第 6 章と第 7 章では，行列のガウス分解を基礎にして，$A_{n-1}^{(1)}$ 型の双有理変換と離散系，τ 函数の変換に伴う ϕ 因子の構造を調べた．この章では，少し見方を変えて線形微分方程式の両立条件としてパンルヴェ方程式やそれに付随する離散系の構造を理解するやり方を説明する．

8.1　線形常微分方程式との関係

　第 7 章で構成した $A_{n-1}^{(1)}$ 型の双有理変換は，線形常微分方程式との関連で理解することができる．複素変数 x について，$x=0$ の近傍で定義された次の形の線形常微分方程式系を考えよう：

$$x\partial_x \boldsymbol{u} = A(x)\boldsymbol{u}. \tag{8.1}$$

$\boldsymbol{u}$ は n 個の未知函数 $u_1, \cdots, u_n$ のベクトル，$A(x)$ は $x=0$ の近傍で定義された正則函数を係数とする $n\times n$ 行列である．

$$\boldsymbol{u} = \begin{bmatrix} u_1 \\ \vdots \\ u_n \end{bmatrix}, \quad A(x) = \begin{bmatrix} a_{11}(x) & \cdots & a_{1n}(x) \\ \vdots & & \vdots \\ a_{n1}(x) & \cdots & a_{nn}(x) \end{bmatrix}. \tag{8.2}$$

また，$\partial_x = d/dx$ は x に関する微分を表す (文脈に応じて適宜 $\partial/\partial x$ の意味にも使う)．(8.1) は，$x=0$ に**確定特異点**をもつ常微分方程式の典型的なもので，特に $x=0$ は単純特異点とも呼ばれる．$A(x)$ の定数項の $n\times n$ 行列 $A(0)$ の固有値を $\rho_1, \cdots, \rho_n$ とし，簡単のため，固有値の差 $\rho_i - \rho_j$ ($i\neq j$) として整数が現れないとしよう．このとき，$x=0$ の近傍で正則な函数を成分とする可逆行列 $P(x)$ が定まり，変換 $\boldsymbol{u} = P(x)\boldsymbol{v}$ で，方程式 (8.1) は $\boldsymbol{v}$ に対す

る **オイラー方程式**

$$x\partial_x \boldsymbol{v} = D(\rho)\boldsymbol{v}, \qquad D(\rho) = \mathrm{diag}(\rho_1,\cdots,\rho_n) \qquad (8.3)$$

に変換される[*1]. これは, もとの方程式 (8.1) が $Y(x) = P(x)\,x^{D(\rho)}$ の形の解の基本系をもつことを意味している. その意味で, $A(0)$ の固有値 $\rho_1,\cdots,\rho_n$ は $x=0$ における確定特異点の**特性べき指数** (characteristic exponents) と呼ばれる. 上記の変換行列 $P(x)$ は線形微分方程式

$$A(x)P(x) - P(x)D(\rho) - x\partial_x(P(x)) = 0 \qquad (8.4)$$

で決定される. これは行列 $D(\rho)$ を $A(x)$ に変換する式

$$A(x) = P(x)D(\rho)P(x)^{-1} + x\partial_x(P(x))P(x)^{-1} \qquad (8.5)$$

と等価であり, また微分作用素の関係式

$$x\partial_x - A(x) = P(x)\left(x\partial_x - D(\rho)\right)P(x)^{-1} \qquad (8.6)$$

と言っても同じことである.

今, 定数項の行列 $A(0)$ が上三角行列であると仮定し, $A(x)$ を $x=0$ の周りで次の形にべき級数展開しよう.

$$\begin{aligned}
A(x) &= A_0 + A_1 x + A_2 x^2 + \cdots \\
&= -\begin{bmatrix} \varepsilon_1 & f_{12} & \cdots & f_{1n} \\ & \varepsilon_2 & \cdots & f_{2n} \\ & & \ddots & \vdots \\ 0 & & & \varepsilon_n \end{bmatrix} - \begin{bmatrix} f_{1\,n+1} & \cdots & f_{1\,2n} \\ f_{2\,n+1} & \cdots & f_{2\,2n} \\ \vdots & & \vdots \\ f_{n\,n+1} & \cdots & f_{n\,2n} \end{bmatrix} x - \cdots
\end{aligned} \qquad (8.7)$$

つまり, $k=0,1,\cdots$ に対して A_k の (i,j) 成分を $-f_{i,j+kn}$ $(1 \le i,j \le n)$ とおく ($j=1,\cdots,n$ に対して $\varepsilon_j = -\rho_j$. 後の規格化のために符号 $-$ を付けたが本質的ではない). この展開係数の成分が, 今まで議論してきた $A_{n-1}^{(1)}$ 型の f 変数である. このような $A(x)$ に対しては $\varepsilon_i - \varepsilon_j \notin \mathbb{Z}$ $(i \ne j)$ のもとでは,

---

[*1] 例えば次の教科書を参照のこと. 高野 恭一:常微分方程式, 新数学講座 6, 朝倉書店, 1994.

定数項 $P(0)$ が上三角で対角成分がすべて 1 の行列となるような $P(x)$ が一意に決まる．この $P(x)$ が行列 M を対角化するのに用いた P 行列に相当するものである．

第 6 章の議論との対応関係を見るために，形式的べき級数の範囲で考えることにしよう．原点に極を許したローラン級数の全体を $\mathbb{C}((x))$ で表し，無限次元のベクトル空間 $V = \mathbb{C}((x))^n$ を考える．n 次元ベクトル空間の標準基底 $e_1, \cdots, e_n$ を延長して

$$\cdots, x^2 e_n, x e_1, \cdots, x e_n, e_1, e_2, \cdots, e_n, x^{-1} e_1, \cdots \tag{8.8}$$

なる列を考え $\{e_j\}_{j \in \mathbb{Z}}$ と定める ($i = 1, \cdots, n$ と $k \in \mathbb{Z}$ に対して $e_{-kn+i} = x^k e_i$ とおく)．微分作用素 $x\partial_x - D(\rho) = x\partial_x + D(\varepsilon)$ を $V = \mathbb{C}((x))^n$ の線形変換と見なして，上の $\{e_j\}_{j \in \mathbb{Z}}$ を使って行列表示すると，$\mathbb{Z} \times \mathbb{Z}$ の対角行列

$$D(\varepsilon_j; j \in \mathbb{Z}), \qquad \varepsilon_{j+n} = \varepsilon_j - 1 \quad (j \in \mathbb{Z}) \tag{8.9}$$

が得られる ($\delta = 1$ のバージョンである)．また同様に $x\partial_x - A(x)$ を行列表示すると $\mathbb{Z} \times \mathbb{Z}$ の上三角行列

$$M = (f_{ij})_{i,j \in \mathbb{Z}}; \quad f_{jj} = \varepsilon_j, \quad f_{i+n,j+n} = f_{ij} \ (i < j) \tag{8.10}$$

となる．$P(x)$ を行列表示したものを $P = (p_{ij})_{i,j \in \mathbb{Z}}$ と書けば，対角成分が 1 の上三角行列が得られ，$\mathbb{Z} \times \mathbb{Z}$ 行列の意味で丁度 $M = PD(\varepsilon)P^{-1}$ という関係になっている．同様に Z は，変換の行列 $P(x)$ で，$P(0)$ の対角成分の自由度を残したものに対応する．その対角成分 z_i は τ 函数の比 τ_i/τ_{i-1} になっているのであった．

このような設定では，アフィン・ワイル群の作用は線形方程式 (8.1) の従属変数 u の変数変換に由来するものとして理解できる．$s_1, \cdots, s_{n-1}$ に対応する変換行列は，7.1 節で用いた行列 G_i そのものであり，s_0 も変数 x を含む同種の行列として実現できる．

$$G_0(x) = 1 + \frac{\alpha_0}{f_0 x} E_{1,n}, \quad G_i(x) = 1 + \frac{\alpha_i}{f_i} E_{i+1,i} \ (i = 1, \cdots, n-1). \tag{8.11}$$

8.1 線形常微分方程式との関係

($i = 1, \cdots, n-1$ に対する $G_i(x)$ は実際には x には依存していない.) また, 添字の回転に対応するのは

$$\Lambda(x) = \sum_{i=1}^{n-1} E_{i,i+1} + E_{n,1} x = \begin{bmatrix} 0 & 1 & 0 & \cdots \\ 0 & 0 & 1 & \cdots \\ \vdots & & & \ddots \\ x & 0 & \cdots & 0 \end{bmatrix} \tag{8.12}$$

である. そこで, もとの常微分方程式 (8.1) と連立して,

$$s_i(\boldsymbol{u}) = G_i(x)\boldsymbol{u} \quad (i = 0, 1, \cdots, n-1), \quad \pi(\boldsymbol{u}) = \Lambda(x)\boldsymbol{u} \tag{8.13}$$

とおく. これによって線形方程式の従属変数 $u_1, \cdots, u_n$ の変換を定義する. 具体的に書き下すには u_j の添字を $u_{j+n} = xu_j$ という規則で $j \in \mathbb{Z}$ まで拡張しておくと都合が良い. このとき $\pi(u_j) = u_{j+1}$ $(j \in \mathbb{Z})$ であり, 変換 s_i $(i = 0, 1, \cdots, n-1)$ は, $j \in \mathbb{Z}$ に対して

$$s_i(u_j) = u_j + \frac{\alpha_i}{f_i} u_{j-1} \ (j \equiv i+1), \quad s_i(u_j) = u_j \ (j \not\equiv i+1) \tag{8.14}$$

となる. 今, この変換が最初の線形方程式 (8.1) と両立することを要請しよう. つまり, $w = s_0, \cdots, s_{n-1}, \pi$ に対して, $A(x)$ の成分 (ε 変数と f 変数) の適当な変換 $w(A(x))$ (但し x は動かさない) があって,

$$x\partial_x w(\boldsymbol{u}) = w(A(x)) w(\boldsymbol{u}) \tag{8.15}$$

が成立することを要請する. そのための条件は

$$x\partial_x - w(A(x)) = G_w(x) (x\partial_x - A(x)) G_w(x)^{-1} \tag{8.16}$$

すなわち

$$w(A(x))G_w(x) - G_w(x)A(x) - x\partial_x(G_w(x)) = 0 \tag{8.17}$$

である. これを書き下すと, それが第 7 章で構成した ε 変数, f 変数の有理変換 s_i, π の定義と一致することが確かめられる. 特に, s_i, π の ε 変数への作用は, 常微分方程式の特性べき指数の変換を表している.

第7章のガウス分解による構成法を今の設定に読み替えると，一般の $w \in \widetilde{W}$ に対して

$$w(\boldsymbol{u}) = G_w(x)\boldsymbol{u} \tag{8.18}$$

の形の変換が構成できて，整合性の条件

$$G_{w_1 w_2}(x) = w_1(G_{w_2}(x))G_{w_1}(x) \qquad (w_1, w_2 \in \widetilde{W}) \tag{8.19}$$

が満たされることが分かる (前章の構成ではガウス分解の一意性から導いた G_g の性質にあたる)．特に $T_1, \cdots, T_n$ に対して，

$$T_i(\boldsymbol{u}) = G_{T_i}(x)\boldsymbol{u} \tag{8.20}$$

なる行列 $G_{T_i}(x)$ が決まり，可積分な線形差分方程式が得られる．可積分条件

$$T_j(G_{T_i}(x))G_{T_j}(x) = T_i(G_{T_j}(x))G_{T_i}(x) \qquad (i,j = 1, \cdots, n) \tag{8.21}$$

は，$T_i T_j = T_j T_i$ に対する両立条件の (8.19) の特別な場合である．T_i の u_j への作用は次の式で与えられる．$i, j = 1, \cdots, n$ のとき

$$\begin{aligned}
T_i(u_j) &= u_{j+1} + s_{i-1} \cdots s_{j+2} s_{j+1}\left(\frac{\alpha_j}{f_j}\right) u_j & (i > j) \\
T_i(u_i) &= u_{i+1} \\
T_i(u_j) &= u_{j+1} + s_{n+i-1} \cdots s_{j+2} s_{j+1}\left(\frac{\alpha_j}{f_j}\right) u_j & (i < j).
\end{aligned} \tag{8.22}$$

これを τ 関数を用いて表すと次のようになる．

$$\begin{aligned}
T_i(u_j) &= u_{j+1} - (\varepsilon_i - \varepsilon_j)\frac{\tau_{j-1} T_i(\tau_j)}{\tau_j T_i(\tau_{j-1})} u_j & (i \geq j) \\
T_i(u_j) &= u_{j+1} - (\varepsilon_i - \varepsilon_j - 1)\frac{\tau_{j-1} T_i(\tau_j)}{\tau_j T_i(\tau_{j-1})} u_j & (i < j).
\end{aligned} \tag{8.23}$$

まとめると，前章で構成した $A_{n-1}^{(1)}$ 型の双有理変換は，線形常微分方程式と連立した系

$$x\partial_x \boldsymbol{u} = A(x)\boldsymbol{u}, \quad w(\boldsymbol{u}) = G_w(x)\boldsymbol{u} \quad (w \in \widetilde{W}) \tag{8.24}$$

の両立条件として理解できる．特にアフィン・ワイル群の格子の部分に注目すると，差分系のラックス表示

$$x\partial_x \boldsymbol{u} = A(x)\boldsymbol{u}, \quad T_i(\boldsymbol{u}) = G_{T_i}(x)\boldsymbol{u} \quad (i=1,\cdots,n) \tag{8.25}$$

を含んでいる．このような系をアフィン・ワイル群の作用まで拡張して構成したのが一般の $A_{n-1}^{(1)}$ 型離散系である．

> **注釈** 本来，この常微分方程式の変数 x を含んだ設定で正面からガウス分解の議論を行った方が，考え方が明瞭でよかったかも知れない．つまり，$x=0$ での解の基本行列 $Y(x) = Z(x)x^{-D(\varepsilon)}$ を考え，これに右側からアフィン・ワイル群の元のリフト r_i に相当する元を乗じ，そこでガウス分解 (リーマン–ヒルベルト分解) を実行し，もとの確定特異点をもつ線形方程式の形を保つようなゲージ $G_i(x)$ と双有理変換を構成する方法である．第 7 章の構成法は，直接的なアプローチをせずに，A_∞ を経由して代数的に実行して代用したものになっている．この本ではリーマン–ヒルベルト分解の議論を避けたかった——というのが筆者側の事情である．結局のところ，基本解行列の $x=0$ での展開係数は，τ 函数のベックルント変換を用いて与えられていて，ϕ 因子は基本解行列の展開係数を線形方程式の係数から代数的に決定するメカニズムを記述している．

8.2 $P_{\mathrm{II}}, P_{\mathrm{IV}}$ の対称形式とラックス表示

パンルヴェ方程式の一つの由来はモノドロミー保存変形であった．これは線形方程式系の変形の両立条件としてパンルヴェ方程式が現れるということを意味している．この節では，P_{II} と P_{IV} の対称形式を，変数 (x, t) についての線形微分方程式

$$x\partial_x \boldsymbol{u} = A(x)\boldsymbol{u}, \quad \partial_t \boldsymbol{u} = B(x)\boldsymbol{u} \tag{8.26}$$

の両立条件として導く方法について説明する．ここで $A(x), B(x)$ は t に依存すべきものだが，記号の上では t は書かないことにする．パンルヴェ方程式は，2 階単独の線形常微分方程式とその変形方程式の両立条件として導くやり方が標準的 (伝統的) かも知れないが，ここで考えるのは，1 階連立形の方程式である (以下で述べるように P_{IV} を 3×3 の方程式から導くやり方と，通常の方法との関連は必ずしも明らかではない)．x 変数の微分方程式は前節の (8.1) の形

で, 特に $A(x)$ が x の多項式となっているものを考える. この場合 $x=0$ に確定特異点, $x=\infty$ に不確定特異点をもつ $\mathbb{P}^1$ 上の微分方程式の変形である. その意味では, ベックルント変換 (離散系の構造) は, 線形方程式の原点側に関与していると言える.

念のため**両立条件**について説明しておこう. 方程式 (8.26) が解の基本系をもつなら

$$\partial_t\, x\partial_x \boldsymbol{u} = x\partial_x\, \partial_t \boldsymbol{u} \tag{8.27}$$

が成立するはずである. 左辺の方は

$$\begin{aligned}\partial_t\, x\partial_x \boldsymbol{u} &= \partial_t(A(x)\boldsymbol{u}) = \partial_t(A(x))\boldsymbol{u} + A(x)\partial_t \boldsymbol{u} \\ &= \bigl(\partial_t(A(x)) + A(x)B(x)\bigr)\boldsymbol{u}\end{aligned} \tag{8.28}$$

同様に右辺の方は

$$\begin{aligned}x\partial_x\, \partial_t \boldsymbol{u} &= x\partial_x(B(x)\boldsymbol{u}) = x\partial_x(B(x))\boldsymbol{u} + B(x)x\partial_x \boldsymbol{u} \\ &= \bigl(x\partial_x(B(x)) + B(x)A(x)\bigr)\boldsymbol{u}\end{aligned} \tag{8.29}$$

従って,

$$\bigl(\partial_t(A(x)) - x\partial_x(B(x)) + [A(x), B(x)]\bigr)\boldsymbol{u} = 0. \tag{8.30}$$

これが一般の解 $\boldsymbol{u}$ で成立するから

$$\partial_t(A(x)) - x\partial_x(B(x)) + [A(x), B(x)] = 0 \tag{8.31}$$

でなくてはいけない. これが両立条件である. この条件を微分作用素の関係式として書けば

$$[x\partial_x - A(x), \partial_t - B(x)] = 0 \tag{8.32}$$

である (このような議論では不安な人は, $\boldsymbol{u}$ を解の基本行列 $Y = Y(x,t)$ に置き換えて考えれば良い. Y が (8.26) の $n \times n$ 行列の解で, 正則点では可逆なものとすれば, (8.30) で $\boldsymbol{u}$ を Y に置き換えたものが成立するので (8.31) が従う).

8.2.1　P_{II} の場合

この場合 $n=2$ で，行列 $A(x), B(x)$ として次のものをとる．

$$-A(x) = \begin{bmatrix} \varepsilon_1 & f_1 \\ 0 & \varepsilon_2 \end{bmatrix} + \begin{bmatrix} g & -2 \\ f_0 & -g \end{bmatrix} x + \begin{bmatrix} 0 & 0 \\ -2 & 0 \end{bmatrix} x^2 \quad (8.33)$$

$$B(x) = \begin{bmatrix} q & -1 \\ 0 & -q \end{bmatrix} + \begin{bmatrix} 0 & 0 \\ -1 & 0 \end{bmatrix} x.$$

ここで，行列の成分の文字変数は t のみの函数と考える．また $-2, -1$ の部分は定数であれば何でもよいが，後の都合でこうしておく．両立条件 (8.31) は $A(x), B(x)$ の成分に対する，t 変数についての非線形常微分方程式である．これを書き下すと，

$$\begin{aligned} &\varepsilon_1' = \varepsilon_2' = 0, \quad g = 2q, \quad g' = (f_1 - f_0), \\ &f_0' = -2qf_0 + 1 - \varepsilon_1 + \varepsilon_2, \quad f_1' = 2qf_1 + \varepsilon_1 - \varepsilon_2 \end{aligned} \quad (8.34)$$

となる．ここで $' = \partial_t$. つまり，特性べき指数は t に依存しない (モノドロミーは不変) という条件と，残りは (g を消去して) ちょうど P_{II} の対称形式である．

この $A(x), B(x)$ に対しては，前節で述べたゲージ変換も合わせて連立した系

$$\begin{aligned} x\partial_x \boldsymbol{u} &= A(x)\boldsymbol{u}, \quad \partial_t \boldsymbol{u} = B(x)\boldsymbol{u} \\ s_i(\boldsymbol{u}) &= G_i(x)\boldsymbol{u}, \quad \pi(\boldsymbol{u}) = \Lambda(x)\boldsymbol{u} \end{aligned} \quad (8.35)$$

が，全体として整合的になっている．P_{II} の対称形式のベックルント変換はこの系の両立条件に含まれている．$A_1^{(1)}$ 型の場合の一般の離散系の変数 f_{ij} を，行列 $A(x)$ に合わせて特殊化したものが，P_{II} のベックルント変換を与えているわけである (ϕ 因子のヤコビ–トゥルーディ公式を与えるときに行った特殊化と符合していることを確認してほしい).

8.2.2　P_{IV} の場合

この場合 $n=3$ として，次の行列 $A(x), B(x)$ を考える．

$$-A(x) = \begin{bmatrix} \varepsilon_1 & f_1 & 1 \\ 0 & \varepsilon_2 & f_2 \\ 0 & 0 & \varepsilon_3 \end{bmatrix} + \begin{bmatrix} 0 & 0 & 0 \\ 1 & 0 & 0 \\ f_0 & 1 & 0 \end{bmatrix} x \quad (8.36)$$

$$B(x) = \begin{bmatrix} q_1 & -1 & 0 \\ 0 & q_2 & -1 \\ 0 & 0 & q_3 \end{bmatrix} + \begin{bmatrix} 0 & 0 & 0 \\ 0 & 0 & 0 \\ -1 & 0 & 0 \end{bmatrix} x.$$

この場合の両立条件を書き下すと，

$$\begin{aligned}
&\varepsilon_1' = \varepsilon_2' = \varepsilon_3' = 0, \\
&f_1 - f_2 = -q_1 + q_3, \quad &f_0' = f_0(-q_1 + q_3) + (1 - \varepsilon_1 + \varepsilon_3), \\
&f_2 - f_0 = q_1 - q_2, \quad &f_1' = f_1(q_1 - q_2) + (\varepsilon_1 - \varepsilon_2), \\
&f_0 - f_1 = q_2 - q_3 \quad &f_2' = f_2(q_2 - q_3) + (\varepsilon_2 - \varepsilon_3)
\end{aligned} \tag{8.37}$$

q_1, q_2, q_3 は消去できて，f_0, f_1, f_2 についての方程式は P_{IV} の対称形式となる．

前と同様の事情で，$A_2^{(1)}$ 型に離散系で f_{ij} を $A(x)$ に合わせて特殊化した「単純な」バージョンが，P_{IV} のベックルント変換を記述しているわけである．

8.2.3 一般の場合

同様のラックス形式は，高階の線形方程式でも考えられ，そこから，$A_{n-1}^{(1)}$ の離散系をベックルント変換にもつような非線形微分方程式の系列も得られる．P_{IV} の場合を $n \geq 3$ に素直に拡張するには，

$$-A(x) = \mathrm{diag}(\varepsilon_1, \cdots, \varepsilon_n) + \mathrm{diag}(f_1, \cdots, f_{n-1}, f_0)\Lambda(x) + \Lambda(x)^2 \tag{8.38}$$
$$B(x) = \mathrm{diag}(q_1, \cdots, q_n) + \Lambda(x)$$

を考えればよい (以下規格化のことは気にしないことにする)．この場合の両立条件から得られる非線形常微分方程式は，$A_{n-1}^{(1)}$ 型の $A(x)$ に対応する離散系をベックルント変換にもつものになっている．$n=4$ の場合は，この方程式は実質的には 2 階で，パンルヴェ方程式 P_{V} と同等になる．$n = 2m+1$ の場合は，P_{IV} の対称形式を拡張した $2m$ 階の高階の非線形方程式であり，$n = 2m+2$ の場合は，P_{V} の対称形式 (4.5 節の最後で述べた) を拡張した $2m$ 階の高階の非線形方程式となっている．

上の例は常微分の非線形方程式系であるが，より一般には，非線形偏微分方程式の系列で，$A_{n-1}^{(1)}$ 型離散系をベックルント変換にもつものが構成できる．具

8.2 P_{II}, P_{IV} の対称形式とラックス表示

体的には,自然数 $r \geq 2$ で n の倍数でないものを固定し,

$$-A(x) = \mathrm{diag}(\varepsilon_1, \cdots, \varepsilon_n) \tag{8.39}$$

$$+ \sum_{k=1}^{r-1} \mathrm{diag}(f_{1,1+k}, \cdots, f_{n,n+k}) \Lambda(x)^k + \Lambda(x)^r \tag{8.40}$$

とおく.また,次数の集合 $E = \{m \in \mathbb{Z}; 1 \leq m \leq r, m \not\equiv n\}$ について,各 $m \in E$ に対し

$$B_m(x) = \sum_{k=0}^{m-1} \mathrm{diag}(q_{1,1+k}, \cdots, q_{n,n+k}) \Lambda(x)^k + \Lambda(x)^m \tag{8.41}$$

を考えよう.そこで x と変数 t_m ($m \in E$) についての次の微分方程式を連立させる.

$$x \partial_x \boldsymbol{u} = A(x) \boldsymbol{u}, \quad \partial_{t_m} \boldsymbol{u} = B_m(x) \boldsymbol{u} \quad (m \in E) \tag{8.42}$$

このとき, x 変数と t 変数の方程式の両立条件

$$\partial_{t_m}(A(x)) - x \partial_x(B_m(x)) + [A(x), B_m(x)] = 0 \qquad (m \in E) \tag{8.43}$$

と, t 変数の方程式の間の両立条件

$$\partial_{t_m}(B_l(x)) - \partial_{t_l}(B_m(x)) + [B_l(x), B_m(x)] = 0 \qquad (l, m \in E) \tag{8.44}$$

を合わせて,非線形の偏微分方程式系が得られる.後者の $B_m(x)$ の条件は, n 簡約な**変形 KP 階層** (n-reduced modified KP hierarchy) と呼ばれる無限可積分系のザハロフ–シャバト方程式と呼ばれているものである ($A_{n-1}^{(1)}$ 型アフィン・リー環に付随するドゥリンフェルト–ソコロフ階層の一つのバージョン).そのとき $A(x)$ と $B_m(x)$ との両立条件は,その n 簡約な変形 KP 階層にある種の同次性の制約条件を課すこと (similarity reduction) に対応している.こうして得られる非線形偏微分方程式系は,パンルヴェ方程式 P_{II}, P_{IV}, P_V と同様に, $A_{n-1}^{(1)}$ 型アフィン・ワイル群のベックルント変換を許すような方程式であり,その意味でパンルヴェ方程式の多変数化の一つのクラスを与えているものである.なお, $A_{n-1}^{(1)}$ 型離散系の特殊解としてシューア函数で表されるものがあることを既に見たが,これは, n コアに対応するシューア函数が n 簡約な変形 KP 階層の特殊解にもなっていることと対応している.

付　録　A

A.0　パンルヴェ方程式のプロフィル

パンルヴェ方程式は，今から丁度 100 年程前ポール・パンルヴェ(Paul Painlevé, 1863–1933) によって発見された 2 階の非線形常微分方程式のあるクラスの名称であり，伝統的に P_I から P_VI の 6 個に分類されている (冒頭に掲げた表 0.1)．

線形の微分方程式には，微分方程式の係数から解の特異性の現れる場所が特定できる——という特徴的な性質がある．非線形の微分方程式では大分事情が異なっていて，個々の解によって特異点の現れる場所が変わる現象が起きる．大雑把な言い方を許してもらえば，このような「動く特異点」として簡単な特異性 (極か，状況によっては有限分岐も許すこともある) しか現れないとき，その微分方程式は「パンルヴェ性」をもつ——という．このような性質は，(パンルヴェ以前に) ソーニャ・コワレフスカヤがコマの運動の研究で注目して以来，考えている微分方程式が「良い」方程式かどうか (可積分性) を判定する一つの方法として用いられてきた (20 世紀の後半になって，ソリトン方程式やいわゆる無限可積分系の研究が飛躍的に進展したが，そのいろいろな局面で，「パンルヴェ性をもつかどうか」が方程式の可積分性の実際的な判定基準として用いられた経緯がある．しかし，パンルヴェ性が何故可積分性を導くのか——という問題については，いまだに本質的な理解はできていないのではないかとも思う)．

コワレフスカヤのコマの後，パンルヴェは y'' が y, y' と t の有理関数 (多項式の商) で表されるような微分方程式の中で，パンルヴェ性をもつものをすべて分類することを試みた．それが困難な作業であったことは想像に難くないが，

> 2 階の有理的な非線形常微分方程式で一般解が動く分岐点をもたないものは，代数的に求積できるもの，線形方程式や楕円函数の微分方程式に変換されるものを除外すると，P_I から P_VI の 6 個の微分方程式のいずれかに帰着される

というのがパンルヴェの結論であった (当初パンルヴェの分類には不備があり後にガンビエが補ったらしいが，ガンビエはパンルヴェの弟子でもあったそうなので，これが「パンルヴェの結論」と言っても，特に問題はないと思う).

パンルヴェのこのような研究の背景には，非線形微分方程式で定義される「新しい特殊函数」を探すという強い動機があった．これは 19 世紀の終り頃から 20 世紀の初頭にかけての数学の一つのモチーフでもあったはずである．パンルヴェ方程式の解として定義される函数は，その期待を込めて**パンルヴェ超越函数**と呼ばれる．パンルヴェ方程式発見当時，パンルヴェ方程式の解が「真に」超越的であるのか――についての論争もあったが，結局のところ決着がつかなかったということらしい．

パンルヴェ方程式の発見後間もなく，これらの方程式と 2 階の線形微分方程式の変形との関係が認識されている．特に P_{VI} は，$\mathbb{P}^1$ 上の 4 点に確定特異点をもつ 2 階のフックス型微分方程式がモノドロミーを不変に保ちながら変形するときの，見掛けの特異点の満たす微分方程式を表す (R. Fuchs)．他のパンルヴェ方程式もそのような線形方程式の合流を通して理解できる．同じ時期に高階化や多変数化の試みもなされているが，未完成のまま，1910 年代半ばにはパンルヴェ方程式は「現代数学」の表舞台から姿を隠す．

そのパンルヴェ方程式が復活するのは，60 年後の 1970 年代のことである．ウーらの研究で，2 次元イジング模型の相関函数のスケール極限として (パラメータが特別な値の) P_{III} が現れたことは「文字どおり驚天動地の出来事」であった[*1)]．その後現在までに，パンルヴェ方程式を取り巻く状況は一変したように見える．岡本による一連の仕事は，パンルヴェ方程式研究の新しい時代を開き，一方では，佐藤・三輪・神保によるホロノミック量子場の理論，神保・三輪・上野の一般モノドロミー保存変形の理論から，無限可積分系へと発展する新しい潮流が形成された[*2)]．その両方において τ 函数が重要な役割を演じているのも偶然ではない．また 1980 年代半ばからの梅村の研究は，パンルヴェ方程式の還元不可能性 (超越性) の問題に歴史的解決をもたらし[*3)]，同時にその後のパンルヴェ方程式研究に大きな広がりを与える契機となった．青木・河合・竹井によるパンルヴェ函数への特異摂動からのアプローチも著しい[*4)]．パンルヴェ方程式の離散化や，有理曲面の代数幾何との関連についても大きな進展がもたらされており，数理物理においても，種々の文脈でパンルヴェ方程式に関連した研究が展開されている．20 世紀最後の四半世紀におけるパンルヴェ方程式の研究を概

[*1)] 岡本和夫：パンルヴェ方程式序説，上智大学数学講究録 No.19, 1985
[*2)] 神保道夫：ホロノミック量子場，岩波講座 現代数学の展開 4, 1998
[*3)] 梅村 浩：Painlevé 方程式の既約性について，数学 **40**(1988), 47–61
[*4)] 河合隆裕・竹井義次：特異摂動の代数解析学，岩波講座 現代数学の展開 2,1998

A.0 パンルヴェ方程式のプロフィル

表 A.1 パンルヴェ方程式のプロフィル

パンルヴェ方程式	4 の分割	パラメータ空間の次元	超幾何型古典解	ベックルント変換群	初期値空間
P_{I}	·	0	·	·	$E_8^{(1)}$
P_{II}	4	1	エアリー	$A_1^{(1)}$	$E_7^{(1)}$
P_{III}	2+2	2	ベッセル	$A_1^{(1)} \oplus A_1^{(1)}$	$D_6^{(1)}$
P_{IV}	3+1	2	エルミート	$A_2^{(1)}$	$E_6^{(1)}$
P_{V}	2+1+1	3	クンマー	$A_3^{(1)}$	$D_5^{(1)}$
P_{VI}	1+1+1+1	4	ガウス	$D_4^{(1)}$	$D_4^{(1)}$

観するのはまだ時期尚早と思うが, パンルヴェ方程式に関連した数学は最早一望できない程に拡大している感がある.

パンルヴェ方程式の対称性

6 個のパンルヴェ方程式は, 互いに関連し合いながらそれぞれに個性をもった方程式である. ここでは特に, パンルヴェ方程式の対称性に関連したことを取り上げたい.

1970 年代の後半から始まる岡本和夫氏の一連の「パンルヴェ方程式研究」は, 様々な意味で現在の多くの研究の原点となっている重要な仕事である. 岡本氏は, 6 個のパンルヴェ方程式がハミルトン系で表されることを見い出し, そのハミルトニアンを用いてパンルヴェ方程式に τ 函数を導入した. さらに, τ 函数の満たすべき微分方程式を解析することにより,

> P_{II} から P_{VI} のそれぞれについて, パラメータ空間はある半単純リー環のカルタン部分環と同一視するのが自然であり, その上の (拡大された) アフィン・ワイル群の作用が従属変数のレベルまで持ち上がって, パンルヴェ方程式の**ベックルント変換** (双有理的な正準変換) の群をなしている

ことを発見した.

そのように見ると, アフィン・ワイル群の鏡映面の上ではパンルヴェ方程式は**不変因子** (梅村氏の用語で) をもち, それを用いて特殊化することでリッカチ方程式が得られる. そのリッカチ方程式の解として, いわゆる超幾何型の古典解の 1 パラメータ族が生じる (対応する超幾何方程式を表 A.2 に示す). 実は, 鏡映面に現れるもの以

表 A.2 超幾何微分方程式とその合流

エアリー:	$u'' - tu = 0$
ベッセル:	$u'' + \dfrac{1}{t} u' + \left(1 - \dfrac{\alpha^2}{t^2}\right) u = 0$
エルミート:	$u'' - 2tu' + 2\alpha u = 0$
クンマー:	$u'' + \left(\dfrac{\gamma}{t} - 1\right) u' - \dfrac{\alpha}{t} u = 0$
ガウス:	$u'' + \dfrac{\gamma - (\alpha + \beta + 1)t}{t(1-t)} u' - \dfrac{\alpha\beta}{t(1-t)} u = 0$

外にはパンルヴェ方程式は本質的な不変因子をもたない．そのことから，一般のパラメータではパンルヴェ方程式は超越古典解をもたないことが従う——ということが梅村氏の還元不能性の議論の要点であった．

また，対応するディンキン図形の自己同型がベックルント変換に持ち上がる場合には，その固定点として代数函数解(有理函数解を含む)が得られる．このような代数函数解の τ 函数から定義される**特殊多項式**は，興味深い組合せ論的性質をもつことが知られている(ヤブロンスキー–ヴォロビエフ多項式，岡本多項式，梅村多項式).

山田泰彦氏と筆者は最近，不変因子を従属変数にとることで，パンルヴェ方程式のベックルント変換がルート系の言葉で系統的に記述されることを見い出した．それを抽象化すると，一般のルート系 (GCM) に対してそのワイル群を双有理正準変換群として実現する方法が得られる．アフィンルート系の場合にはこれが，ドリンフェルト–ソコロフ階層からある種の簡約操作によって得られるパンルヴェ型非線形方程式系の対称性の記述を与える(実際 P_{II}, P_{IV}, P_V はそのような意味で無限可積分系に由来する方程式である).また，一般のアフィンワイル群に付随する離散可積分系(ある種の離散パンルヴェ方程式)を構成することも可能になっている．

本書では，パンルヴェ第 2 方程式 P_{II} と第 4 方程式 P_{IV} を中心的な題材として，パンルヴェ方程式のベックルント変換の構造について，具体例の計算を通じて紹介した．

A.1　ハミルトン系 [1.1 節]

1 個の函数 $H = H(q, p; t)$ を用いて

$$\frac{dq}{dt} = \frac{\partial H}{\partial p}, \quad \frac{dp}{dt} = -\frac{\partial H}{\partial q} \tag{A.1}$$

A.1 ハミルトン系 [1.1 節]

の形に表される連立形の方程式を**ハミルトン系**と呼び，H をその**ハミルトニアン**と呼ぶ．この微分方程式の解 $q = q(t), p = p(t)$ を任意にとり，ハミトニアンに代入して

$$h(t) = H(q(t), p(t); t) \tag{A.2}$$

とおく．こうして得られる函数 $h(t)$ について t 微分 dh/dt を計算すると

$$\begin{aligned}\frac{dh}{dt} &= \frac{\partial H}{\partial q}\frac{dq}{dt} + \frac{\partial H}{\partial p}\frac{dp}{dt} + \frac{\partial H}{\partial t} \\ &= \frac{\partial H}{\partial q}\frac{\partial H}{\partial p} - \frac{\partial H}{\partial p}\frac{\partial H}{\partial q} + \frac{\partial H}{\partial t} = \frac{\partial H}{\partial t}\end{aligned} \tag{A.3}$$

である．ここで $\partial/\partial t$ は (q, p, t) を独立な変数と見たときの偏微分の意味で，d/dt は q も p も t の函数と見たときの微分の意味で用いている (誤解のおそれがなければ dh/dt のことを単に dH/dt とも書くことも多い)．この計算から，

  $H = H(q, p; t)$ が t に陽に依存しなければ，$h(t)$ は定数となる

ことが分かる．すなわちハミルトニアン H は方程式 (A.1) の第一積分となる．第一積分が見つかると，一般的な状況では $H = c$ の陰函数として p は q の函数と思え，(A.1) の最初の方程式は，q に対する 1 階の方程式となる．それを解けば，q が求積できるはずである．

例題 ハミルトニアン $H = \frac{1}{2}p^2 - 2q^3 - aq$ (但し $a \in \mathbb{C}$ は定数) の定めるハミルトン系を書き下し，求積せよ．

[答] ハミルトン系は

$$\frac{dq}{dt} = p, \quad \frac{dp}{dt} = 6q^2 + a \tag{A.4}$$

である．$H = b$ $(b \in \mathbb{C})$ を p について解くと $p = \sqrt{4q^3 + 2aq + 2b}$ だから q の方程式は

$$\frac{dq}{dt} = \sqrt{4q^3 + 2aq + 2b} \tag{A.5}$$

従って，$q = q(t)$ は楕円積分

$$t = F(q) = \int_{q_0}^{q} \frac{du}{\sqrt{4u^3 + 2au + 2b}} \tag{A.6}$$

の逆函数として解ける． □

この例はもちろん $y = q$ の 2 階の非線形方程式

$$y'' = 6y^2 + a \quad \left(' = \frac{d}{dt}\right) \tag{A.7}$$

と等価である．ワイエルシュトラスの函数 $\wp(t) = \wp(t; \omega_1, \omega_2)$ の満たす微分方程式

$$\bigl(\wp'(t)\bigr)^2 = 4\wp(t)^3 - g_2\wp(t) - g_3 \tag{A.8}$$

を知っている読者なら，これを微分すれば

$$\wp''(t) = 6\wp(t)^2 - \frac{g_2}{2} \tag{A.9}$$

だから，パラメータを適当に読み替えることにより，

$$y(t) = \wp(t - c; \omega_1, \omega_2) \tag{A.10}$$

で，方程式 (A.7) の一般解が得られることを了解するであろう．

パンルヴェ方程式で出てくるハミルトニアン H は t に依存する種類のものなので，上のような意味で求積できるわけではない．実際，上記の例でパラメータ a を独立変数に置き換えたもの

$$P_\mathrm{I}: \qquad y'' = 6y^2 + t. \tag{A.11}$$

がパンルヴェの第 1 方程式であり，$H = \frac{1}{2}p^2 - 2q^3 - tq$ をハミルトニアンとして，ハミルトン系

$$\frac{dq}{dt} = p, \quad \frac{dp}{dt} = 6q^2 + t \tag{A.12}$$

で表される．この方程式は「求積できない」超越的な方程式であることが知られている．

なお，上で述べたのは「自由度 1 の」ハミルトン系である．自由度 n のハミルトン系とは，$2n$ 個の変数 $(q_1, \cdots, q_n, p_1, \cdots, p_n)$ と t の函数 $H = H(q_1, \cdots, q_n, p_1, \cdots, p_n; t)$ を用いて

$$\frac{dq_i}{dt} = \frac{\partial H}{\partial p_i}, \quad \frac{dp_i}{dt} = -\frac{\partial H}{\partial q_i} \qquad (i = 1, \cdots, n) \tag{A.13}$$

と表される方程式のことである．多時間的なハミルトン系では，独立変数 $t_1, \cdots, t_m$ の各々に対してハミルトニアン $H_1, \cdots, H_m$ があって，各 t_j に対する (A.13) の形の方程式を連立して考える．

A.2 ポアソン構造と正準変換 [1.1 節]

(q, p, t) の函数 φ, ψ が与えられたとき，ポアソン括弧 $\{\varphi, \psi\}$ を

$$\{\varphi, \psi\} = \frac{\partial \varphi}{\partial p}\frac{\partial \psi}{\partial q} - \frac{\partial \varphi}{\partial q}\frac{\partial \psi}{\partial p} \tag{A.14}$$

で定義すれば，$H = H(q, p; t)$ をハミルトニアンとするハミルトン系では一般の $\varphi = \varphi(q, p; t)$ に対して

A.2 ポアソン構造と正準変換 [1.1 節]

$$\varphi' = \{H, \varphi\} + \frac{\partial \varphi}{\partial t} \qquad \left(' = \frac{d}{dt}\right) \tag{A.15}$$

が成立する．いま (λ, μ, s) を (q, p, t) 空間の座標系で，$\{\mu, \lambda\} = 1$ かつ $s = t$ なるものとしよう．このような正準変換でハミルトン系を変換すると，局所的には，変換後の方程式もまた，ハミルトン系として表される．この事情を少し詳しく見ておこう．

$$\lambda' = \{H, \lambda\} + \frac{\partial \lambda}{\partial t}, \quad \mu' = \{H, \mu\} + \frac{\partial \mu}{\partial t} \tag{A.16}$$

だから，方程式

$$\{f, \lambda\} = \frac{\partial \lambda}{\partial t}, \quad \{f, \mu\} = \frac{\partial \mu}{\partial t} \tag{A.17}$$

を満たす函数 f が存在すれば，$K = H + f$ について

$$\lambda' = \{K, \lambda\} = \frac{\partial K}{\partial \mu}, \quad \mu' = \{K, \mu\} = -\frac{\partial K}{\partial \lambda} \tag{A.18}$$

が成立するので，K をハミルトニアンとするハミルトン系が得られる．(A.17) を

$$\begin{bmatrix} \dfrac{\partial f}{\partial \lambda} \\ \dfrac{\partial f}{\partial \mu} \end{bmatrix} = \begin{bmatrix} -\dfrac{\partial \mu}{\partial t} \\ \dfrac{\partial \lambda}{\partial t} \end{bmatrix} \tag{A.19}$$

と書いて両辺にヤコビ行列を乗ずると

$$\begin{bmatrix} \dfrac{\partial f}{\partial q} \\ \dfrac{\partial f}{\partial p} \end{bmatrix} = \begin{bmatrix} \dfrac{\partial \lambda}{\partial q} & \dfrac{\partial \mu}{\partial q} \\ \dfrac{\partial \lambda}{\partial p} & \dfrac{\partial \mu}{\partial p} \end{bmatrix} \begin{bmatrix} -\dfrac{\partial \mu}{\partial t} \\ \dfrac{\partial \lambda}{\partial t} \end{bmatrix} \tag{A.20}$$

そこで，右辺を $[u, v]^{\mathrm{t}}$ と書いて $\partial u / \partial p = \partial v / \partial q$ を示せば，局所的には必要な f の存在が保証される．この計算を実行すると

$$\frac{\partial v}{\partial q} - \frac{\partial u}{\partial p} = \frac{\partial}{\partial t}\left(\frac{\partial \mu}{\partial p}\frac{\partial \lambda}{\partial q} - \frac{\partial \mu}{\partial q}\frac{\partial \lambda}{\partial p}\right) = \frac{\partial}{\partial t}\{\mu, \lambda\} = 0 \tag{A.21}$$

となり，目的が達成される．

ポアソン括弧の基本的な性質を掲げておく．

(1) $\{,\}$ は双線形で歪対称： $\{f, f\} = 0$, $\{g, f\} = -\{f, g\}$.
(2) $\{fg, h\} = \{f, h\}g + f\{g, h\}$, $\{f, gh\} = \{f, g\}h + g\{f, h\}$.
(3) ヤコビ律： $\{f, \{g, h\}\} + \{g, \{h, f\}\} + \{h, \{f, g\}\} = 0$.

A.3 リッカチ方程式 [1.2 節]

一般に，$y = y(t)$ の微分が，既知函数を係数とする y の 2 次式で与えられることを要請する方程式

$$y' = a(t)y^2 + b(t)y + c(t) \qquad (a(t) \not\equiv 0) \tag{A.22}$$

をリッカチ方程式という．今，新しい従属変数 $u = u(t)$ を

$$y = -\frac{1}{a(t)} \frac{d}{dt} \log u = -\frac{1}{a(t)} \frac{u'}{u} \tag{A.23}$$

で定めると，u の満たすべき方程式は

$$u'' - \left(\frac{a'(t)}{a(t)} + b(t)\right) u' + a(t)c(t)u = 0 \tag{A.24}$$

という 2 階の線形方程式となる．そこで (A.24) の 1 次独立解 $\varphi_0(t), \varphi_1(t)$ をとり，

$$u(t) = c_0 \varphi_0(t) + c_1 \varphi_1(t) \qquad (c_0, c_1 \in \mathbb{C}) \tag{A.25}$$

とすれば，(A.23) の解

$$\varphi(t; c_0, c_1) = -\frac{1}{a(t)} \frac{c_0 \varphi_0'(t) + c_1 \varphi_1'(t)}{c_0 \varphi_0(t) + c_1 \varphi_1(t)} \tag{A.26}$$

が得られる．

この函数 $\varphi(t; c_0, c_1)$ は c_0, c_1 の比だけで決まるので，$[c_0 : c_1]$ を同次座標とする 1 次元の射影空間 $\mathbb{P}^1$ でパラメータづけられている．要約すると，リッカチ方程式 (A.22) は変換 (A.23) によって 2 階の線形方程式 (A.24) に線形化される．そのことの帰結として，リッカチ方程式は $\mathbb{P}^1$ でパラメトライズされた解の 1 次元の族をもつことが分かる．リッカチ方程式の解はこれで全て尽くされると考えて良い．

A.4 ベックルント変換の計算 [1.5 節, 2.3 節]

ベックルント変換の取扱いには 2 通りの立場がある．一つは，本文でやったように，方程式の変数の変換と思うやり方であり，もう一つは解の変換と思うやり方である．この 2 つの立場は互いに双対的なもので，明確に区別しておかないと混乱を生じることがある．誤解をさけるために，両者の区別について少し詳しく述べておくこと

A.4 ベックルント変換の計算 [1.5 節, 2.3 節]

にする.

このようなことは, もっと初等的なレベルでも起こる. 例えば, xy 平面で点を (a,b) だけ平行移動すると座標 (x,y) をもつ点は $(x+a, y+b)$ に移るが, 放物線 $y = x^2$ を平行移動するとその定義方程式は $y - b = (x - a)^2$ である. つまり座標函数のレベルでは, この平行移動は $x \to x - a, y \to y - b$ という置き換えに対応する. この種のことについてまず一般的な注意をする.

一般に空間 X に群 G が左から作用している状況を考えよう. このとき群の単位元 $1 \in G$ は X の恒等写像として働き, $g_1, g_2 \in G$ に対して,

$$(g_1 g_2).\mathbf{x} = g_1.(g_2.\mathbf{x}) \qquad (\mathbf{x} \in X) \tag{A.27}$$

が成立する (これが左作用の定義であった). これに対して X 上の函数 φ への $g \in G$ の作用 $L_g.\varphi$ を

$$(L_g.\varphi)(\mathbf{x}) = \varphi(g^{-1}.\mathbf{x}) \qquad (\mathbf{x} \in X) \tag{A.28}$$

で定義する. こうすれば $L_1.\varphi = \varphi$ であり, g_1, g_2 に対して

$$L_{g_1 g_2}.\varphi = L_{g_1}.(L_{g_2}.\varphi) \tag{A.29}$$

が成立する. g_1, g_2 の積の順序と L_{g_1}, L_{g_2} の合成の順序が揃ったので, 函数にも G が左から作用する訳である. 空間の点よりも函数の方を重視する立場に立てば, $L_g.\varphi$ のようにいちいち L をつけて書くのも煩わしいので, 単に $g.\varphi$ と書いて $L_g.\varphi$ の意味で用いることもしばしば行われる. この流儀だと, $g \in G$ の函数 φ への作用の定義は

$$(g.\varphi)(\mathbf{x}) = \varphi(g^{-1}.\mathbf{x}) \qquad (\mathbf{x} \in X) \tag{A.30}$$

となる.

(A.28) の定義で, 右辺の g^{-1} を g のままでやると, g_1, g_2 の積の順序と L_{g_1}, L_{g_2} の合成の順序が逆になってしまうことに注意してほしい. 空間の点とその上の函数は互いに相補的な関係にあるので, 両方に G を左から作用させたければ, 定義に g^{-1} が入ってくるのは自然であろう. g^{-1} を使いたくなければ, 片方は右作用もう一方は左作用——というように左右に振り分けなければいけない. どの流儀を採用するかは趣味の問題とも言えるが, 状況を理解していないと混乱を生じるので気をつけてほしい. 以下では, 群の作用はどちらも左からということにして, 点への作用と函数への作用は (A.30) で関連づける流儀にしておく (この選択がいつも最良と言う訳ではないが, この流儀が一般的であろう).

微分方程式の変数変換と解の変換についても状況は同じである. この場合, 個々の

解が「点」に対応し，方程式の変数が「函数」に対応する．パンルヴェ第 2 方程式の
ベックルント変換を例にとって説明しよう．パラメータも従属変数の一種と見て，H_{II}
の解 $\mathbf{x} = (q_0, p_0; b_0)$ の全体を X としよう．このとき，q, p, b は，解 $\mathbf{x} = (q_0, p_0; b_0)$
から対応する成分を取り出す X 上の「函数」である．

$$q(\mathbf{x}) = q_0, \quad p(\mathbf{x}) = p_0, \quad b(\mathbf{x}) = b_0 \tag{A.31}$$

今，解の変換 $s, r : X \to X$ を $\mathbf{x} = (q_0, p_0; b_0) \in X$ に対し

$$s.\mathbf{x} = s.(q_0, p_0; b_0) = (q_0 + \frac{b_0}{p_0}, p_0; -b_0) \tag{A.32}$$

$$r.\mathbf{x} = r.(q_0, p_0; b_0) = (-q_0, -p_0 + 2q_0^2 + t; 1 - b_0)$$

で定義し，合成 $w = sr$ について $w.\mathbf{x}$ を計算してみよう．

$$w.\mathbf{x} = s.r(q_0, p_0, b_0) \tag{A.33}$$
$$= s.(-q_0, -p_0 + 2q_0^2 + t; 1 - b_0)$$
$$= \left(-q_0 + \frac{-b_0}{-p_0 + 2q_0^2 + t}, -p_0 + 2q_0^2 + t; -1 + b_0 \right).$$

1.4 節でやったベックルント変換の合成の計算と比較してほしい．因みに $w^{-1}.\mathbf{x}$ も計
算してみよう．解空間への作用として，$s^2 = 1, r^2 = 1$ となることは容易に分かるの
で，$w^{-1} = rs$ である．

$$w^{-1}.\mathbf{x} = r.s(q_0, p_0, b_0) \tag{A.34}$$
$$= r.\left(q_0 + \frac{b_0}{p_0}, p_0; -b_0 \right)$$
$$= \left(-q_0 - \frac{b_0}{p_0}, -p_0 + 2\left(q_0 + \frac{b_0}{p_0} \right)^2 + t; 1 + b_0 \right).$$

この作用を従属変数への作用に移すには次のようにやればよい．

$$(s.q)(\mathbf{x}) = q(s^{-1}.\mathbf{x}) = q\left(\left(q_0 + \frac{b_0}{p_0}, p_0; -b_0 \right) \right) \tag{A.35}$$
$$= q_0 + \frac{b_0}{p_0} = q(\mathbf{x}) + \frac{b(\mathbf{x})}{p(\mathbf{x})} = \left(q + \frac{b}{p} \right)(\mathbf{x})$$

従って，$s.q = q + b/p$ である．同様に，$s.p = p, s.b = -b$ を得る．この場合 $s^{-1} = s$
なので，解の変換と従属変数の変換が同じ式になってしまい，分かりにくいかも知れ
ないが，合成を計算すると違いは明瞭になる．$w = sr$ に対して $w^{-1} = rs$ なので

$$(w.q)(\mathbf{x}) = q(w^{-1}.\mathbf{x}) = q(r.s.\mathbf{x}) \tag{A.36}$$

$$= q\left(\left(-q_0 - \frac{b_0}{p_0}, -p_0 + 2\left(q_0 + \frac{b_0}{p_0}\right)^2 + t; 1 + b_0\right)\right)$$
$$= -q_0 - \frac{b_0}{p_0} = \left(-q - \frac{b}{p}\right)(\mathbf{x}).$$

従って $w.q = -q - b/p$ である．同様に $w.p = -p + 2(q + b/p)^2 + t$, $w.b = 1 + b$. これで 1.4 節の計算と符合することを確認してほしい．$w.\mathbf{x}$ の方は，$w^{-1}.q$, $w^{-1}.p$, $w^{-1}.b$ を同時に計算したことに対応する．

要点をまとめておこう．

(1) 従属変数 q, p, b の函数 $\varphi = \varphi(q, p, t)$ への作用 $w.\varphi$ は解 $\mathbf{x} = (q_0, p_0; b_0)$ の変換としては $w^{-1}.\mathbf{x}$ に対応している．$w^{-1}.\mathbf{x} = (q_1, p_1; b_1)$ と書くと，$w^{-1}.\mathbf{x}$ の成分 q_1, p_1, b_1 は，$w.q, w.p, w.b$ を q, p, b の函数と見て，$q = q_0, p = p_0, b = b_0$ を代入したものである．基本的な変換の積に分解して計算するときは，基本変換の逆変換を逆順に並べて合成することになる．

(2) 従属変数の変換は，形式的な置き換えだけで計算でき，例えば $w.q$ を計算するのに $w.p$ や $w.b$ の変化は追跡する必要がない．しかも，$w.q$ の計算が終了して q, p, b の式として確定すれば，一般の解に対して計算は有効である．しかし，個々の特解 $\mathbf{x} = (q_0, p_0; b_0)$ の変換 $w^{-1}.\mathbf{x} = (q_1, p_1; b_1)$ の q_1 を知りたいとしても一般式 $w.q$ の計算が終了するまでは特解を代入できない．

(3) 解のレベルの変換では，特解 $\mathbf{x} = (q_0, p_0; b_0)$ だけを参照しながら $w.\mathbf{x}$ を計算することが可能であり，特定の解の変換を実行する目的であれば，計算量は (2) の場合に比べて遥かに少ない．しかし，常に q, p, b の 3 つの成分をベクトルとして追跡する必要があり，その計算自体は別の解には適用できない．

どちらの方法にも長所と短所があることを了解してほしい．ベックルント変換というと，一般には解のレベルの変換と理解されることの方が多い．しかし，理論的には従属変数の変換と考えることのメリットも大きいので，本書ではあえて，従属変数の変換と考える立場を強調することにしたのである．

A.5　古典解と不変因子 [1.6 節, 2.2 節]

梅村 浩氏に従って，**古典函数**を

> 有理函数から出発して，既知函数の加減乗除と微分，既知函数を係数とする代数方程式を解く，既知函数を係数とする線形常微分方程式を解く，アーベル函数に既知函数を代入する——以上の操作を有限回繰り返し

て得られるもの

と定義する．パンルヴェ方程式の古典解 (古典函数である解) を決定するための梅村のスキームの要点は，

超越古典解 (代数函数でない古典解) の分類は**不変因子の分類に帰着する**

ということである (代数函数解については別途に議論が必要)．

多項式ハミルトニアン $H = H(q,p;t) \in \mathbb{C}(t)[q,p]$ をもつハミルトン系

$$\frac{dq}{dt} = \frac{\partial H}{\partial p}, \quad \frac{dp}{dt} = -\frac{\partial H}{\partial q} \tag{A.37}$$

を考えよう．今 (K, δ) を有理函数体 $\mathbb{C}(t)$ の微分拡大体とし，多項式環 $K[q,p]$ に作用するベクトル場 X を

$$X = \frac{\partial H}{\partial p}\frac{\partial}{\partial q} - \frac{\partial H}{\partial q}\frac{\partial}{\partial p} + \delta \tag{A.38}$$

で定義する．そこで 0 でない多項式 $F \in K[q,p]$ に対し，$X(F) = GF$ となるような $G \in K[q,p]$ が存在するとき，F はハミルトン系 (A.37) の，K 上の**不変因子**であるという．大まかに言えば，

どんな微分拡大体 K に対しても $K[q,p]$ に非自明な不変因子が現れないならば，ハミルトン系 (A.37) は超越古典解をもたない

ことが，梅村理論からの帰結である．

パンルヴェの第 1 方程式の場合には，どのような K に対しても非自明な不変因子は存在しない (Kolchin, 西岡啓二)．このことと，P_I が代数函数解をもたないことから，P_I の解はすべて非古典的であることが従う．パンルヴェの第 2 方程式の場合には，自明でない不変因子が存在する．ベックルント変換の存在を考慮すると $0 \leq \mathrm{Re}\, b < 1$ の場合だけ考えれば良い．この範囲で考えると，非自明な不変因子が現れるのは $b=0$ のときに限る．このとき p は不変因子であり不変因子は実質的に p のべきだけである．このことから，H_II の超越古典解は，$b=0$ のときのリッカチ解からのベックルント変換で得られるもの (整数点に現れる) に限ることが分かる．一方，H_II の代数函数解は有理函数であって，こちらは $b=1/2$ のときの有理解からのベックルント変換で得られるもの (半整数点に現れる) に限る．

現在の段階で，6 個のパンルヴェ方程式すべてについて不変因子の分類が完了している (野海正俊・岡本和夫，村田嘉弘，梅村 浩・渡辺文彦)．一方，P_VI を除く 5 つについては代数函数解の分類もできているので，その意味で古典解の決定が終わっている．P_VI の代数函数解については，まだ全貌が明らかになっていない．

A.6 群の半直積 [2.3 節]

G を群とする. 全単射 $\varphi: G \to G$ であって, $\varphi(1) = 1$, $\varphi(g_1 g_2) = \varphi(g_1)\varphi(g_2)$ を満たすものを G の**自己同型**という. G の自己同型の全体が合成についてなす群を $\mathrm{Aut}(G)$ で表し, G の**自己同型群**という. 各 $g \in G$ に対して $\mathrm{Ad}(g): G \to G$ を

$$\mathrm{Ad}(g)(x) = g\,x\,g^{-1} \quad (x \in G) \tag{A.39}$$

で定義すると, $\mathrm{Ad}(g)$ は G の自己同型である. この形の自己同型を G の**内部自己同型**と言う. これによって

$$\mathrm{Ad}: G \to \mathrm{Aut}(G): \quad g \mapsto \mathrm{Ad}(g) \tag{A.40}$$

なる準同型が定まる (Ad の核は, G の中心).

G を正規部分群として含むような群 $\widetilde{G}$ が与えられているとしよう. さらに部分群 $\Omega \subset \widetilde{G}$ が存在して

$$\widetilde{G} = G\Omega, \quad G \cap \Omega = \{1\} \tag{A.41}$$

とする. このような状況を, $\widetilde{G}$ は G と Ω の**半直積**であるといい, $\widetilde{G} = G \rtimes \Omega$ と書く. この条件は $\widetilde{G}/G \simeq \Omega$ で, 任意の元 $\widetilde{g} \in \widetilde{G}$ が, $\widetilde{g} = g\omega$, $(g \in G, \omega \in \Omega)$ の形に一通りに表せることを意味している. このとき $\widetilde{G}$ の 2 個の元 $\widetilde{g}_1 = g_1\omega_1$, $\widetilde{g}_2 = g_2\omega_2$ の積は,

$$\widetilde{g}_1 \widetilde{g}_2 = g_1 \omega_1 g_2 \omega_2 = g_1 (\omega_1 g_2 \omega_1^{-1}) \omega_1 \omega_2 \tag{A.42}$$

と計算される. G は正規部分群としたから,

$$\mathrm{Ad}(\omega_1)(g_2) = (\omega_1 g_2 \omega_1^{-1}) \in G. \tag{A.43}$$

従って $\widetilde{g} = \widetilde{g}_1 \widetilde{g}_2$ を $\widetilde{g} = g\omega$ と分解する公式は

$$g = g_1 \mathrm{Ad}(\omega_1)(g_2), \quad \omega = \omega_1 \omega_2 \tag{A.44}$$

で与えられる.

逆に, G と別の群 Ω が与えられていて, Ω が G に自己同型群として作用していれば, 上のような $\widetilde{G}$ を構成できる.

$$\rho: \Omega \to \mathrm{Aut}(G) \tag{A.45}$$

なる群の準同型が与えられているとする. このとき, 直積集合 $G \times \Omega$ に次のような積

構造を定義して，新しい群を作ることができる: $(g_1,\omega_1), (g_2,\omega_2) \in G \times \Omega$ に対して，

$$(g_1,\omega_1).(g_2,\omega_2) = (g_1\,\rho(\omega_1)(g_2), \omega_1\omega_2). \tag{A.46}$$

こうして得られる群を $G \rtimes_\rho \Omega$ で表し，G とそれに作用する Ω の **半直積** という．Ω が最初から G の自己同型からなる群 (つまり $\mathrm{Aut}(G)$ の部分群) として与えられているときや，ρ が文脈から明らかなときには単に $G \rtimes \Omega$ と表すことが多い．

このとき，$\hat{G} = G \times \{1\}$, $\hat{\Omega} = \{1\} \times \Omega$ と書けば，$\hat{G}, \hat{\Omega}$ は $G \rtimes_\rho \Omega$ の部分群であり，$\hat{G}$ の方は正規部分群である．さらに $G \rtimes_\rho \Omega = \hat{G}\hat{\Omega}$, $\hat{G} \cap \hat{\Omega} = \{1\}$ なので，前に述べた $\widetilde{G}$ の状況になる．

A.7 カルタン行列とディンキン図形 [2.3 節]

整数を成分とする正方行列 $A = (a_{ij})_{i,j \in I}$ が次の 3 条件を満たすとき A を **一般カルタン行列** (GCM, generalized Cartan matrix) または **カッツ–ムーディ行列** という．

(1) $a_{ii} = 2$ $(i \in I)$.
(2) $a_{ij} \leq 0$ $(i,j \in I,\ i \neq j)$.
(3) $a_{ij} = 0$ $\Leftrightarrow$ $a_{ji} = 0$.

本文では「一般」を略して単にカルタン行列と呼んだ．

このような行列 $A = (a_{ij})_{i,j \in I}$ が与えられたとき，次のようなやり方で A のディンキン図形を作る．まず添字 $i \in I$ のそれぞれに対して ○ 印を一個ずつ用意し，名前をつけておく必要があるときはそのそばに i と書く．$i,j \in I$ で $i \neq j$ のとき，$(a_{ij}, a_{ji}) \neq (0,0)$ ならばその値に応じて，次のようなルールで線で結ぶ．

$a_{ij}a_{ji}$	(a_{ij}, a_{ji})	i	j
0	$(0,0)$	○	○
1	$(-1,-1)$	○—○	
2	$(-2,-1)$	○⇐○	
3	$(-3,-1)$	○⇚○	
4	$(-2,-2)$	○⇔○	
4	$(-4,-1)$	○⇚○	

(A.47)

$a_{ij}a_{ji} > 4$ のときは使われる頻度が少ないので定義しないでおく．

また，カルタン行列 A に付随する **ワイル群** $W = W(A)$ とは，生成元 s_i $(i \in I)$ と基本関係式

A.7 カルタン行列とディンキン図形 [2.3 節]

$$s_i^2 = 1 \quad (i \in I); \quad (s_i s_j)^{m_{ij}} = 1 \quad (i, j \in I, \ i \neq j)$$

で定義される群である．ここで指数 m_{ij} は積 $a_{ij}a_{ji}$ の値に応じて，次のように定義される．

$a_{ij}a_{ji}$	0	1	2	3	≥ 4
m_{ij}	2	3	4	6	∞

但し，$m_{ij} = \infty$ というのは，そのような組 (i,j) には $s_i s_j$ のべきについての条件を課さないものと了解する．$(s_i s_j)^{m_{ij}} = 1$ の形の関係式は，**コクセター関係式** (Coxeter relation) と呼ばれることが多いが，今のワイル群の場合には指数 m_{ij} が一般カルタン行列 A によって，指定されている訳である．$s_i^2 = 1 \ (i \in I)$ の下では，上記の関係式 $(s_i s_j)^{m_{ij}} = 1$ は次のように言い換えてもよい．

$$\begin{aligned}
a_{ij}a_{ji} = 0 &\Rightarrow s_i s_j = s_j s_i, \\
a_{ij}a_{ji} = 1 &\Rightarrow s_i s_j s_i = s_j s_i s_j, \\
a_{ij}a_{ji} = 2 &\Rightarrow s_i s_j s_i s_j = s_j s_i s_j s_i, \\
a_{ij}a_{ji} = 3 &\Rightarrow s_i s_j s_i s_j s_i s_j = s_j s_i s_j s_i s_j s_i.
\end{aligned} \tag{A.48}$$

この形の関係式は**組み紐関係式** (braid relation) と呼ばれる．$s_i^2 = 1 \ (i \in I)$ のときは同じことだが，より一般的な代数構造を考察するときにはコクセター関係式よりも組み紐関係式の方が自由度が大きく，有用である (と思う)．

今，Ω が添字の置換からなる群 ($\mathrm{Aut}(I)$ の部分群) であって，$\omega \in \Omega$ について，

$$a_{\omega(i)\omega(j)} = a_{ij} \quad (i, j \in I) \tag{A.49}$$

が成立するとする．このような ω を簡単に「ディンキン図形の自己同型」という．このとき，各 $\omega \in \Omega$ に対して，

$$\rho(\omega)(s_i) = s_{\omega(i)} \quad (i \in I) \tag{A.50}$$

とおくと，Ω は ρ でワイル群 $W = W(A)$ に作用する．半直積 $\widetilde{W} = W \rtimes_\rho \Omega$ を Ω によって**拡大されたワイル群**という．$\omega \in \Omega$ を $\widetilde{W}$ の元 $(1, \omega)$ と同一視すると，上の $\rho(\omega)$ による作用は，$\widetilde{W}$ の中では関係式

$$\omega s_i = s_{\omega(i)} \omega \quad (i \in I) \tag{A.51}$$

を意味する．

一般カルタン行列は「有限型」，「アフィン型」，「不定符号型」のように分類される．有限型のときは，W は有限群である．アフィン型のときは W は無限群だが，特にア

フィン・ワイル群と呼ばれ，適当な格子 (有限階数の自由アーベル群) とその上に作用する有限ワイル群の半直積となることが知られている[*5]．

一般カルタン行列 $A = (a_{ij})_{i,j \in I}$ が与えられたとき，2 つの自由 $\mathbb{Z}$ 加群

$$Q = \bigoplus_{i \in I} \mathbb{Z}\alpha_i, \quad Q^\vee = \bigoplus_{i \in I} \mathbb{Z} h_i \tag{A.52}$$

を考え，$Q^\vee$ と Q の間で pairing

$$\langle \,,\, \rangle : \quad Q^\vee \times Q \to \mathbb{Z}; \quad \langle h_i, \alpha_j \rangle = a_{ij} \quad (i, j \in I) \tag{A.53}$$

を定義する．このように A を双一次形式 (pairing) の表と見るとき，$Q, Q^\vee$ をそれぞれ，**ルート格子**，**コルート格子**と呼び，基底を構成する α_i, h_i をそれぞれ **単純ルート**，**単純コルート**という．ワイル群 $W = W(A)$ はルート格子とコルート格子の両方に標準的に作用する．s_i の $Q, Q^\vee$ への作用はそれぞれ，

$$s_i(\beta) = \beta - \langle h_i, \beta \rangle \alpha_i \ (\beta \in Q); \quad s_i(h) = h - \langle h, \alpha_i \rangle h_i \ (h \in Q^\vee) \tag{A.54}$$

で定義される．このとき，s_i は Q および $Q^\vee$ 上で，ワイル群 $W = W(A)$ の実現を与える (線形変換として $W(A)$ の定義関係式を満たす) ことが検証できる．さらに，双一次形式 $\langle \,,\, \rangle$ は W 不変となる:

$$\langle w.h, w.\beta \rangle = \langle h, \beta \rangle \quad (h \in Q^\vee, \beta \in Q). \tag{A.55}$$

一般に $\alpha \in Q$ と $h \in Q^\vee$ で $\langle h, \alpha \rangle = 2$ を満たす組 (h, α) が与えられたとき，

$$s_{(h,\alpha)}(\beta) = \beta - \langle h, \beta \rangle \alpha \quad (\beta \in Q) \tag{A.56}$$

で定義される線形変換 $s_{(h,\alpha)}$ を，組 (h, α) に関する**鏡映**という．各 s_i は (h_i, α_i) に関する鏡映であり，特に**単純鏡映**とも呼ばれる．一般に，単純ルートの W 軌道に属する Q の元，すなわち $\alpha = w.\alpha_i, (i \in I, w \in W)$ と表される Q の元は**実ルート** (real root) と呼ばれる．実ルート $\alpha = w.\alpha_i$ に対して，$s_\alpha \in W$ を $s_\alpha = w s_i w^{-1}$ で定義すると，これは $h = w.h_i$ で定義される組 (h, α) に関する鏡映である．

[*5] リー環との対応など，詳しくは次の本を参照してほしい．脇本 実：無限次元 Lie 環，岩波講座 現代数学の展開 3, 1999.

A.8 デマジュール作用素 [2.5 節]

今,$f(x,y)$ を x,y の多項式とするとき,$f(x,y)$ から x,y について対称な多項式を作るやり方として次のようなものがある.f に対して $\Delta(f)$ を

$$\Delta(f)(x,y) = \frac{f(y,x) - f(x,y)}{y - x}. \tag{A.57}$$

分子は (x,y) について交代的なので $y-x$ で割り切れ,その商は対称多項式となる.例えば,

$$\Delta(x^n) = \frac{y^n - x^n}{y - x} = x^{n-1} + x^{n-2}y + \cdots + y^{n-1} \tag{A.58}$$

である.この $\Delta(f)$ を **divided difference** という (多分,ニュートン位まで遡る).f が対称多項式のときには $\Delta(f) = 0$ となるので,どんな f に対しても $\Delta^2(f) = 0$ である.また,函数の積に対しては $\Delta(fg)$ は,捩じれたライプニッツの規則で計算される.実際

$$f(y,x)g(y,x) - f(x,y)g(x,y) \tag{A.59}$$
$$= (f(y,x) - f(x,y))g(x,y) + f(y,x)(g(y,x) - g(x,y))$$

だから

$$\Delta(fg) = \Delta(f)g + s(f)\Delta(g) \tag{A.60}$$

となる.但し $s(f)$ は $s(f)(x,y) = f(y,x)$ で定義される多項式である.このような演算をルート系とワイル群の枠組みでやるのがデマジュール作用素である.

今,s が $s^2 = 1$ となるような作用素で,変数 α に対して,$s(\alpha) = -\alpha$ であるとしよう (上と対応させるなら $\alpha = y - x$ と思う).このとき,

$$\Delta(f) = \frac{1}{\alpha}(s(f) - f) \tag{A.61}$$

で定義される作用素を**デマジュール作用素** (Demazure operator) という.これについて,

(1) f が s で不変 (すなわち $s(f) = f$) ならば,$\Delta(f) = 0$.

(2) 函数の積に対しては

$$\Delta(fg) = \Delta(f)g + s(f)\Delta(g) = \Delta(f)s(g) + f\Delta(g). \tag{A.62}$$

特に f が s で不変ならば,$\Delta(fg) = f\Delta(g)$.

一般カルタン行列 $A = (a_{ij})_{i,j \in I}$ で定義されるワイル群 $W = W(A)$ が可換環 $\mathcal{R}$ に自己同型群として作用している状況を考えよう. さらに, $\mathcal{R}$ は加逆元 α_i ($i \in I$) をもっていて,

$$s_i(\alpha_j) = \alpha_j - \alpha_i \langle h_i, \alpha_j \rangle = \alpha_j - \alpha_i a_{ij} \tag{A.63}$$

を満たしているとする. このとき, 各 $i \in I$ に対して, デマジュール作用素 Δ_i を

$$\Delta_i = \frac{1}{\alpha_i}(s_i - 1) \tag{A.64}$$

で定義すると次が成立する.

(1) $f \in \mathcal{R}$, $s_i(f) = f$ ならば, $\Delta_i(f) = 0$

(2) $f, g \in \mathcal{R}$ に対して,

$$\Delta_i(fg) = \Delta_i(f)g + s_i(f)\Delta_i(g) = \Delta_i(f)s_i(g) + f\Delta_i(g). \tag{A.65}$$

特に f が s_i 不変ならば, $\Delta_i(fg) = f\Delta_i(g)$.

(3) 各 $i \in I$ について $\Delta_i^2 = 0$. また, $i.j \in I$, $i \neq j$ のとき,

$$\begin{aligned}
a_{ij}a_{ji} = 0 &\Rightarrow \Delta_i \Delta_j = \Delta_j \Delta_i, \\
a_{ij}a_{ji} = 1 &\Rightarrow \Delta_i \Delta_j \Delta_i = \Delta_j \Delta_i \Delta_j, \\
a_{ij}a_{ji} = 2 &\Rightarrow \Delta_i \Delta_j \Delta_i \Delta_j = \Delta_j \Delta_i \Delta_j \Delta_i, \\
a_{ij}a_{ji} = 3 &\Rightarrow \Delta_i \Delta_j \Delta_i \Delta_j \Delta_i \Delta_j = \Delta_j \Delta_i \Delta_j \Delta_i \Delta_j \Delta_i.
\end{aligned} \tag{A.66}$$

以下 2.5 節の設定で, s_i の作用が P_{IV} の対称形式のベックルント変換となっていることを, デマジュール作用素 Δ_i を用いて証明する方法を説明する. まず, カルタン行列 $A = (a_{ij})_{i,j=0}^2$ と行列 $U = (u_{ij})_{i,j=0}^2$ を使うと,

$$\Delta_i(\alpha_j) = -a_{ij}, \qquad \Delta_i(f_j) = \frac{1}{f_i} u_{ij} \tag{A.67}$$

となることが, s_i の定義から従う. 対称形式の方程式を

$$f'_j = F_j(\alpha_0, \alpha_1, \alpha_2; f_0, f_1, f_2) \qquad (j = 0, 1, 2) \tag{A.68}$$

と書いておくと, $s_i(f'_j) = s_i(F_j)$. 一方

$$s_i(f_j)' = \left(f_j + \frac{\alpha_i}{f_i} u_{ij} \right)' = F_j - \frac{\alpha_i}{f_i^2} F_i u_{ij} \tag{A.69}$$

だから, 示すべき式は $s_i(F_j) = F_j - \frac{\alpha_i}{f_i^2} F_i u_{ij}$, すなわち

$$\Delta_i(F_j) = -\frac{F_i}{f_i^2} u_{ij} \tag{A.70}$$

である．$F_1 = f_1(f_2 - f_0) + \alpha_1$ について $\Delta_0(F_1)$ を計算すると，

$$\begin{aligned}
\Delta_0(F_1) &= \Delta_0(f_1)(f_2 - f_0) + s_0(f_1)\Delta_0(f_2 - f_0) + \Delta_0(\alpha_1) \\
&= \frac{1}{f_0}(f_2 - f_0) + \left(f_1 + \frac{\alpha_0}{f_0}\right)\frac{-1}{f_0} + 1 \\
&= \frac{1}{f_0}\left(f_2 - f_1 - \frac{\alpha_0}{f_0}\right) = -\frac{1}{f_0^2}(f_0(f_1 - f_2) + \alpha_0) = -\frac{F_0}{f_0^2}
\end{aligned} \tag{A.71}$$

となる．他の $\Delta_i(F_j)$ も同様である．

A.9　広田の双線形作用素 [3.2 節]

変数 t についての微分作用素 $P = P(t; \partial_t)$ を考える:

$$P(t; \partial_t) = \sum_{k=0}^{m} a_k(t) \partial_t^k \tag{A.72}$$

ここで $\partial_t = d/dt$ は t についての微分，$a_k(t)$ は函数の掛算作用素である．2 個の函数 $f = f(t), g = g(t)$ の組 (f, g) に対して 1 個の函数

$$\sum_{k=0}^{m} a_k(t) \sum_{i+j=k} (-1)^j \binom{k}{j} \partial_t^i(f) \partial_t^j(g) \tag{A.73}$$

を対応させる双線形の作用素を広田の双線形作用素といい，式 (A.73) を記号的に

$$P(t; D_t)(f \cdot g), \quad P(t; D_t) f \cdot g \tag{A.74}$$

のように表す．例えば

$$1(f \cdot g) = fg, \quad D_t(f \cdot g) = f'g - fg', \tag{A.75}$$
$$D_t^2(f \cdot g) = f''g - 2f'g' + fg'',$$
$$D_t^3(f \cdot g) = f'''g - 3f''g' + 3f'g'' - g'''$$

である．要は，ライプニッツの規則で右側の函数を微分するとき $-$ の符号を付けていけば良い．$f = g$ のときは，k が奇数ならば $D_t^k(f \cdot g) = 0$ となり，偶数では

$$D_t^2(f \cdot f) = 2\left(f''f - (f')^2\right), \tag{A.76}$$
$$D_t^4(f \cdot f) = 2\left(f''''f - 4f'''f' + 3(f'')^2\right)$$

最初の方は，
$$\frac{D_t(f\cdot g)}{fg} = \left(\log\left(\frac{f}{g}\right)\right)', \quad \frac{1}{2}\frac{D_t^2(f\cdot f)}{f^2} = (\log f)'' \tag{A.77}$$
のように対数微分と相性が良い．なお，広田微分は 1 個の函数を表すので，$D_t(f\cdot f) = 2(f''f - (f')^2)$ のように広田微分の答を書いて (左右の役割が分からなくなって) しまった式を，もう一度広田微分しようとするのは意味がないので注意．

上の $P(t; D_t)(f\cdot g)$ の定義は，
$$\begin{aligned}P(t; D_t)(f\cdot g) &= [P(x; \partial_x - \partial_y)f(x)g(y)]_{x=y=t} \\ &= [P(t+x; \partial_x)f(t+x)g(t-x)]_{x=0}\end{aligned} \tag{A.78}$$
のように書いても良い．また，積 $f(t+x)g(t-x)$ を x についてテーラー展開すると，その係数は広田微分を使って，
$$f(t+x)g(t-x) = \sum_{n=0}^{\infty} \frac{x^n}{n!} D_t^n(f(t)\cdot g(t)) \tag{A.79}$$
と表される (これを $D_t^n(f\cdot g)$ の定義にしても良い)．多変数の場合も同様である．$t = (t_1, t_2, \cdots)$ に対して $\partial_t = (\partial_{t_1}, \partial_{t_2}, \cdots)$ を考えて，上の定義をそのように解釈すれば良い．

A.10　外積代数の応用 [6.1 節, 6.4 節]

$V = \mathbb{C}v_1 \oplus \mathbb{C}v_2 \oplus \cdots \oplus \mathbb{C}v_n$ を $\{v_1, v_2, \cdots, v_n\}$ を基底とする n 次元の線形空間とするとき，V の**外積代数** $\Lambda(V)$ とは，文字 $v_1, \cdots, v_n$ を生成元として次の交換関係で定義される (非可換な) $\mathbb{C}$ 代数のことである：$\Lambda(V)$ における積を $\wedge$ で表すとき，$i, j = 1, \cdots, n$ に対して，
$$v_j \wedge v_j = 0, \quad v_i \wedge v_j + v_j \wedge v_i = 0. \tag{A.80}$$
V の任意の元
$$f = v_1 a_1 + \cdots + v_n a_n, \quad g = v_1 b_1 + \cdots + v_n b_n \tag{A.81}$$
についても $\Lambda(V)$ において
$$f \wedge f = 0, \quad f \wedge g + g \wedge f = 0 \tag{A.82}$$
なる関係が成立することは容易に分かる．V の元を 1 次と数えると $\Lambda(V)$ は次のように次数で分解される．

A.10 外積代数の応用 [6.1 節, 6.4 節]

$$\Lambda(V) = \bigoplus_{r=0}^{n} \Lambda^r(V), \quad \Lambda^r(V) = \bigoplus_{1 \leq j_1 < \cdots < j_r \leq n} \mathbb{C} v_{j_1} \wedge \cdots \wedge v_{j_r}. \tag{A.83}$$

特に $\Lambda^r(V)$ は $\binom{n}{r}$ 次元で, $\Lambda(V)$ は全体で 2^n 次元である. 以下, 第 6 章の記号を踏襲して, $J = \{j_1, \cdots, j_r\}$, で $j_1 < \cdots < j_r$ のとき,

$$v_J = v_{j_1} \wedge \cdots \wedge v_{j_r} \tag{A.84}$$

と書く. この記号で, $\binom{n}{r}$ 個のベクトル v_J ($|J| = r$) が $\Lambda^r(V)$ の基底をなす.

今, $X = (x_{ij})_{ij}$ を $n \times n$ 行列として, 線形写像 $\rho_X : V \to V$ を

$$\rho_X(v_j) = \sum_{i=1}^{n} v_i x_{ij} \quad (j = 1, \cdots, n) \tag{A.85}$$

で定義する. このとき, 前に注意したように, $\widetilde{v}_j = \rho_X(v_j)$ もまた, 交換関係

$$\widetilde{v}_j \wedge \widetilde{v}_j = 0, \quad \widetilde{v}_i \wedge \widetilde{v}_j + \widetilde{v}_j \wedge \widetilde{v}_i = 0. \tag{A.86}$$

を満たすから, $\rho_X : V \to V$ は外積代数の自己準同型 (同じ記号で書く)

$$\rho_X : \Lambda(V) \to \Lambda(V) \tag{A.87}$$

に延長される. ρ_X は次数を保つので, 各 $\Lambda^r(V)$ の線形変換を定める. そこで, $\rho_X : \Lambda^r(V) \to \Lambda^r(V)$ の表現行列に注目する.

$$\begin{aligned}
\rho_X(v_J) &= \rho(v_{j_1} \wedge \cdots \wedge v_{j_r}) \\
&= \rho(v_{j_1}) \wedge \cdots \wedge \rho_X(v_{j_r}) \\
&= \sum_{k_1, \ldots, k_r} v_{k_1} \wedge \cdots \wedge v_{k_r} \, x_{k_1 j_1} \cdots x_{k_r j_r}
\end{aligned} \tag{A.88}$$

ここで $v_{k_1} \wedge \cdots \wedge v_{k_r}$ が 0 にならないのは部分集合 $I = \{i_1, \cdots, i_r\}$ (但し $i_1 < \cdots < i_r$) と置換 $\sigma \in \mathfrak{S}_r$ があって

$$v_{k_1} = v_{i_{\sigma(1)}}, \cdots, v_{k_r} = v_{i_{\sigma(r)}} \tag{A.89}$$

となる場合である. このような I と σ は一通りに決まり, 並べ替えによって転倒数の分だけ符号を拾うので

$$\begin{aligned}
& v_{k_1} \wedge \cdots \wedge v_{k_r} \, x_{k_1 j_1} \cdots x_{k_r j_r} \\
&= v_{i_{\sigma(1)}} \wedge \cdots \wedge v_{i_{\sigma(r)}} \, x_{i_{\sigma(1)} j_1} \cdots x_{i_{\sigma(r)} j_r} \\
&= v_{i_1} \wedge \cdots \wedge v_{i_r} \, \epsilon(\sigma) x_{i_{\sigma(1)} j_1} \cdots x_{i_{\sigma(r)} j_r}
\end{aligned} \tag{A.90}$$

これらを足し上げれば,

$$\rho_X(v_J) = \rho(v_{j_1} \wedge \cdots \wedge v_{j_r}) \tag{A.91}$$
$$= \sum_{i_1 < \cdots < i_r} v_{i_1} \wedge \cdots \wedge v_{i_r} \sum_{\sigma \in \mathfrak{S}} \epsilon(\sigma) x_{i_{\sigma(1)} j_1} \cdots x_{i_{\sigma(r)} j_r}$$
$$= \sum_{i_1 < \cdots < i_r} v_{i_1} \wedge \cdots \wedge v_{i_r} \xi_{j_1 \ldots j_r}^{i_1 \ldots i_r} = \sum_{|I|=r} v_I \xi_J^I$$

となる. つまり, 各 $r = 0, 1, \cdots, n$ について, 線形写像 $\rho_X : \Lambda^r(V) \to \Lambda^r(V)$ の基底 $\{v_J\}_{|J|=r}$ に関する表現行列は

$$\Xi_X^r = \left(\xi_J^I\right)_{|I|=r, |J|=r} \tag{A.92}$$

なる $\binom{n}{r} \times \binom{n}{r}$ の行列になっている.

この枠組みで, 第 6 章で述べた定理 6.1 と定理 6.9 を示す.

行列の積に関する公式

今, X, Y を 2 個 $n \times n$ 行列とすると, V 上の線形変換としては $\rho_{XY} = \rho_X \rho_Y$ である. 両辺は $\Lambda(V)$ の代数としての自己準同型に延長され, V 上で一致するので, $\Lambda(V)$ の, 従って各 $\Lambda^r(V)$ 上で線形変換として一致する. 従って, $\rho_{XY} = \rho_X \rho_Y$ の表現行列についても

$$\Xi_{XY}^r = \Xi_X^r \Xi_Y^r \quad \text{(行列の積によって)} \tag{A.93}$$

が成立する. $\Xi_X^r = \left(\xi_J^I\right)_{|I|=r, |J|=r}$ だから, これは,

$$\xi_J^I(XY) = \sum_{|K|=r} \xi_K^I(X) \xi_J^K(Y) \quad (|I| = |J| = r) \tag{A.94}$$

を意味する. これが定理 6.1 に他ならない (本文では, 長方形の場合にして書いたが本質的な差はない).

小行列式の列の添字を分割する公式

今, 部分集合 $J_1, J_2 \subset \{1, \cdots, n\}$ をとり, $|J_1| = r_1, |J_2| = r_2$ とし, $r = r_1 + r_2$ とおく. $J_1 \cap J_2 \neq \emptyset$ ならば $v_{J_1} \wedge v_{J_2} = 0$ である. $J_1 \cap J_2 = \emptyset$ のときは, 転倒数 $\ell(J_1; J_2)$ の分だけの互換を使えば $v_{J_1} \wedge v_{J_2}$ から $v_{J_1 \cup J_2}$ に移せるので

$$v_{J_1} \wedge v_{J_2} = \epsilon(J_1; J_2) v_{J_1 \cup J_2} \tag{A.95}$$

A.10 外積代数の応用 [6.1 節, 6.4 節]

以下 $J_1 \cap J_2 \neq \emptyset$ ならば，$\epsilon(J_1; J_2) = 0$ と約束する．そこで ρ_X を作用させると

$$\epsilon(J_1; J_2)\, \rho_X(v_{J_1 \cup J_2}) = \rho_X(v_{J_1}) \wedge \rho_X(v_{J_2}) \tag{A.96}$$
$$= \Big(\sum_{|I_1|=r_1} v_{I_1} \xi_{J_1}^{I_1}\Big) \wedge \Big(\sum_{|I_2|=r_2} v_{I_2} \xi_{J_2}^{I_2}\Big)$$
$$= \sum_{|I|=r_1,\, |I_2|=r_2} v_{I_1} \wedge v_{I_2}\, \xi_{J_1}^{I_1} \xi_{J_2}^{I_2}$$
$$= \sum_{|I_1|=r_1\,|I_2|=r_2} \epsilon(I_1; I_2)\, v_{I_1 \cup I_2}\, \xi_{J_1}^{I_1} \xi_{J_2}^{I_2}$$
$$= \sum_{|I|=r} v_I \sum_{I_1 \cup I_2 = I} \epsilon(I_1; I_2)\, \xi_{J_1}^{I_1} \xi_{J_2}^{I_2}$$

一方，$J_1 \cap J_2 = \emptyset$ のとき，

$$\rho_X(v_{J_1 \cup J_2}) = \sum_{|I|=r} v_I\, \xi_{J_1 \cup J_2}^{I} \tag{A.97}$$

だから，両者を比較して $|I| = r$ なる任意の $I \subset \{1, \cdots, n\}$ について等式

$$\epsilon(J_1; J_2)\, \xi_{J_1 \cup J_2}^{I} = \sum_{I_1 \cup I_2 = I} \epsilon(I_1; I_2)\, \xi_{J_1}^{I_1} \xi_{J_2}^{I_2} \tag{A.98}$$

を得る．定理 6.9 は行と列の役割を反転したバージョンで，X を一般の長方形にして述べたが，内容的には変わらない．

あ と が き

　パンルヴェ方程式関係の文献については，本文中で参照したものもあるが，ここにまとめておきたい．

　パンルヴェ方程式全般について，

　　[1] 岡本和夫：パンルヴェ方程式序説, 上智大学数学講究録 No.19, 1985

は必読のテキストであり，国際的に見ても類書のない貴重なもの (岡本さんが上智大学で行った半年間の講義がベースになっている．当時大学院生だった筆者もこの講義を聞いていたので，個人的にも思い入れのある本．一般の書店に並んでいるわけではないので，入手の方法については大学の数学関係の先生や先輩に聞いてほしい．「序説」はこのまま出版して，それ以降のことは「序説その後」のような形で書き下ろしてもらうのが良いのでないかと思っているのですが，どうでしょう＞岡本さん).

　しばらく前までは，この「序説」がパンルヴェ方程式についての殆ど唯一の書物であったが，最近幾つか関連するものが出版されている．

　　[2] 神保道夫：ホロノミック量子場, 岩波講座 現代数学の展開 4, 1998
　　[3] 河合隆裕・竹井義次：特異摂動の代数解析学, 岩波講座 現代数学の展開 2, 1998

[2] を見ると，70年代のパンルヴェ方程式の「復活」から，一般モノドロミー保存変形やホロノミック量子場の理論が形成されていく様子を窺い知ることができる．

　パンルヴェ方程式の超越性の問題や特殊多項式については，雑誌数学 (日本数学会編集, 岩波書店発行) に梅村氏の優れた論説がある．

　　[4] 梅村 浩：Painlevé 方程式の既約性について, 数学 **40**(1988), 47–61

[5] 梅村 浩：Painlevé 方程式と古典函数，数学 **47**(1995), 341–359.

最近のパンルヴェ方程式関連の研究のこの方向の進展についても

[6] 梅村 浩：Painlevé 方程式の 100 年，数学 **51**(1999), 59–84.

を見て頂ければ様子が分かると思う．

パンルヴェ方程式関連の英語の文献を 2 つ掲げておく．

[7] K. Iwasaki, H. Kimura, S. Shimomura and M. Yoshida : From Gauss to Painlevé — A Modern Theory of Special Functions, Aspects of Mathematics E16, Vieweg, 1991.

内容的には「序説」と通じる本だが，パンルヴェ方程式の多変数化であるガルニエ系についての詳しい記述がある．ごく最近出版された

[8] R. Conte (Editor) : The Painlevé Property — One Century Later, CRM Series in Mathematical Physics, Springer, 1999.

は，1996 年にコルシカで行われたサマースクールでの講義録を集めたもので，パンルヴェ方程式に関連する数学と物理の広範な領域を一望できる貴重な文献である．

本書が，筆者と山田泰彦氏の共同研究をベースとしていることは序文で述べた．この研究は元々，ヤブロンスキー–ヴォロビエフ多項式，岡本多項式，梅村多項式といった特殊多項式をアフィン・ワイル群を用いて調べることから始まった．アフィン・ワイル群対称性を記述するために第 2 章で述べたような「対称形式」を用いたわけだが，「対称形式」に至った経緯などについては，

[9] 野海正俊：パンルヴェ方程式とは — 対称性の観点から，数学のたのしみ **9** (1998), 101-116, 日本評論社．

に書いたので合わせて参照して頂ければと思う．

索　引

ア 行

アフィン・ワイル群　11, 22, 75, 188

一般カルタン行列　186

ウェイト格子　81

エアリーの微分方程式　5
A_{n-1} 型のワイル群　129
A_∞ 型のワイル群　98, 149
エルミートの微分方程式　20

オイラー方程式　163
岡本多項式　71, 107

カ 行

外積代数　111, 192
ガウス分解　112, 114, 131
可換　9
拡大されたアフィン・ワイル群　22, 75
拡大されたワイル群　187
確定特異点　162
カッツ–ムーディ行列　186
カルタン行列　27
完全同次対称式　92, 104

規格化因子　94, 95, 145
基底状態　87

基本ウェイト　81
基本対称式　104
基本領域　63
鏡映　188

組み紐関係式　22, 187

KP 階層　102

コア　98, 159
コクセター関係式　22, 187
古典解　15, 175, 183
古典函数　183
コルート格子　188

サ 行

三角座標系　20
三角分解　112

自己同型　185
自己同型群　185
指数　87
実ルート　188
シューア函数　92, 102
小行列式　109

正準座標系　4
正準変換　4, 35, 178
線形化　5, 180
線形方程式　180

双線形　41
相対不変性　112
双対的　180

タ 行

対角化　120
対称群　109, 129
対称形式　18, 31, 33, 51, 167
τ 函数　3, 38, 77, 174
単純鏡映　188
単純コルート　188
単純ルート　73, 188

置換表現　81, 129

ディンキン図形　27
デマジュール作用素　189
転倒数　110

特殊多項式　96, 176
特性べき指数　163
戸田方程式　50, 59, 66

ナ 行

内部自己同型　185

ハ 行

ハミルトニアン　2, 177
ハミルトン系　2, 177
半直積　23, 185, 186
パンルヴェ第 5 方程式　85
パンルヴェ第 2 方程式　1
パンルヴェ第 4 方程式　18
パンルヴェ超越函数　174
パンルヴェ方程式　173

非古典的　16
微分体　10
広田型の双線形方程式　41, 53, 57, 66

広田の双線形作用素　41, 191
広田微分　41
広田・三輪方程式　51, 67, 84

ϕ 因子　58, 80
フック　89
不変因子　21, 175, 184
プリュッカー関係式　124
フロベニウスの記法　90
分割　86
分割数　87

べき和　104
ベックルント変換　1, 7, 175
変形 KP 階層　171

ポアソン括弧　3, 33, 178
ポアソン構造　33, 51, 130, 178

マ 行

マヤ図形　87, 146, 154

ヤ 行

ヤコビ–トゥルーディ公式　91, 92
ヤコビの恒等式　118
ヤブロンスキー–ヴォロビエフ多項式　15, 61, 107
ヤング図形　87, 146, 156

有理解　4, 15, 19

ラ 行

ラックス表示　167

離散系　73
離散パンルヴェ方程式　67
リッカチ型の解　12, 19
リッカチ方程式　5, 19, 180
両立条件　168

ルート格子　188

連分数　64, 78

ロトカ–ヴォルテラ方程式　19, 85

ワ　行

ワイル群　186

編集者との対話

E：まずは執筆の苦労話から …

A：この本を書く上で留意したことは，できる限り「専門的知識を前提としない」ということでした．なるべく多くの人が読めるように——と思うと，使える言葉が限られてくるので，それで苦労したところはあります．ただ，書いているうちに，専門用語に頼らなくても大事なことをストレートに書く手立てはあるんだな——と思うようになりました．それがうまくいったかどうかは，読者の判定ということになりますが…．ともかく，前半は計算をたどっていけば読めるようになっています．

E：読むときの予備知識はどのくらい必要ですか？

A：函数の積と合成函数の微分ができること，それと行列と行列式の定義くらいは知っていてほしい．難しい定理を知っている必要はありません．

E：本文に「群」と「基本関係」が出てきますが …

A：はい．この本で使っているのは定義だけなんですけど，もう少し書いた方が良かったかも知れませんね．「群」というのは，

　　幾つもの変換をまとめて考えるときの言葉で，考えているものの中で，
　　変換を合成したり，逆変換をとったりできるような集まりのこと

「生成元と基本関係で定義される群」というのは，

　　元になる変換が幾つかあって，その間の関係式は，そこに書いてある式
　　から当たり前の操作で（逆をとったり，その式の前後に何か変換を施した
　　りして）出てくるようなものしかないようなものを仮想的に考えたもの

で，そのように理解しておいてもらえば十分です．細かいことが気になったら教科書にあたってもらえばよいと思います．

E：パンルヴェ山というのがあるとすると，この本はどういう道ということに？

A：パンルヴェ山は裾野も広いですし，登山の方法も多様だと思います．この本で扱ったのはベックルント変換の代数的構造のことですから，可積分系山脈を向こうに眺めながら登る道ということでしょうか．もっと解析的なアプローチの方が標準コー

スだろうとは思うのですが，気軽にハイキングという訳にはいかない気がします．4章前半のタウ函数のことまではいずれにしても書く積もりだったのですが，実は後半の話をどっちに振るか，かなり迷いました．オーソドックスに常微分方程式のモノドロミー保存変形を取り上げるとか，パンルヴェ方程式の解の超越性のこと，初期値空間の幾何，無限可積分系との関連など，教科書なら取り上げたい話題はいくらでもあるのです．結局，できる限り「専門的知識を前提としない」という方針と，他の本に書いてあるようなことは繰り返したくないという気持ちもあって，離散可積分系の方を取り上げました．離散系はこれから重要なテーマになっていくだろうから，それも悪くないだろうと．

　高級レストランへいってデザートのアイスクリームだけ食べて帰ったというようなことにならないよう，どなたかメイン・ディッシュを書いてくれませんかね．

　E：最後になりますが，どのような人に読んでもらいたいですか？

　A：話題は特殊ですけど，分野の違う人にも「読める」ように書いた積もりなので，これから数学をやってみたいと思っている人，数学に興味をもっている理工系の学生や研究者の方，とくに数学以外の分野の人にも読んでもらえれば，と思っています．

著者略歴

野海 正俊(のうみ まさとし)

1955年　宮崎県に生まれる
1983年　上智大学大学院理工学研究科
　　　　博士後期課程修了（数学専攻）
現　在　神戸大学大学院自然科学研究科
　　　　教授・理学博士

すうがくの風景 4
パンルヴェ方程式 ――対称性からの入門――　　定価はカバーに表示

2000年9月1日　初版第1刷
2020年2月25日　第10刷

著　者　野　海　正　俊
発行者　朝　倉　誠　造
発行所　株式会社　朝　倉　書　店

　　　　東京都新宿区新小川町6-29
　　　　郵便番号　162-8707
　　　　電　話　03(3260)0141
　　　　FAX　03(3260)0180
　　　　http://www.asakura.co.jp

〈検印省略〉

© 2000〈無断複写・転載を禁ず〉　　三美印刷・渡辺製本

ISBN 978-4-254-11554-3　C3341　　Printed in Japan

JCOPY　〈出版者著作権管理機構 委託出版物〉

本書の無断複写は著作権法上での例外を除き禁じられています．複写される場合は，そのつど事前に，出版者著作権管理機構（電話 03-5244-5088, FAX 03-5244-5089, e-mail: info@jcopy.or.jp）の許諾を得てください．

好評の事典・辞典・ハンドブック

数学オリンピック事典	野口　廣 監修　B5判 864頁
コンピュータ代数ハンドブック	山本　慎ほか 訳　A5判 1040頁
和算の事典	山司勝則ほか 編　A5判 544頁
朝倉 数学ハンドブック［基礎編］	飯高　茂ほか 編　A5判 816頁
数学定数事典	一松　信 監訳　A5判 608頁
素数全書	和田秀男 監訳　A5判 640頁
数論＜未解決問題＞の事典	金光　滋 訳　A5判 448頁
数理統計学ハンドブック	豊田秀樹 監訳　A5判 784頁
統計データ科学事典	杉山高一ほか 編　B5判 788頁
統計分布ハンドブック（増補版）	蓑谷千凰彦 著　A5判 864頁
複雑系の事典	複雑系の事典編集委員会 編　A5判 448頁
医学統計学ハンドブック	宮原英夫ほか 編　A5判 720頁
応用数理計画ハンドブック	久保幹雄ほか 編　A5判 1376頁
医学統計学の事典	丹後俊郎ほか 編　A5判 472頁
現代物理数学ハンドブック	新井朝雄 著　A5判 736頁
図説ウェーブレット変換ハンドブック	新　誠一ほか 監訳　A5判 408頁
生産管理の事典	圓川隆夫ほか 編　B5判 752頁
サプライ・チェイン最適化ハンドブック	久保幹雄 著　B5判 520頁
計量経済学ハンドブック	蓑谷千凰彦ほか 編　A5判 1048頁
金融工学事典	木島正明ほか 編　A5判 1028頁
応用計量経済学ハンドブック	蓑谷千凰彦ほか 編　A5判 672頁

価格・概要等は小社ホームページをご覧ください．